城市绿化改善热岛效应技术研究与应用

王月容　李玉焕　王忠杰　丛日晨　等著

北　京
冶　金　工　业　出　版　社
2021

内 容 提 要

本书在对北京城市副中心绿化与热岛现状进行充分调研、分析与评价的基础上，阐明了绿化现状问题及热岛时空变化规律及驱动力。运用“3S”技术及多尺度模拟系统等技术手段，提出了基于热岛改善的城市副中心绿地系统布局优化规划方案；开发了城市绿化应对热岛效应多尺度数值模拟系统；研发了基于热岛改善与人居环境舒适度提升的评价体系和绿地建设关键技术，基于控制城市热岛的屋面绿化关键技术和热岛改善植物材料筛选与模式构建等相关技术，该成果在城市副中心核心地段进行了示范应用，为城市绿化改善热岛效应提供了先进的理论基础与研究思路和方法。

本书可供园林绿化、城市规划及风景园林等相关专业研究人员和工程技术人员阅读，也可作为相关专业院校师生的参考书。

图书在版编目(CIP)数据

城市绿化改善热岛效应技术研究与应用/王月容等著．—北京：冶金工业出版社，2021.6

ISBN 978-7-5024-8863-5

Ⅰ.①城… Ⅱ.①王… Ⅲ.①城市—绿化—关系—城市热岛效应—研究 Ⅳ.①S731.2 ②X16

中国版本图书馆 CIP 数据核字（2021）第 137611 号

出 版 人 苏长永
地 址 北京市东城区嵩祝院北巷 39 号 邮编 100009 电话 （010）64027926
网 址 www.cnmip.com.cn 电子信箱 yjcbs@cnmip.com.cn
责任编辑 郭雅欣 美术编辑 吕欣童 版式设计 郑小利 孙跃红
责任校对 李 娜 责任印制 李玉山
ISBN 978-7-5024-8863-5
冶金工业出版社出版发行；各地新华书店经销；北京建宏印刷有限公司印刷
2021 年 6 月第 1 版，2021 年 6 月第 1 次印刷
787mm×1092mm 1/16；14.25 印张；344 千字；216 页
158.00 元

冶金工业出版社 投稿电话 （010）64027932 投稿信箱 tougao@cnmip.com.cn
冶金工业出版社营销中心 电话 （010）64044283 传真 （010）64027893
冶金工业出版社天猫旗舰店 yjgycbs.tmall.com

《城市绿化改善热岛效应技术研究与应用》

著者名单

王月容　李玉焕　王忠杰　丛日晨　贺晓冬

吴　岩　段敏杰　张亦洲　王　剑　谢军飞

肖　灿　王月宾　王　行　韩丽莉　尹娅梦

前　言

长期以来，因城市过度开发而导致城市热岛效应等城市公害，对热岛效应进行监测与研究也一直颇受关注。城市绿化建设是改善城市生态环境与缓解城市热岛效应最直接和有效的途径。“以疏解非首都功能，扩大环境容量生态空间为重点，建设通州为北京城市副中心”是党中央、国务院给北京市委、市政府下达的一项急迫性的重要任务。习近平总书记强调：“建设城市副中心，是千年大计、国家大事”。将城市副中心打造成为国际一流和谐宜居之都示范区、新型城镇化示范区、京津冀区域协同发展示范区的高定位目标，通州将会面临在短时期内有大量的城市开发建设需求。如何科学有效地控制这种热环境加剧，同时还要面对绿化建设现状与技术水平远远不能满足城市副中心这一重要新定位的要求，本书作者结合承担的科研项目，从北京城市副中心园林绿化实际建设出发，将实用成熟与创新性的园林绿化科技成果集成配套使用到园林绿地实际建设应用当中，以满足改善城市副中心热岛效应的同时，提高园林绿地的生态功能，以期在今后为城市副中心或其他地区园林绿化建设工程提供坚实的理论基础与技术支撑，为城市热岛环境改善、城市绿地空间的合理布局和人居环境舒适度提升做出贡献。

本书共分8章，第1章由丛日晨、谢军飞、贺晓冬、吴岩、王月容、王月宾等编写；第2章由段敏杰、王月容、丛日晨等编写；第3章由谢军飞、贺晓冬、段敏杰等编写；第4章由贺晓冬、李玉焕、张亦洲等编写；第5章由王忠杰、吴岩、王剑、贺晓冬、李玉焕、肖灿、尹娅梦等编写；第6章由李玉焕、贺晓冬、张亦洲等编写；第7章由王月容、王月宾、韩丽莉、丛日晨等编写；

第8章由王行、丛日晨、王月容等编写。

本书是北京市科技计划项目（Z161100001116065）、国家自然科学基金项目（41805089、41805011）和北京市自然科学基金项目（8192018）研究成果的部分总结。作者在此对北京市科学技术委员会、国家自然科学基金委员会给予的项目资助表示感谢。

由于作者水平所限，书中不足之处敬请广大读者批评指正。

作　者

2021年2月

目　录

1 绪　论

1.1 城市热岛效应研究进展

1.1.1 城市热岛效应时空特征及其变化

开展城市热岛效应时空特征及其变化研究的目的主要在于分析不同时间范围内二维或三维空间上城市热岛效应的强度分布状况、日季变化及其年际演变规律。Dousset 等人（2003）和乔治等人（2015）分别利用 NOAA AVHRR 和 MODIS 遥感影像数据对美国洛杉矶、法国巴黎和北京市的热岛效应分布与昼夜变化进行了分析。Zhou 等人（2013）则分别应用 FY-2C、MSG、MODIS 等卫星数据，采用昼夜温度循环遗传算法和移动窗口分析方法对北京市和欧洲中心地区城市日变化周期内的热岛效应时空特征进行了研究。葛荣凤等人（2016）还利用 1991~2011 年期间的 8 期 TM 遥感影像数据，分析了北京市六环范围内的城市热岛效应年际演变规律。

我国的 HJ-1B 卫星热红外数据由于拥有适宜的空间分辨率和较高的时间分辨率，因而被越来越多的研究人员用于城市热岛效应研究当中，如 Yang 等人（2010）以 HJ-1B 数据为基础数据源，利用不同算法反演了北京市地表热岛并与同期的 TM 和 MODIS 数据进行了比较，结果表明 HJ-1B 数据的反演结果与 MODIS 和 TM 数据均具有良好的相关性，且单窗算法的反演精度较高。刘帅等人（2014）应用 HJ-1B 数据建立了一种基于 2.5 维高斯表面模型的城市热岛监测模型，并应用这种模型定量描述了北京城市热环境在不同季节的变化。

此外，Sobrino 等人（2012）利用机载 AHS 高光谱感器（含热红外 10 个波段）获取了西班牙首都马德里市不同时间段和不同分辨率的热红外数据，并结合地面实测空气温度和地表温度数据，探讨了空间分辨率对城市街区尺度热岛效应的影响，研究表明在街区尺度下，用于热岛效应研究的遥感数据空间分辨率值不应高于 50m，否则会难以精确区分城市内部区域热环境差异。需要注意的是，目前高空间分辨率遥感数据往往时间分辨率较低，而高时间分辨率的遥感数据则空间分辨率不高，给小尺度定量化开展城市热岛效应变化研究带来了一定的困难。

1.1.2 城市热岛效应的驱动力

任何地理现象的表象变化均是其内在驱动力的外在体现，当前，以土地利用/覆盖类型、不透水表面和绿地等代表的自然驱动力和人口、经济、产业形态以及建筑物的高度、密度和容积率等为代表的社会驱动力是国内外学者公认的影响城市热环境的主要驱动力因素（田国良，2006；Chen 等，2006）。

1.1.2.1 土地利用/覆盖类型与城市热岛效应的关系

彭文甫等人（2011）基于TM和ETM遥感数据，将成都市土地利用/覆盖类型分为林地、水田、工矿与交通用地等7类，分别探讨了不同土地利用/覆盖类型与城市地表热岛效应之间的关系。牟雪洁等人（2012）利用TM影像数据反演地表温度，并结合东莞市土地利用分类，分析了建设用地、水体、耕地等土地利用/覆盖类型与城市地表热岛强度的关系，发现建设用地的地表温度要远高于其他用地类型。Lazzarini等人（2013）以MODIS等遥感数据反演地表温度为基础，发现以阿联酋首都阿布扎比为代表的一些干旱半干旱区城市，由于城市周边为裸土和沙漠，而城市内部为水浇园地，因此在白天市区比郊区的地表温度更低，有时表现为冷岛区域。

祝新明等人（2017）以西安市建成区为例，基于2005年、2010年及2016年3期Landsat遥感影像，采用线性光谱混合分析法提取了建成区范围的影像，并利用热红外遥感影像反演的地表温度来研究城市热环境的时空演变；在此基础上，基于城市热岛足迹与多维直方图的信息容量分析方法探究建成区扩张对城市热岛效应的影响。结果表明：2005~2016年西安市建成区扩张强度剧烈，城市建设加剧了西安市城市热岛强度和级别，致使高温区域增多并向外蔓延，逐渐呈现片状分布格局。

1.1.2.2 不透水表面与城市热岛效应的关系

不透水表面主要由城市道路、广场、建筑物屋顶和停车场组成（Arnold and Gibbons，1996）。不透水表面由于可以改变城市边界层和地表层的潜热和显热通量，从而会影响城市热岛效应（Yang和Liu，2005；Weng等，2009）。当前，不透水表面与地表温度关系的研究主要包含以下两个方面：

（1）通过比对分析、多元统计分析等方法开展不透水表面与热岛效应的关系研究。例如Yuan等人（2007）利用TM和ETM遥感影像数据分析了不透水表面面积与美国明尼苏达州Twin城不同季节地表温度之间的关系，结果表明二者在所有季节都具有较高的线性相关，能够很好地解释城市地表的热环境特征变化。杨可明等人（2014）基于全约束最小二乘法混合像元分解模型和植被-不透水面-土壤模型，利用TM遥感影像对北京市海淀区不透水面丰度和地表温度的相关性进行了定量评价，发现二者之间存在明显的正相关。

（2）对不同尺度条件下的不透水面盖度与城市热岛效应关系进行研究。例如Xiao等人（2007）发现利用TM遥感影像数据反演的北京市不透水表面盖度（不透水覆盖面积与区域面积的比值）在不同尺度上均与地表温度的空间分布一致。孟宪磊（2010）从多个尺度研究了上海市不透水面盖度与城市热岛的关系，结果表明随着空间幅度的扩大，不透水面与地表温度呈现稳定的正相关，但尺度效应并不十分明显。

1.1.2.3 绿地、植被覆盖度、水体与城市热岛效应的关系

Onishi等人（2010）基于ASTER遥感数据探讨了日本名古屋市不同季节城市绿地冷岛效应与地表温度之间的关系，研究发现不同季节的绿化植被类型影响着城市地表温度的变化。苏泳娴等人（2010）和冯悦怡等人（2014）分别利用TM遥感数据探讨了北京市城区24个公园和广州市城区17个公园内部及其周边温度分布规律，并对城市公园与热岛效应之间的响应关系进行了探索。贾宝全等人（2017）利用2014年的Landsat 8遥感数据对2012~2014年期间北京市实施“百万亩平原大造林工程”的降温效应进行了分析，结果表

明北京市的造林工程对区域降温的效果显著，林地本身降温效果可达1.023℃。

袁振等人（2017）选取2001年、2005年、2013年和2015年的4期同季TM影像为数据源，利用单窗算法反演了哈尔滨市主城区地表温度，并以SPOT影像为数据源提取了30个城市绿地斑块，通过耦合分析发现：绿地斑块降温程度和降温范围与绿地斑块面积呈正相关关系，与绿地斑块形状指数呈负相关关系，绿地降温范围与绿地斑块周长呈正相关关系。当绿地斑块面积为0.055km^{2}时，绿地斑块对周边温度的降温效率较好，当绿地斑块面积在0.07km^{2}时，绿地斑块对周边降温的面积效率较好。

此外，自Gallo等人（1993）利用NOAA AVHRR数据发现，可以反映植被覆盖度状况的归一化植被指数（normalized difference vegetation index，NDVI）与美国西雅图市的地表温度存在负相关后，国内外专家学者在不同区域尺度上进行了验证，并不断对植被覆盖度数据进行优化，从而去更好地探讨植被覆盖度与热岛效应之间的相互作用（Raynolds et al.,2008；庞光辉等，2016）。

城市的水体状况也会影响城市地表的比热特性，从而影响城市热岛效应的时空特征，特别是随着遥感技术的发展，将归一化湿度指数（normalized difference moisture index，NDMI）、归一化水体指数（normalized difference water index，NDWI）、城市地表湿度（urban land surface wetness，ULSW）等遥感监测指标与景观生态学方法相结合，能够更好地展现城市水体对热岛效应的缓解作用（徐涵秋，2011；龚珍等，2015；张宇等，2015）。

很显然，利用城市绿地、水体去发挥"冷岛效应"，是当前改善城市热环境、缓解城市热岛效应非常有效的措施（余兆武等，2015）。

1.1.2.4 社会驱动力与城市热岛效应的关系

以人口密度、经济发展状况、产业形态以及建筑物的高度、密度和容积率等为代表的社会驱动力因素是导致城市地表温度升高、城市热岛效应加剧的主要原因之一。Mitchell等人（2014）利用Landsat和MODIS遥感影像反演地表温度，结合当地社会人口普查数据，运用统计学等空间统计方法，对影响美国佛罗里达州Pinellas地区热岛效应分布的人口因素进行了研究，结果表明在贫困人口较为集中的区域以及某些特定种族或少数民族的聚集区域，城市热岛效应更为显著。张瑜等人（2015）基于1995~2013年的8期TM遥感数据以及西安市建成区的人口、绿化面积、废气排放量等11项统计数据，采用灰色关联度理论定量研究了热岛效应影响因子的贡献率，结果表明人类社会因素对热岛效应带来的负面影响日益加剧。但社会统计数据由于在空间尺度和时间尺度上的局限性，目前还很难适用于小尺度和高时间分辨率的城市热环境研究。

1.1.3 城市地表热岛与大气热岛的关系及其演变规律

城市不同界面所反映出的热岛效应各不相同，特别是城市地表热岛与城市大气热岛之间是否存在耦合或是替代关系，二者之间的演变规律是否存在异同点也是当前城市热岛效应研究领域的热点方向。

Eliasson等人（1996）通过对比瑞典哥德堡市3年的地表温度和空气温度，发现通过气象站观测获取的温度数据所表征的热岛指标在研究城市街区尺度方面并不具有代表性。Mohan等人（2013）利用印度首都新德里地区气象观测站点的实测空气温度数据与MODIS遥感影像反演的地表温度数据进行了比较，结果表明在夜晚时间段，建筑物密集的商业区两者有很高的相关性，而白天的相关性较低。Abutaleb 等人（2015）以 ETM 遥感影像反演的城市地表温度数据和地面实测气象数据为基础数据源，对埃及开罗地区的城市热环境进行了比较研究，发现研究区域内大气热岛和地表热岛并存，主要分布在人口密度最大的城区，且大气温度与地表温度差在 0.5~3.5℃之间。

在一般情况下，城市地表热岛和大气热岛呈现出较为一致的趋势及相似性；另外，在夏季的白天时段，地表温度通常要略高于空气温度（Eliasson，1996），一方面是由于空气温度的敏感性较低且受地表辐射的影响需要一个时间过程，另一方面则是因为空气水汽含量、云量和风力等其他因素导致地表温度和空气温度产生一定的差异性。

1.1.4 关于地表温度反演方法的选择

根据不同热红外遥感数据的特点，国内外专家学者提出了许多反演温度的算法，归纳起来大致可以分为 3 类：单通道算法、多通道算法和劈窗算法。单通道算法又可以细分为大气校正法（Sobrino et al.，2004）、Jiménez-Muñoz J. C 单通道算法（Jiménez et al.，2009）和覃志豪单窗算法（覃志豪等，2001）；而多通道算法又可以细分为灰体发射率法（甘甫平等，2006）、昼夜法（Wan 和 Li，1997）和温度发射率分离法（Gillespie et al.，1998）；劈窗算法又称分裂窗算法，主要涉及 NOAA-AVHRR 数据（覃志豪等，2001）、TERRA-MODIS 数据（章皖秋等，2016）、Landsat-TIRS 数据（Rozenstein et al.，2014）和 ASTER 数据（毛克彪等，2006）的劈窗算法。有大量学者对上述算法的优缺点和利弊性进行了分析（朱贞榕等，2016）。

其中，美国 Landsat 8 卫星的成功发射使一度中断的 Landsat 对地观测得以继续，Landsat 8 除了具有 Landsat 7 卫星的基本特征外，还在波段总数、相应的光谱范围以及空间分辨率上进行了变动。徐涵秋等人（2013）基于该卫星的首幅影像，针对这些新的特性进行了分析和研究。研究发现：

（1）新增的卷云波段有助于区别点云和高反射地物，有利于区别土壤与建筑不透水面的信息；

（2）深蓝波段可以用于水体悬浮物浓度的监测；

（3）辐射分辨率的提高可避免极亮（或极暗区）的灰度过饱和现象，这将有利于反射率极低的水体的细微特征区分。显然，Landsat 8 新增的优点将有助于大尺度生态要素变化的监测。

宋挺等人（2015）选择无锡周边区域为研究区，利用 Landsat 8 遥感数据，对 Juan C. Jiménez-Muñoz 劈窗算法、Offer Rozenstein 劈窗算法、Juan C. Jiménez-Muñoz 单通道算法、覃志豪单窗算法共计 4 种方法的地表温度反演精度进行了对比与敏感性评价，并采用太湖地区实地测定值进行验证，发现两种劈窗算法的精度较为接近且比较高；另外，覃志豪单窗算法和 Offer R ozenstein 劈窗算法敏感性相对最高，Juan C. Jiménez-Muñoz 的劈窗算法对参数的敏感性最低。

胡德勇等人（2015）基于 Landsat 8 TIRS 10，建立了针对性的反演算法并进行了不同类型地表温度的反演分析，发现建立的算法可以较好地应用于 Landsat 8 数据的地表温度反演，反演温度值与实测值都具有较好的一致性；通过对单窗算法中的地表发射率、大气水汽含量和大气平均作用温度等参数的敏感性分析发现，所建立的算法对大气的水汽含量及地表发射率的敏感性较高，对大气平均作用温度的敏感性则相对较低。该算法对于利用Landsat 8 TIRS 10数据快速反演地表温度具有应用价值。

徐涵秋（2015）则采用最新的参数和算法，引入COST算法建立大气校正模型，对Landsat 8多光谱和热红外波段进行了处理，反演出它们的反射率和地表温度，并与同日的Landsat 7数据和实测地表温度数据进行了对比。结果表明，现有Landsat 8多光谱数据的定标参数和大气顶部反射率反演算法已有很高的精度，本文引入COST算法建立的Landsat 8大气校正模型与Landsat 7的COST模型所获得的结果几乎相同，相关系数可高达0.99。

需要注意的是，徐涵秋（2016）提到了TIRS热红外传感器及其定标参数自发射以来已经历了数次重要的变化，还认为由于视域外杂散光的影响，TIRS数据的定标精度仍达不到设计目标，TIRS第11波段的不确定性仍成倍大于TIRS 10波段。因此同时用TIRS第10和第11这两个差距较大的波段构成的劈窗算法来反演地表温度，其精度存在较大的不确定性，鉴于目前TIRS 11热红外波段的定标参数是否符合要求还不明确，因此建议在采用劈窗算法注意进行实地验证。

李召良等人（2016）系统地评价了多通道算法、多角度算法、多时相算法、单通道算法以及高光谱反演算法，并回顾了地表温度反演的基础理论和方法。

吴志刚等人（2016）为研究新型遥感Landsat 8影像条件下各地表温度反演算法的优劣，利用2013年9月Landsat 8数据，使用辐射传导方程法（大气校正法）、单窗算法对武汉市武昌区的地表温度进行了反演，并与其亮度温度进行了对比研究，结果表明：这两种算法反演的地表温度和亮度温度的空间分布情况大体相同，但也存在着差异，单窗法和辐射传导法均值温度相差1.3K。

概括而言，考虑到Landsat 8在原有Landsat 5和Landsat 7基础上，改进了传感器的信噪比和辐射分辨率，其在大气窗口中设置了空间分辨率为100m的两个劈窗通道（CH10：10.6～11.2μm；CH11：11.5～12.5μm）。相比于TM和ETM仅有的一个热红外通道，Landsat 8更有利于发展双通道的劈窗算法。相关研究者发展了反演地表温度的劈窗算法，并就算法对传感器噪声、发射率、水汽误差的敏感性进行了分析，发现由于大气水汽对热红外信息具有明显的衰减作用，会降低地表温度的反演精度，因此在地表温度反演算法中应该尽可能考虑水汽的影响。

1.2 城市绿化应对热岛效应度数值模拟研究进展

1.2.1 中尺度数值模拟研究

随着城市化加剧，城市边界层以及其对大尺度环境的影响正受到更多的关注（苗世光等，2010；蒋维楣等，2010；王颖等，2010；彭珍等，2006）。城市中的人类活动改变了局地的能量平衡、水循环过程及大气边界层结构，形成具有城市特征的城市边界层。城市边界层内部的环流和能量交换过程属于中尺度现象（寿亦萱等，2012），对局地天气的形成、发展、演变以及污染物的输送有着至关重要的作用（苏福庆等，2004；任阵海等，2005；孙继松等，2006；张碧辉等，2012；王耀庭等，2012；王跃等，2014）。探究和深入了解城市边界层能量、动量、水汽交换对局地天气演变、污染物的扩散机制及城市的科学规划都具有重要意义。

随着数值模拟技术的不断发展，许多数值天气预报中心的业务模式水平分辨率已经达到2~10km（Charles et al.，2009；Baldauf et al.，2011；陈葆德等，2013；Stanley et al.，2016；卢冰等，2017），先进的数值计算能力弥补了自动站与流动观测数据不足的问题，同时也极大地提高了人们对云物理过程的认识与理解。面对目前已经出现的和未来可能面临的环境问题，加深城市化对城市气候影响的认识与研究，制定缓解、改善等相应策略尤为重要。张朝林等人基于美国PSUPNCAR开发的中尺度数值模式，针对北京市“马蹄型”的特殊地形特征，并结合MM5P与WRF初值三维变分同化系统，模拟分析一些典型强降水天气过程，揭示了北京特殊地形分布特征对降水量分布的影响机制（张朝林等，2005；张朝林，季崇萍等，2005）。Mcelroy（1973）针对美国俄亥俄州夜间哥伦布市的城市边界层热力结构，用二维定常数值模式对其进行了模拟研究。Martilli等人（2002）用数值模拟的方法检验了风速、城市形态以及土壤湿度3个重要因素对边界层结构的影响。王卫国等人（1996）建立了一个非静力的三维细网格边界层模式适用于复杂下垫面，模拟了复杂下垫面条件下青岛地区的湍流特征。

中尺度气象模式和城市冠层参数化方案的结合运用是开展城市气象微物理过程研究的一种有效手段。Ching等人（2009）以美国休斯敦作为标准模板，建立了国家城市气象的基础数据集（national urban database with access portal tool，NUDAPT），其中包含了土地覆盖实况、土地利用、城市建筑信息和由此衍生出来的高分辨率城市形态数据库（urban canopy parameters，UCPs）以及人为热时空分布等。以此优化城市—城郊与区域尺度的数值模式，更合理地考虑建筑物的三维结构对大气运动的影响，改进数值模式对非均匀下垫面的温度场、风场和污染物浓度分布的模拟效果。

近年来，随着许多城市在盛夏季节频繁出现高温热浪天气，给城市居民的身体健康和生活质量造成了越来越大的影响，同时高温热浪还增加了城市的电力能源消耗，因此增加了能源消耗带来的人为热释放、加剧城市高温灾害，进而也可能使城市地区的降水增强。郑玉兰等人（2015）以北京2010年8月6~7日为例（夏季典型晴天个例），运用BEM分析不同用途建筑物用电量日变化特征及其与气象因子（主要是气温）的相关性，研究北京地区建筑物制冷系统人为热排放与城市气象环境的相互作用。结果表明：建筑物的用电量随气象条件变化，且对建筑物空调排热量影响最大的是建筑物高度。佟华等人（2002）针对北京市海淀地区大气边界层的10m风速、2m温度以及气溶胶浓度分布状况用三维复杂地形中尺度数值模式进行了模拟，进而模拟汽车尾气排放生成的污染物浓度的分布。郭昱等人（2002）对北京地区低层大气的背景流场采用风场诊断方法进行了分析研究，以此获取大气流场随时间和空间的变化特征。结果表明：北京地区大气流场存在着明显的季节变化特征，总体可分为春夏型和秋冬型，其中春夏型受局地中尺度热力环流特征的影响较大，秋冬型则更多表现为受强天气系统影响的特征。

1.2.2　微尺度数值模拟研究

目前对城市微气候进行研究的方法主要有现场实测、数值模拟等。传统现场检测方法需要耗费大量的时间和人力，并且容易受到外界环境干扰而影响试验结果和绿地条件的限制。随着计算机科学的发展，对微气候的研究已经从传统监测扩展到数值模拟研究。数值模拟利用计算机建立数学模型或物理模型模拟实体环境，微气候环境的各种影响因素可以虚拟地进行人为调控来验证其影响程度的大小。ENVI-met 作为一款城市微气候计算机仿真模拟软件，于 1988 年由德国地理学家 Michael Bruse 和 Heribert Fleer 基于计算机流体力学和热力学等相关理论开发，不仅可用来模拟地表、植物和空气的相互作用过程，还可用于模拟城市环境和绿色建筑评估。水平分辨率在 0.5~5m，时间范围在 24~48h，适用于中小尺度微气候环境模拟。

Bruse（1998）首次验证 ENVI-met 可模拟城市表面（surface）—植被（vegetation）—大气（atmosphere）的相互作用。运用软件模拟了城市整体和局部更新后相对比的气候环境效果，并且引入生理等效温度（PET）和热舒适度评价，综合表述微气候对人体热感觉的影响，并利用该软件模拟设计绿化街道和屋顶绿化场景下墨尔本的微气候环境（Skelhorn，2014）。国内已有多位学者利用微尺度数值模拟开展城市绿化研究，通过提高街道高宽比的同时，应考虑改善地面材质和合理布置绿化等景观要素协同作用，达到减少太阳辐射，减轻老小区热环境系数，全面提升老小区的环境品质，改善老小区的整体微气候目的（邬尚霖，2016）；通过对住区内设置屋顶绿化前后的数据进行对比，表明屋顶绿化能够有效帮助改善住区尺度上环境温度、湿度和风速（秦文翠，2015）。

ENVI-met 作为一款主流的 CFD 流体力学技术的城市微气候数值模拟手段，是一种能够满足局地城市绿地空间对微气候改善和影响的数值模拟方法，在国内外都得到了广泛应用。

1.3 城市微气候及人居环境舒适度研究进展

1.3.1 城市微气候和热舒适性的关系

20 世纪后半叶，随着城市微气候学研究的不断发展，发现影响城市热环境的重要因素是城市微气候，而热环境的舒适程度则更为直接地影响着城市居民的身心健康和生活质量。因而相应的舒适热环境适应性理论逐渐兴起，为了应对全球气候的变化，追求更高品质的生活，从 20 世纪 90 年代后期，越来越多的研究开始逐渐关注城市微气候和热舒适性的关系。其中具有代表性的研究是 Nikolopoulou 等人（2006）主持的欧洲城市开放空间复兴项目（rediscovering the urban realm and open spaces，RUROS）。该项目跨越 5 个欧洲国家 14 个城市地区共获取了大约 10000 份调查问卷，从问卷的统计分析结果得出城市微气候和热舒适性息息相关。其中，气温和太阳辐射是两个影响热舒适度的重要因素（因研究对象均为欧洲城市，其城市特点与其他地区明显不同，故该结论具有一定的局限性）。当周围微气候环境不佳时，人的心理适应作用会使自身提高一定的对于不舒适状态下的忍耐能力，而随着季节更替人的生理适应性同样会有意识地提醒自身增减衣物，调节人体的新陈代谢速率，以达到热舒适感。2007 年 Nikolopoulou 等人（2007）进一步论述了在城市微气候影响下的热舒适环境对城市居民的生活、工作、行为活动的重要性。

关于热舒适性的概念最早是来自室内环境，而后才逐渐发展到室外环境。美国供暖制冷空调工程师学会的标准 ASHRAE Standard 55，提出了热舒适性的定义，热舒适性是人对热环境表示满意的意识状态。这个定义十分准确，它包括了以下两个层面，一是客观的热环境参数，二是主观的个体因素，包括健康、忍耐度、适应力。

1.3.2 热环境参数

目前关于热环境参数的研究内容主要有以下两方面，一是热环境受到哪些主要因素的影响，二是热环境参数的获取方式有哪些。首先，城市热环境主要受到城市形态特征、城市生态因素以及地区气候条件的影响。例如 Taleghani 等人（2015）研究了夏季荷兰德比尔特市建筑布局形式和舒适热环境之间的关系，他们通过现场实测，并结合 ENVI-met 模拟气温、风速和相对湿度，使用了德国弗莱堡大学研发的模拟气候学软件 RayMan，将这些数据转化为 PET 值得出如下结论：在炎热地区点式和线性建筑布局下的南北向街道明显比东西向更加凉爽宜人，但是他们的研究存在的不足是未考虑城市生态因素的影响。而 Shashua-Bar 等人（2012）则综合考虑了建筑布局和植物因素，发现在炎热地区的夏季，街道高宽比和街道植物覆盖率大的街区室外热环境情况更加理想并且舒适度更好。

在此类研究的基础上，越来越多的学者开始逐渐关注舒适的热环境与行为方式的关联性。林子平等人分析了热环境和人类活动方式之间的关系，认为在盛夏季节，公园中的健身设施放置在合理的位置则可以创造舒适的热环境，吸引人们更多地参与到室外活动中来。该研究成果可以用来指导城市公园布局设计。Watanabe 等人（2016）关注城市热环境和路人行为之间的关系，研究在炎热夏季的街区路口行人等候红灯时，是否会选择在阴影区等候，通过引入的全球热气候参数（universal thermal climate index，UTCI）测算出阴影区的 UTCI 平均温度比太阳辐射区低 8.7℃，并结合现场测试、记录行人行为方式等方法得出结论：要创造舒适的城市热环境就要做好城市阴影区域设计。虽然他的研究针对性较强，但对于其他季节和不同气候区则缺乏数据支持。

对于热环境参数的获取方式，早期的研究方法是结合前人的文献资料，通过现场实测创建经验模型，以此来进行数学计算获取参数。其中有代表性的是 Pearlmutter 等人（2007）的研究，他们通过输入建筑朝向和街道高宽比等指标来建立经验模型计算，并预测行人的能量转换和蒸发散热量，最后利用获取的街区内微气候指标（气温、湿度、风速和辐射量）综合计算得出结论：在炎热干旱地区，南北向紧密的街谷形态能够降低行人不舒适的热感觉，而东西向街谷的效果并不明显。但是，很多热舒适性研究都是针对室内而建立的稳态分析模型，真实的室外热环境是非稳态的，这就势必导致许多适用于室内的经验模型并不能够直接适用于室外环境的研究。当前的研究方法主要为实测结合模拟的方式，以商业软件的模拟分析代替经验模型。目前主流的模拟软件包括 ENVI-met、RayMan、ANSYS Fluent、ANSYS CFX 和 Phoenics 等。

通过对相关文献整理分析可以发现，经验模型和热平衡模型是两种对城市热舒适度的评价方法。其中经验模型指向热安全，热平衡模型则指向热舒适。经验模型也可将其称为黑箱模型，它是分析人在舒适环境条件下的相关参数，以此进行相关的数理统计分析，并归纳出相应的数学模型。最为著名的经验模型是 1957 年美国 Yaglou 等人提出的湿球黑球温度指数（wet bulb globe temperature，WBGT）。该指数包括干球温度、湿球温度和黑球温度。我国依据 WBGT 指数于 2008 年颁布了 GB/T 4200—2008《高温作业分级》标准。Thom（1959）于 1959 年提出了不适指数（discomfort index，DI），后更名为温湿指数（temperature humidity index，THI)，它作为衡量湿热环境影响人体舒适度的有效指标并开始使用。20年后Steadman（1979）提出了表面温度（apparent temperature，AT）的概念，它包含了人体尺度、蒸气压等十余项指标，用来评价在不同温湿度条件下的人体舒适度。但是AT计算既复杂又未考虑寒冷环境，直到风寒指数（wind chill index，WCI）的并入才使该模型具有较好的适用性。直到1990年，Rothfusz（1990）简化了其中一些要素并定义了1个新的热指数（the heat index value，HI)，指人在不同湿度条件下对相同温度感受的指数。总体而言，以WBGT、THI、AT和HI为代表的热安全指标产生和发展，其初衷是保障恶劣环境下人的生命安全，并没有综合考虑微气候的其他各项参数，因此具有一定的局限性。

与经验模型不同的是热平衡模型遵从人体热量平衡原理。只有当人体和所处的环境之间处于一种相对稳定的热平衡状态时，人才能够正常的活动（朱颖心，2010）。典型的热平衡模型是由丹麦Fanger（1970）提出的预测平均值模型以及后来修正的模型PMV-PPD，PPD为预测不满意百分比指标（predicted percentage of dissatisfied，PPD）（王海英等，2009）。当时广泛的室内热环境评价标准是以PMV-PPD为基础建立的国际标准化组织ISO 7730—1984标准以及美国采暖、制冷与空调工程师学会ASHRAE55—1992标准（朱颖心，2010）。很多文献的评价方法采用了其中的调查问卷来评估室外热环境。如Villadiego等人（2014）按LCZ分类标准将城市划分，并在其中选择了5个住宅区作为研究地点，使用ISO 7730和ASHRAE标准中的调查问卷，最后总结得出高温潮湿气候区哥伦比亚巴兰基亚市的室外热舒适性。Hwang等人（2010）则使用并设计包括7种评价室外热感觉等级的问卷来评估中国台湾台中市湿热夏季、潮湿温、冬季室外树荫下的舒适度。但是目前采用ISO 7730和ASHRAE标准来评估的室外热环境多为湿热气候区，该标准是否适用于其他气候区还有待进一步的研究证明。此外，Gagge等人（1986）提出了标准有效温度（standard effective temperature，SET）的概念，其定义为在等温且相对湿度保持在50%的稳定环境下，一个身着标准服装的人与他在真实环境中具有相同的皮肤温湿度，此时环境的干球温度即为标准有效温度。但指标计算需要准确的人体皮肤温湿度，因而获取难度较大且便捷性较差。

为了弥补上述模型的缺陷和不足，提出生理等效温度（pysiological equivalent temperature，PET）的概念。该指标是在慕尼黑人体热量平衡模型（munich energy balance model for individuals，MEMI）的基础上推导得出的。该指标主要考虑了周围环境、个体因素以及服装等影响，成为评价室外热舒适性使用较多的重要指标之一（赖达祎，2012）。大量研究使用PET作为评价方式（Johansson，2006；Chen et al.，2015），应用的气候区较广。此外，相类似的评价指标还有平均辐射温度（mean radiant temperature，MRT），操作温度t_o等（朱颖心，2010）。

1.3.3　北京城市热岛与人居环境舒适度提升研究进展

2000年以来，北京城市群发展迅速，在城市的形态、面貌、功能和综合实力方面都上升了很大台阶。北京城市热岛效应引起了众多学者的关注。经研究证实，北京热岛效应不仅始终存在且状态由稳定逐渐增强，尤其是20世纪90年代对比80年代增强的效果更为明显（张光智等，2002）。

王喜全等人（2006）利用2002年北京自动气象站资料对北京城市热岛效应的现状与特征进行分析，研究表明北京城市热岛效应在夏季最强（午后的平均强度在2℃左右），秋、冬季次之，春季最弱。程志刚等人（2018）利用2012～2013年北京中央商务区（CBD）的加密观测资料，研究了热岛的时空演变特征，发现CBD周围存在显著的热岛现象，以大兴站为郊区站，平均热岛强度为1.66℃。同时，他还在其文章中比较了高度城市化的CBD与其周围其他城市站点的温度，指出城市化发展越高的区域热岛强度越强。Cui等人（2017）通过分析北京市1961～2014年来10个农村站点和7个城市站点的长期实测气象资料，研究了北京市城市热岛的时空特征。文章指出北京的热岛效应十分显著，不同季节的平均强度不同，其中冬季热岛强度最大，最高可达6℃；而夏季热岛强度最小，仅为4℃。同时，文章比较了中午和夜晚的热岛强度，发现夜晚的热岛强度大于白天，冬季夜晚热岛强度最大高达8℃，而夏季白天仅有2.5℃。

李新芝等人（2010）利用2000～2007年间的MODIS卫星地表温度产品制作出北京市地表温度图，与北京市东南部郊区温度做比较得出热岛强度。文章指出，北京市四季热岛强度在不同季节各不相同，而夏季夜间的热岛强度较大，最高达到了2.7℃。葛荣凤等人（2016）利用1991～2011年间6～8月的Landsat卫星遥感影像反演的地表温度空间场作为基础数据对北京市六环内区域进行了热岛效应的时空动态变化和演变规律分析。结果表明，在20年城市化作用的驱动下，北京市六环区域内的热岛强度总体上呈显著的增长趋势。1991年基本分布在二环内，之后逐年向外扩展，到2004年基本遍布整个六环区域，热岛强度均值在5.73～9.27℃，其每10年的增长速率为1.35℃。张兆明等人（2005）的研究也得出了类似结论，他指出，随城市范围向郊区扩张，热状况恶化较显著和显著区域也相应呈辐射状向外扩张，热岛面积呈“摊大饼式”向外蔓延。

刘勇洪等人（2014）的研究表明，1971～2012年，以年平均气温计算的北京城市热岛强度增温率（每10年）为0.33℃，2008～2012年平均热岛为1.12℃。崔耀平等人（2015）的研究表明，北京市地表温度的高低主要与不透水层的比例有关，不透水层对地表增温的作用要大于植被层的降温作用；从时间尺度上看，初步证实了城市热岛强度前期随着城市扩展而增加，但在一定条件下，其强度随城市扩展并非一味升高，反而会出现一定程度上的稳定甚至降低现象。说明对城市热岛效应影响最大的还是不透水层（包括城市的建筑、道路和广场等硬化地面）的存在。相对而言，佟华等人（2005）为证实建成后的楔形绿地是否可降低北京热岛效应，利用遥感影像与计算机模拟技术进行实验，实验结果表明楔形绿地不仅可以降低温度且降低温度最高可达5℃。彭静等人（2007）通过6幅陆地卫星遥感影像发现，北京市的热岛空间分布在2001年、2002年和2005出现破碎的状况增强，甚至在植被面积大的地区显示出“凉爽”区域，这些成果得益于近些年市中心加强绿化管理。这些研究表明，绿地对城市热岛效应的降温作用发挥了非常重要的作用，因此城市规划中应强调增大绿地的建设面积，而应尽量减少对硬质铺装等不透水材料的使用。

“聚焦通州战略，打造功能完备的北京城市副中心”是北京市围绕中国特色世界城市目标，由北京市委、市政府在北京市第十一次党代会上明确提出的。这不仅是一个推动首都科学发展的战略决策，也确定了通州在北京城市副中心的定位。北京城市新型功能的定位战略及北京城市副中心通州区的建设对北京提出了新的要求。刘勇洪等人（2014）的研究表明，1987~2001年北京地区的热岛持续增强，2001年之后由于北京申奥的成功进行了大面积的旧城改造和绿化，使得城市热岛强度和范围在2004年和2008年有所降低，2008年之后城市热岛继续向东、南和北方向扩展，并出现了中心城区热岛与通州、顺义、大兴、昌平热岛连成片的趋势。对2020年城市规划图热岛模拟结果显示北京热岛已由“摊大饼”演变为“中心+周边分散”模式，中心城区热岛强度和范围明显减弱，周边广大远郊区将出现分散型小热岛。随着通州城区范围不断加大和人口数量直线式上涨，终会导致城市功能、区划和形态发生巨大转变。同时对城区的热岛效应和生态环境带来重大影响。对于北京城市副中心通州区热岛效应现状及发展趋势的研究已势在必行。

热岛现象保持着较高的城市环境温度，而环境温度与人体生理活动密切相关。当环境温度过高，不但会使人产生不舒适感，甚至能引发一系列疾病，严重威胁城市居民健康。同时，因高温能加快大气中的光化学反应，城市热岛对于光化学烟雾的形成也十分有利。另外，城市热岛还有利于城市上空逆温层的形成，而逆温层阻碍空气做上升运动，非常不利于大气对流扩散，使得大量空气污染物在城市近地面堆积。由以上可知，城市热岛效应严重：一方面给我们工作生活带来不便，从另一方面来看还会是制约城市发展和居民生活水平的提高。北京不仅是中国的政治、文化等中心，也是我们的首都，更是中国对外展示国家形象和世界了解认识中国的一个重要窗口，市民生活质量的提高及保持城市可持续的发展，都需不断提升技术方法和采取各种措施来降低热岛效应带来的影响，绿地关键技术研究具有重要意义。

1.4 城市绿地系统规划应对城市热岛改善的相关实践和研究进展

目前，国内外学者普遍认为城市绿地对减小城市热岛具有较好的作用，相关研究不断走向深入。大量学者基于不同的气候区、国家和城市的研究实践，重点针对绿地缓解热岛的机制、原理及其绿地布局的应对模式开展相关研究。主要包括：城市绿地规模与布局和绿地空间景观格局对城市热岛效应的影响研究，还有部分对研究方法的探索。

1.4.1 城市绿地空间景观格局对城市热岛的影响

近年来，有学者基于遥感技术，运用景观生态学研究绿地空间格局与热岛效应的关系，城市绿地结构与热岛的关系。绿地景观格局是影响城市热岛格局和强度的重要因素（马勇刚等，2006）。早期研究集中在斑块水平，从单个绿地形态特征指标研究缓解热岛效用。如王雪（2006）以深圳为例的研究强调了研究尺度的重要性。在城市绿地景观水平上的研究则主要围绕聚集度、破碎度、结合度等相关景观指数。有学者以深圳为例，利用遥感影像研究城市绿地斑块的景观指数（如聚集度、均匀度和破碎化等）与地表温度的关系，认为城市绿地的景观格局对城市热岛的空间分异具有显著影响（程好好等，2009）。另外，在不同尺度上，城市绿地景观格局与热岛的关系也有差异。有学者基于成都市ETM+遥感影像，对城市景观格局与城市热岛效应进行了多尺度定量分析，结果表明大尺度下的绿地缓解热岛特征更明显，而小尺度下则准确性更高（王鹏，2007）。尺度问题是研究绿地景观结构的一个重要性很强的问题，但目前还停留在探索阶段。

1.4.2　大尺度的城市绿地与热岛效应关系的研究方法

大尺度的城市绿地与热岛效应关系的研究方法，通常应用遥感技术，并结合数学模型，以获取大范围、多时相的温度数据和绿地信息，并确定相关性。基于遥感数据，众多学者将植被覆盖度、各种植被指数等作为定量指标，与城市地表温度建立相关联系。

1.5　城市绿地生态功能提升技术研究进展

城市绿地系统包括了城市园林绿地和郊区森林两部分，它们作为城市生态系统的重要组成部分，共同发挥着重要的生态改善功能、景观美化功能、文化创造功能、游憩娱乐功能、应急避险功能（吴菲，2008）。随着我国城市化的迅速发展，城市绿化建设倍受人们的关注，城市绿地生态功能的提升成为研究重点。目前城市绿地管理系统不够完善，植物绿化结构不够好，许多地方还受到了人为的破坏，绿地的生态功能没有得到更好的发挥，为了让有限的绿地环境发挥其最大生态效益，近年来许多专家学者对此进行了相关研究。

1.5.1　城市绿地生态功能提升技术研究方法与效应评价

周东倩以景观生态学原理和方法为指导，结合遥感影像数据的特点，用遥感评价方法对北京市的生态功能进行了评价，对城市植被动态进行定量地分析，可以更好地监测和评价城市绿地的生态功能（周东倩，2010）。巫涛（2012）利用遥感以及相关电脑辅助软件对公园绿地进行数字分析和运算，从而获得相应景观格局的属性数据，再根据这些数据对绿地景观的格局进行分析，获取相应的空间信息运用景观生态学结合城市规划的相关知识，提出优化景观格局，完善植物配置以提高其生态功能。栾庆祖等人从绿地景观格局的角度出发，利用遥感技术和地理信息技术，研究了北京市主城区的城市绿地，研究发现绿地的面积无论多大，其对周边环境的降温效应都限制在一定空间范围内，在布设城市绿地时分散型绿地比集中式大绿地对周边环境的总体降温效应更好。施炜婷等人（2018）用i-Tree Eco 模型评估了常州市市民广场城市绿地的生态功能价值，发现该地绿地每年净化空气 1443.97kg，固碳量 15.54t，生产氧气 29.30t，减少地表径流 3775m^3。舒天竹（2017）运用 3S 技术和景观格局空间分析技术监测研究区绿地的结构及其空间布局的动态变化，运用土壤侵蚀分类分级标准估算研究区的土壤侵蚀量，另一方面基于生态系统服务理论估算了研究区绿地水土保持生态效益的价值量，确定了当量法作为城市绿地水土保持生态效益价值量估算方法的可行性。学者们用遥感、模型等技术对绿地生态功能进行了分析，让管理者们能了解各个地方的缺陷与不足，并对此再进行改进。

学者们对于不同地方的绿地生态功能发挥效果也做了相应的检测与分析。科学家们对墨西哥湾沿岸和密西西比河口区域的滨海湿地进行调查、监测、湿地恢复和重建等方面的研究（Kusler，1994；Young，1996）。Michae（1997）选择了大型植物的生产力、大型海藻的生产力、植物种类组成以及包括河网密度、河道长度、分叉率和曲折度在内的排水特点等指标评估湿地生态恢复成效。王淑娟等人（2008）通过实验发现，城市郊区森林的空气负离子浓度高于教学区和市中心，温度和相对湿度是影响空气负离子浓度主要的生态保健因子。柴一新等人（2002）对不同树种的滞尘能力进行了定量分析，得出高大的乔木能起到滞阻、过滤外界降尘的作用，较密的灌草则能有效减少当地地面的扬尘。陈芳等人（2006）对武汉钢铁厂厂区绿地面积绿量的固碳、滞尘等功能进行了定量研究，提出应根据绿地功能需要，配置适应环境且生态功能强的园林植物种类，并配置灌草型、乔灌型和乔灌草型绿地结构来增加单位绿地面积上的绿量水平，以增强绿地的生态服务功能。张庆费等人（2007）对不同绿地群落的降噪功能进行了定量检测分析，得出在设计和营造降噪绿地时应着重考虑平均枝下高、平均高度、叶面积指数、平均冠幅和盖度这5个因子。刘学全等人（2003）对宜昌市6种具有代表性绿地类型的大气污染因子 SO_2、NO_x、TSP 进行对比监测，并采用模糊数学方法对不同绿地类型大气环境质量进行了综合评价，结果表明城市绿地特别是乔灌草搭配比较合理的绿地具有较好的滞尘效应和吸收大气有害气体效应。鲍风宇等人（2013）对北京几种典型城市绿化植物的生态保健功能进行研究，同一季节不同类型绿地生态功能差异较大，其中乔灌草结构的绿地类型生态保健功能比其他绿地类型更稳定。宋晓梅（2016）通过研究调查发现，城市绿地有增湿降温的作用。蔺银鼎等人（2006）发现3个林地样本内侧5m处平均降温2.18℃，相对湿度平均增加6.74%；3个草坪样本内侧5m处平均降温0.81℃，相对湿度平均增加5.05%。段敏杰等人（2017）对北京紫竹院公园的空气负离子浓度、人体舒适度（涉及温度、湿度、风速）、$PM_{2.5}$浓度、噪声4种生态保健因子的单项及综合生态保健功能进行了定量评价。

1.5.2 城市绿地生态功能提升技术的相应对策与建议

除对生态功能进行评价外，专家学者们对生态功能的提升提出了相应的对策和建议。杨培峰等人（2011）以生态学理论为指导，从人与自然和谐共生的自然生态观为出发点，制定以生态服务价值提升为目标的生态规划框架，对城市生态功能分区，以达到区域的生态安全及生态服务价值提升的目的，其具体方法还需要更为深刻的研究。赵飞（2016）以文献研究法、绿道抽样调查方法、使用者抽样方法，调查了广州绿道的生态旅游服务功能，并提出了广州绿道生态旅游服务功能提升绿道的科学维护对策。张富文（2016）认为连片住区绿地系统生态优化的关键点在于“障碍节点”的问题解决。陈敏捷等人（2016）提出密集均匀的绿地系统形式更加有利于减少城市的热岛效应。鲍方（2009）提出绿色道路廊道植物群落的结构调整、优化取决于绿色道路廊道的功能定位，认为植物群落的空间布局、设计和树种选择要根据植被、气候和景观生态学的原理，调整、优化绿色道路廊道林带布局结构、形态结构和树种结构，能构建适应城市发展的多树种、多层次、多功能、具有良好景观、环境生态效应的绿色道路廊道网络系统。徐高福等人（2016）认为营造具有物种多样性保护、净化水质、促进生态旅游的湿地公园和消落带湿地植被，将是湿地研究理论面向应用技术，提升湿地生态经济建设的发展方向。刁节娜（2016）提出提升生态功能的对策：丰富乡土树种，适当引进外来植物；以生态服务功能为主体，合理构建城市森林群落结构；按道路类型对树种功能的要求配置，以实现绿化效益最大化，做到科学规划，着重从植物的形态、色彩、防护、改善环境等方面入手，兼顾树种的生物学特性、生态学功能，合理选择适宜树种，构建最佳的群落结构模式。陈曦（2016）通过学习借鉴国内外提升滨海湿地生态系统功能价值的经验，并结合当地实际情况，提出了滨海湿地生态系统功能提升的对策：加强法律法规与执法队伍建设、建立生态效益补偿制度、加强保护管理制度建设、建立污染防控监督机制和加强监督机制建设。海正芳（2018）对彭阳县城区绿化进行了研究，为提升其城区绿化生态功能提出科学配置，对城区绿化中使用的树种进行分析试验，综合分析树种的各类特点，根据城区区域、绿化的不同，需要选择最为合适的树种进行搭配，发挥绿地的最大功能。

绿地生态功能的提升应当做好提升生态功能的经济基础、保证管理和维护工作的落实、保证管理和维护的有制可依，此外还应当积极加强保护及其重要性的宣传（任广阔等，2016）；以生态学为理论基础，建立绿地系统生态网络，加强管理维护，增强公众意识提高城市绿化率，合理安排绿化布局和结构（帅晓艳等，2008）。研究发现城市有机废弃物的有效利用可提高土壤肥力（梁晶等，2010），通过增加土壤肥力完善人工植被系统能有效提升生态功能（王洁等，2015）。进行低效林分改造（张瑞琪，2011），选用具有净化功能的树种，增加物种多样性，加大绿化面积（杨瑞卿，2006）。发展垂直绿化，增加乔、灌木层绿化量（赖昌炜，2013），进行复层结构绿化种植，相同种植结构的绿地中复层结构绿地的生态效益均大于单层结构的绿地，以乔-灌-草三维立体型绿地生态功能最佳（王正德等，2008）。结合景观生态学、可持续发展、人居环境科学等学科理论，研究总结城市绿地指标制定、结构布局因素及原则，树种多样性规划等城市绿地系统构建方法，全面提高城市绿化水平和质量，改善城市生态环境质量（潘雨婷，2013），改善现有布局结构和网络体系，最大限度地减少服务盲区，构建和形成结构完整和功能互补的生态空间网络系统（李华，2015）。

1.5.3 不足和展望

随着生活水平的提高，人们越来越注重所处生活环境的美化及舒适度。由于经济发展水平不一，我国目前城市绿化水平也发展不均。我国目前实践经验不足考虑不够全面，具体施工方法需要根据当地情况而定，大部分学者都是提出了建议，后续是否进行施工以及是否能有效提升其生态功能还未得知。遥感、i-Tree Eco 模型、“3S” 技术等在动态监测方面有着先天的优势，但只能进行定性和简单的定量分析，没有深入研究到相关模型。为了更好地管理城市绿地及提升城市绿地生态功能，可以建立一个网络管理系统并进行分区管理，根据其地理所处位置和土地情况进行合理的植物配置。目前研究较广且少，有待深入及改进，不同部门可分工合作共同设计规划合理的城市绿地。

1.6 屋面绿化技术研究进展

屋面绿化作为城市生态环境建设的重要载体，是国际上普遍公认的改善城市生态环境、缓解城市热导效应的有效措施之一，屋面作为建筑的第五立面，是城市建设与美化过程中不可忽视的环节（张道真，2014），近些年发展迅速，并且在改善空气质量、蓄滞雨水、增加碳汇、增加生物多样性、补充绿量方面作用显著，是海绵城市建设重要的低影响开发措施之一，屋面绿化建设已成为各国政府解决城市中心环境问题，推进可持续发展的工作重点。屋面绿化对缓解城市热岛方面，不应只局限于单体建筑微观层面的设计，而应从城市宏观分区、空间形态、中观布局、微观设计 3 个层次，完善城市屋面绿化规划设计体系，并应纳入与城市规划体系，推动屋面绿化快速发展，提升人居环境品质，实现城市的可持续发展（韩林飞等，2015）。

1.6.1 国外屋面绿化研究进展

1.6.1.1 国外屋面绿化发展状况

欧洲屋面绿化起源于德国和瑞士，以德国屋面绿化发展轨迹为例。有关资料显示：自1982年以来，德国屋面绿化工业的增长维持年均15%~20%的速率（Goya，2004），自2010年起，德国每年屋面绿化增长总量为500万平方米，意大利为每年100万平方米。由北美屋面绿化协会（GRHC）提供的一份2004~2012年北美屋面绿化发展速度显示（Paul，2012）：北美2012年全年屋面绿化建造面积接近180万平方米，突然增速出现在2011年。2012年北美屋面绿化前20名排名显示：华盛顿已经超过芝加哥成为北美屋面绿化的领跑者，2012年全年屋面绿化新增面积超过11万平方米。北美排前三名的依次是：华盛顿、芝加哥和纽约。

经过长期的发展和实践，从设计理念到材料技术，已经进入了一个相当成熟的阶段。近些年在欧洲，人们越发意识到屋面绿化所带来的重要生态作用，政府也制定了相应的鼓励政策。从技术角度总结有以下3方面：

（1）荷载要求。简单式屋面绿化适用于建筑荷载较小的钢结构屋面，荷载要求0.7~3.0kN/m²，容器式屋面绿化尚不统计在简单式屋面绿化之内。花园式屋面绿化适用于建筑荷载较大的混凝土结构屋面，荷载要求6.0~12kN/m²，这两个荷载数值均达到国内相关标准。

（2）防水材料。简单式屋面绿化多采用TPO或PVC；花园式屋面绿化多采用SBS改性沥青防水卷材为主。无论简单式或花园式屋面绿化，均需铺设耐根穿刺防水层。且以两层SBS改性沥青防水材料为主导产品，下层为普通SBS改性沥青防水卷材，上层为耐根穿刺SBS改性沥青防水卷材。

（3）覆土厚度。简单式屋面绿化覆土厚度7~20cm（以7~8cm居多）；花园式屋面绿化覆土厚度30~100cm，种植土为火山石或火山岩。

1997年开始，新加坡屋面绿化才有政府项目，主要是架空的立体停车场顶部，进入21世纪，新加坡强制推行了“空中绿化”，使其从“花园城市”转变为“花园中的城市”“平面花园”转变为“立体花园”，成为区域城市中“空中绿化”的典范。

新加坡屋面绿化构造层与国内相仿，不同之处在于：（1）排水板为高强度的PP材料结构单元，其厚度可根据需要叠加使用，非常便利。结构层包括：表层覆盖、植被种植、混合土、粗砂、过滤布、排水板、防水、防根、防腐PVC防水层、屋面基层。（2）过滤布和种植土层之间附加20~30mm厚粗砂，既有利于排水，也可保护过滤布，防止土壤浸透。

从技术标准发展上来看，2008年德国FLL景观开发与研究协会编制的《屋面绿化的设计、安装及维护指南》，是目前全世界最权威的屋面绿化技术规范产品标准，该标准在欧洲基本通用，在北美也作为主要的参考依据。

2000年欧盟防水卷材技术委员会CEN/TC 254起草了《沥青、塑料、橡胶屋面防水卷材抗植物根、穿刺能力的测定方法》（prEN13948：2006（最终草案））。草案包括范围、规范性引用文件、术语和定义、简要说明实验方法、实验设备、取样和生产商提供的用于实验材料的植物、实验条件、分析结果、精确度、检验报告十个部分，该草案对如何开展屋面绿化用防水材料、耐穿刺检验做了较为详尽的规定。

美国材料检验协会成立的屋面绿化技术标准研究小组制定并通过的技术规范包括：基质颗粒试验标准、荷载检测标准、排水层试验标准、基质密度检验标准、安装和维护指南、屋面绿化系统指南。这套标准主要是检验标准，缺乏产品标准，因此，在美国多用德国的标准作为产品标准，而用 ASTM 标准作为检验标准。

1.6.1.2　国外屋面绿化的公共政策

A　屋面绿化的政策背景

在国内，屋面绿化被理所当然看作是地面绿化的有益补充。而在欧美国家，屋面绿化被看作是环境敏感的、可持续的建筑技术，成为高度城市化条件下解决城市环境问题的重要手段。正是基于其在改善雨洪管理、缓解热岛效应、促进建筑节能、补偿绿色空间不足等方面所具有的独特作用，因此得到地方当局政府公共政策的强有力支持。

自 20 世纪 70 年代末期以德国“景观开发与建设研究协会”（简称 FLL）为代表的行业协会和学术机构对屋面绿化公共效益进行了持续而深入的研究，积累了的大量研究数据和成果，构成了当今各地方政府屋面绿化公共政策的理论基础。

Dunnett 等人（2004）的研究表明：高度都市化地区屋面面积占非透性面积总量的 40%~50%，城区黑色屋面的热辐射作用，其对温升的贡献占 38%，可见屋面是造成城市热岛效应的主要原因之一。因此，屋面绿化的实质是对高度城市化地区大量非透性面积出现的一种对策。为此，2008 年《芝加哥气候行动计划》（Lipman，2008）提出屋面绿化建设的中期目标是：到 2020 年，全市屋面绿化项目达到 6000 个。2008 年英国伦敦市将屋面绿化和垂直绿化作为伦敦城市规划的重要组成部分。欧盟在 2011 年的一份题为《限制土壤密封最佳措施及降低它的影响》（Gundula et al.，2010）的技术报告里，更是把屋面绿化作为其中两项最佳措施之一。

B　公共政策的法律框架

1992 年巴西里约热内卢联合国环境峰会成为欧洲各国政府普遍制定“面向 21 世纪可持续发展战略”的催化剂。在此背景下，欧盟的相关环保法规对各成员国联邦政府法律体系的影响日趋增强，进而影响到屋面绿化政策。在德国直接影响屋面绿化政策的联邦法是：建筑法、自然保护法、环境影响评估法、土地利用法以及废水处理法。在北美，屋面绿化被纳入联邦“绿色建筑”评估体系（LEED），即屋面绿化作为绿色建筑的一个重要元素，通过增加分值获得“LEED”认证。而绿色建筑评估体系的法律基础就是联邦环境保护法、能源法和联邦建筑法。

C　公共政策类型

国外屋面绿化政策分为鼓励性和强制性两大类。鼓励性政策又分为直接财政激励和间接财政激励；强制性政策主要指立法监管措施，在德国生态补偿政策也属于强制性政策类型。

a　直接财政激励

给屋面绿化项目直接的财政补贴是目前最常用的方式，按每平方米补贴一定金额或按项目总费用的一定比例（约 30%~50%）予以补贴。被补贴的屋面绿化项目一般都有最低要求，比如，屋面绿化系统最低保水能力、最小的基质厚度、最低使用年限等。

直接财政激励政策的特点是：(1) 非强迫性措施；(2) 政策的目标可以是多样的；(3) 政策一般在特定的区域使用，比如，既有建筑比例比较高的老建成区，而这些区域强制性的政策无法实施。直接鼓励政策的最大限制就是，对市政当局的财力是个巨大考验。

其他的财政鼓励，如税收抵免、费用减免和容积率奖励都不需要实质性的财政投入。例如，市政当局全部或部分免除与屋面绿化项目相关的设计评估、行政许可、项目评审等费用。其中，容积率奖励是非货币性政策里运用最广泛的鼓励政策。在新建设项目或翻新项目中，如果某些措施或技术的运用能带来明显的公共效益，市政当局可在城市规划条例容许的范围之外增加该项目的建筑面积或高度。但容积率奖励政策的目标多限定在中心城区和建筑密集区域。

b 间接财政激励

德国在20世纪80年代首创的雨水费减免政策，被认为是最具典型意义的间接激励政策。德国传统的做法是：雨水和污水处理费用混合征收。80年代联邦政府修法，要求将家庭废水排放与雨水排放分别按自来水消费量和非透性屋面的面积征收。有屋面绿化的家庭，按比例减免征收雨水费。根据德国最大的屋面绿化协会FBB 2004年的调查：约有50%的德国城市已经实施了这项分别计费政策，而雨水费的减免率多为50%。该机构的研究同样指出：这项间接激励政策，在德国被认为是最成功，也是最公平的一项政策。

雨水费减免政策的最大的特点是：(1) 目标非常明确，就是保护水资源，减轻城市废水处理系统的压力；(2) 与直接的、一次性的补贴政策比，它是长期性措施，因此，对整个屋面绿化的长期推广和维护具有决定性意义；(3) 与强制性的政策比，对业主而言，完全是利益驱动，比较具有亲和性，推行起来也比较好操作；(4) 政策适用于新建筑，也适合老建筑。

c 强制性的生态补偿政策

生态补偿政策是20世纪80年代中期德国制定的屋面绿化政策。其出台的背景是：随着城市化的进程加快，每日有大量的城市绿色空间被建筑物或构筑物所占据，必须对失去的自然空间给予补偿。而屋面绿化被看作一种生态补偿措施，这种补偿措施可以依照联邦自然保护法和建筑法被法定纳入当地政府的城市发展规划里。为使生态补偿措施产生既定的环境效果，FLL制定了一套屋面绿化评估办法，对屋面绿化作为生态补偿措施提出了详尽的技术要求。

生态补偿政策是强制性的，政策目标非常明确，就是弥补失去的自然绿色空间。该政策的缺点是，政策设置与操作过于复杂，且生态补偿的长期效果有待检验。

d 强制性的规管措施

将屋面绿化作为对城市新发展项目的强制性要求是世界各国和地方政府推动屋面绿化最重要的政策工具。强制性的政策目标通常是多样的，比如减少非透性屋面及墙面的面积、改善水质、生态补偿等，该政策尤其适用城市的新发展区域。根据德国FBB 2004年的调查，德国有接近37%的城市制定了强制性的规管措施。

加拿大多伦多市是北美第一个出台强制性屋面绿化政策的城市。2009年5月，议会批准了“多伦多市屋面绿化条例”(Nora，2010)，其中包含了两个主要部分：其一，对新建设项目的强制性屋面绿化（或冷屋面）要求及适用范围；其二，屋面绿化建设标准为屋面绿化的强制性标准。

e　其他非政策手段

这些手段包括通过媒体广泛宣传屋面绿化的公共效益、召开学术研讨会、在政府建筑上建立屋面绿化样板、开展屋面绿化设计和优秀工程评选等。

1.6.2　国内屋面绿化研究进展

1.6.2.1　国内屋面绿化发展状况

国内屋面绿化起步较晚，但发展较为迅速。20 世纪 60~70 年代，广州、成都、重庆、北京、上海等城市率先开展了屋面绿化实践，并主要是在涉外饭店等公共建筑开始建造屋面花园。例如，广州的白天鹅宾馆（1978 年建成）；北京的长城饭店（1984 年建成）、首都大酒店（1989 年建成）、长富宫饭店等。以北京为例，从 1984~2004 年 20 年间，民间自发建设完成的建筑屋面花园总量约为 60 万平方米，屋面绿化在国内有一定的市场需求和发展前景。以北京市为例，自 2005 年北京市政府率先积极推广屋面绿化，截至 2015 年底，共完成全国政协、公安部、国家体育总局、红桥市场、北大口腔医院等屋面绿化工程，总计约为 150 万平方米，政府资金投入超过 1.23 亿元。2005~2015 年北京市享受政府补贴的屋面绿化总量统计见表 1-1。

表 1-1　2005~2015 年北京市享受政府补贴的屋面绿化总量统计

截至年限	屋面绿化类型	处	面积/m^2	比率/%
2005~2013 年	简单式	319	763300	72.2
	花园式	123	334500	27.8
	合　计	442	1097800	100
2014 年	简单式	42	92687.8	37.32
	花园式	39	155681.74	62.68
	合　计	81	248369.54	100
2015 年	简单式	34	90259.7	61.84
	花园式	29	55687.1	38.16
	合　计	63	145946.8	100
2005~2015 年	简单式	395	946247.5	63.34
	花园式	191	545868.84	36.58
	总　计	586	1492116.3	100

从技术角度上来分析，国内屋面绿化主要技术包括以下几部分。

（1）荷载要求。相对于国外发达国家，我国屋面绿化荷载要求较为严格，行业标准规范规定，简单式和花园式屋面绿化荷载分别为 1.0kN/m^2 和 3.0kN/m^2。这也是由于国内不同地域气候、建筑形式、相关材料和工艺措施决定的。

（2）防水工程。它是实现屋面绿化的重要基础。按照 JGJ 155—2013《种植屋面工程技术规程》的规定，必须满足一级防水的要求，防水材料必须采用一道耐根穿刺防水材料，屋面绿化前，在原屋面基础上应进行二次防水处理（韩丽莉等，2019）。耐根穿刺防水材料是指具有抑制根系进一步向防水层生长，避免破坏防水层的一种高效防水材料，屋面绿化系统中的植物根系具有极强的穿透性，若防水材料选用不当，将会被植物根茎穿透，造成建筑物渗漏。而且，发生渗漏时，很难确定防水材料被破坏的准确位置，因此，翻修工作量和经济损失较大。此外，若植物的根系扎入屋面结构层（如电梯井、通风口、女儿墙等），在一定程度上危及建筑物的使用安全。国内在2000年以前尚无屋面绿化用耐根穿刺防水材料的概念，也无相应的检测机构，更无通过境外检测的国内耐根穿刺防水产品。此规程的出台推进了国内耐根穿刺防水材料的研发和检测工作的迅速开展。

（3）排蓄水系统。它是实现屋面绿化的重要保障。在屋面干旱暴晒环境下，屋面绿化必须采用自身荷重较轻、具有排蓄水功能的排水材料来满足屋面正常的排水功能。

（4）种植基质。它是屋面绿化植物生长赖以生存的重要条件，必须按照屋面绿化类型、使用功能、项目投资、环境条件等综合要求，采用有机基质或无机基质材料，其中，无机基质因其具有容重较轻，材料性能稳定，无病虫害污染，不破坏自然环境等特点，在今后的屋面绿化中将占主导地位。

（5）植物种植。它是屋面绿化最终体现生态效益和景观效果的重要载体，必须以植物造景为主。应依据植物生理学、气象学、景观学、建筑功能需求、后期养护条件等进行科学的植物配置。

（6）灌溉设施。它是种植屋面养护管理的重要保障。宜选择微喷、滴灌、渗灌等灌溉系统。

从技术标准发展上来看，国内各大城市已陆续发布屋面绿化相关标准规范，包含相关产品的国家标准、行业标准以及各个地方标准。如行业标准有：《屋面绿化工程技术规程》、北京市地方标准《屋面绿化规范》《上海市屋面绿化技术规范》《成都市屋面绿化及垂直绿化技术导则》《福建省实施城市立体绿化暂行办法》、深圳市农业地方标准《屋面绿化设计规范》《昆明城市立体绿化技术规范》《山东省立体绿化技术规程》等。

相关标准法规的出台对于进一步规范屋面绿化建设，提升屋面绿化建设管理水平具有十分重要的作用，将为屋面绿化行业健康有序、科学发展提供技术支持，对改善城市中心面貌、缓解城市热岛、提高生态环境效益起到积极促进作用。

1.6.2.2 国内屋面绿化公共政策

A 屋面绿化基本驱动力

我国屋面绿化公共政策具有明显的中国特色，首先表现在屋面绿化基本驱动力上。屋面作为建筑的第五立面，是城市建设与美化过程中不可忽视的环节，早期，城市第五立面的“美化”成为屋面绿化的主要推动力。以1999年出台的“深圳市屋面美化绿化实施办法”（深府〔1999〕196号）为例，其政策依据是《深圳经济特区住宅区物业管理条例》《深圳经济特区市容和环境卫生管理条例》《深圳市人民代表大会常务委员会关于坚决查处违法建筑的决定》等有关法规、规章，绿化只是屋面美化的手段之一。客观看，即使在21世纪的今天，各地政府在推进屋面绿化事业的利益驱动上，“美化”的权重仍然相当大。

我国屋面绿化另一个重要驱动力是增加中心城区绿量，改善城市生态环境。这一驱动力成为当前我国多数城市屋面绿化公共政策制定的主要依据，尤其像北京、上海、广州、深圳这类特大城市，中心城区寸土寸金，多维空间绿化在“节地”上的正收益非常巨大。

B 公共政策基本类型

我国屋面绿化公共政策也可以分为两大类型，即强制性政策和鼓励性政策。

a 强制性政策

政府以行政命令的形式将屋面绿化任务下达给各个区或政府直属部门，是强制性政策的最主要形式，也是目前最常见的政策形式。通过立法推动屋面绿化，是另一种强制性政策，目前国内只有上海市完成了屋面绿化的立法程序。

b 鼓励性政策

财政直接补贴是目前各地政府最常用的政策措施，也是目前针对既有建筑屋面绿化最有效的政策措施。但该项政策对各地政府公共财政形成一定的压力，因此，政策的持续性有待观察。

在新建设项目中用屋面绿化面积折抵建设项目附属绿地面积，成为屋面绿化另一种常用的政策工具。尤其在中心城区的建设项目，屋面绿化折抵部分地面绿化面积是最经济可行，效果最为显著的鼓励措施。北京、上海、杭州等城市均配套出台了详细的折抵标准和计算公式，对未来各城市屋面绿化政策的制定具有重要示范意义。

其他鼓励措施包括成都的“以奖代补”政策，上海的“立体绿化百佳评选”活动等。

c 北京市屋面绿化的公共政策

2002年9月，北京市园林局北京市规划委员会关于《北京市建设工程绿化用地面积比例实施办法补充规定》指出：建设工程实施屋面绿化，可按其面积的20%计入绿地面积指标；自2005年起，为配合北京市控制大气污染措施的要求，北京市政府大力推广屋面绿化，改善城市大气环境和减少二次扬尘污染，并为2008年举办“绿色奥运”营造良好的城市生态和绿化景观效果。2005~2006年市政府高度重视屋面绿化工作，列入当年北京市政府为市民办实事之列。2006~2010年北京市“十一五”生态建设规划期间完成屋面绿化50万平方米。2009年3月，首都绿化委员会办公室公布18种义务植树尽责形式和核算方式，其中第12条规定：“认建屋面绿化1m^2，折算3株植树任务”。将屋面绿化纳入了全民义务植树运动当中。2009年11月20日，北京颁布新《北京市绿化条例》中第26条规定：“鼓励屋面绿化、立体绿化等多种形式的绿化。机关、事业单位办公楼及文化体育设施，符合建筑规范适宜屋面绿化的，应当实施屋面绿化”。以鼓励、倡导形式将开展屋面绿化列入市人大通过的地方法规。2010年起北京市园林绿化局（首都绿化办）开始评选北京屋面绿化先进单位和北京屋面绿化先进个人。2011年6月11日，北京市人民政府“关于推进城市空间立体绿化建设工作的意见”（京政发〔2011〕29号）明确指出：“城市空间立体绿化作为城市绿化的重要形式，在拓展城市绿色空间、美化生态景观、改善气候环境和生态服务功能等方面具有重要作用”。对公共机构所属建筑少于12层、高度低于40m的非坡层顶新建、改建建筑实施屋面绿化。2011年北京市“十二五”规划，全市“十二五”期间要完成屋面绿化100万平方米，北京市政府在与各区县政府签订的园林绿化责任书上，专门列入完成屋面绿化、垂直绿化的任务指标。2012年3月27日，北京市园林绿化局颁布了《北京市屋面绿化建设和养护质量要求及投资测算》（京绿城发〔2012〕5号），并沿用至今。

2 北京城市副中心绿化现状分析与评价

园林绿化作为城市生态体系的核心组成部分，是维护生态安全、保障生态平衡的重要基础，是提升生态环境、改善空气质量的重要支撑，也是塑造城市形象、惠及市民福祉的重要载体。城市植物多样性是城市可持续发展的基础，也是检验和评价城市环境质量的重要指标，与城市绿地建设关系密切，对于维持城市生态平衡和稳定环境也具有重要作用（陈辉，2015）。城市副中心的建设，事关北京发展整体大局，全面建设好副中心的“五翼”，尤其是坚持发展“大尺度绿化”建设，既是为副中心生态发展增绿，也是为子孙后代留绿，必能改善城市副中心的人居环境质量（郑西平等，2011；刘洁等，2015；刘辉，2016）。在当前环境下，城市副中心的公园绿地建设与功能提升变得尤为重要。

而随着通州城区规模的继续扩张，人口急剧增加，城市的形态、功能以及区划等各方面都将发生强烈的变化，这些变化对于北京城市副中心的绿化建设以及区域生态环境及其热岛效应将会产生很大的影响。因此，调查和分析北京通州区的绿地现状、植物树种应用组成、物种丰富度以及植物群落结构等信息，进而研究物种丰富度指数和多样性指数，掌握城市绿化现状、绿化水平以及绿化存在的问题，其对研究城市副中心绿化对城市热岛的改善效应以及指导城市副中心绿地空间的合理布局具有重要的价值，为进一步指导城市副中心绿地建设，适应新定位新需求以及维护城市生态系统平衡提供理论依据。

2.1 北京市通州区

北京市通州区位于北京市东南部、京杭大运河北端，地处北京长安街延长线东端，是京杭大运河的北起点、首都北京的东大门，且同时与河北和天津接壤，是京津冀区域生态建设统筹协调的关键区域。区域地理坐标北纬39°36′~40°2′，东经116°32′~116°56′。东西宽36.5km，南北长48km，面积906km^2。通州生态格局区位关键，全区地处永定河、潮白河洪冲积平原，地势平坦，自西北向东南倾斜，海拔最高点27.6m，最低点仅8.2m。总共分布13条河流，总长245.3km，主要河流有北运河、潮白河、凉水河、凤港减河。其土质多为潮黄土、两合土、沙壤土。通州区气候属温暖带大陆性半湿润季风气候区，受冬、夏季风影响，形成春季干旱多风、夏季炎热多雨、秋季天高气爽、冬季寒冷干燥的气候特征。年平均温度11.3℃，降水620mm左右。北京市绿地规划确立的多条平原区绿色生态廊道，包括河流廊道、道路廊道、绿楔、拟规划风景名胜区等均位于通州区。北京城市副中心为原通州新城范围，西至与朝阳区之间的规划绿化隔离带，东至规划东部发展带联络线，北至现状潞苑北大街，南至现状京哈高速公路，东西宽约12km，南北长约13km，总用地面积为155km^2。

2.2 研 究 方 法

2.2.1 基础资料收集与处理

收集北京市通州区（含城市副中心）近年来的社会经济统计资料、绿化资源基础数据、野外绿地抽样调查资料以及大量文献资料等，同时在获取北京城市副中心2004年、2010年和2015年遥感影像数据的基础上，通过利用遥感处理软件对影像进行大气校正、几何校正、图像增强等处理以提高影像质量（韩玲玲等，2012；王延飞等，2014；陈阳等，2015；董仲奎等，2016），对处理后的影像进行解译分析并提取对应的绿地信息，进而研究与分析近年来北京市通州区（含城市副中心）绿化现状以及存在的问题。

2.2.2 野外试验调查与核查

野外调查分别于2017~2018年的8~9月份进行，在对通州区（含城市副中心）全面踏查的基础上，以抽样调查的方式，选取典型的公园绿地、居住区绿地以及道路绿地等进行外业调查，记录绿地类型、乡土植物应用以及植物群落结构配置等。经过多次野外踏查选点，最终选取了大运河森林公园、减河公园、运河公园3个不同类型的公园绿地，武夷花园小区、永顺南里小区、乔庄西区等居住区绿地，新华大街、运河西大街、宋梁路等多条主干道路进行植物种类、群落结构以及植物多样性的调查。

群落调查工作主要是进行植物种类以及应用现状的调查，分别记录各个样点园林植物的种类、生长状况，并选取有代表性的群落样方进行每木调查。在对绿地全面踏查的基础上，选取植物生长健壮、群落物种丰富的有代表性的典型植物群落进行样方调查。样方调查采用典型取样方法，依据植物群落特点，在绿地内设置20m×20m的方形样地，按照打格子的方法将方形样地分成4个10m×10m的样方调查乔木层；在标准样地内以梅花形分别设置5个2m×2m和5个1m×1m的小样方，分别调查灌木层和草本层；野外调查共计乔木样方300个，灌木样方350个，草本样方350个。

样方测定时记录样地面积、位置、周围环境、群落结构以及各层片的高度、盖度等相关信息；乔木层进行每木调查，记录种名、高度、冠幅、胸径、生长势、物候期等；灌木与草本层采用记名计数法分别在每个小样方中调查灌木、草本的种类及株数（即多度），同时测量灌木、草本的种高度，并采用目测估计法测定灌木、草本的种盖度、生长势、物候期等（生长势分为1~5个等级，分别为很差、差、一般、好、很好），以及灌木层、草本层的总盖度。最后对调查数据进行整理、分析、评价。

2.2.3 物种多样性指数计算方法

在对一个群落或一个区域物种多样性研究时，一般从物种丰富度、物种均匀度和物种多样性指数3个角度出发，综合分析比较物种的多样性及其影响因素（马克平等，1995；Pielou，1997；杨学军等，2000；孙振钧，2010）。根据外业数据，分别计算了公园绿地中乔木层、灌木层和草本层植物的物种多样性指数，其计算方法如下。

2.2.3.1 物种丰富度指数

表示某一种群在群落中个体数目的多少或丰富程度，是群落中种群个体数目的一个数量上的比率。本书中物种丰富度以 Margalef 丰富度指数进行表示，见式（2-1）：

$$D_M = (S - 1)/\ln N \tag{2-1}$$

式中，S 为调查样方内所有物种种类的数量；N 为调查样方内所有物种的数量。

2.2.3.2 频度和相对频度

频度是指各种植物个体在一定地区的特定样方中的出现率，它不仅反映了每种植物在群落中的密度，而且还反映了植物种在群落中的分布格局。其数值与样方的面积大小有关，即：

频度 = 某种植物出现的样地数

相对频度=某种植物出现的样地数/所有个体出现的样地数×100%

2.2.3.3 物种多样性

物种多样性是把物种数和均匀度混合起来的一个统计量，一个种群中如果有许多物种，且它的多度非常均匀，则说明该群落具有较高的多样性；反之，如果群落中物种种数较小，且它们的多度不均匀，则说明该群落有较低的多样性（张金屯，2004；刘瑞雪，2016）。物种多样性常用的测度指数有 3 个。

（1）Simpson 多样性指数：

$$D = 1 - \sum P_i^2 \tag{2-2}$$

（2）Shannon-Wiener 多样性指数：

$$H = -\sum P_i \ln P_i \tag{2-3}$$

式中，$P_i = N_i/N$；N_i 为第 i 种物种个体数，$i=1, 2, 3, \cdots, S$；N 为个体总数。

（3）物种均匀度（E. Pielou 均匀度指数）：

$$E = (-\sum P_i \ln P_i)/\ln S \tag{2-4}$$

式中，S 为群落物种数目；$P_i = N_i/N$（N_i 为第 i 种物种个体数，$i=1, 2, 3, \cdots, S$；N 为个体总数）。

2.3 绿化现状分析与评价

2.3.1 北京城市副中心绿地规划发展

北京市园林绿化局关于印发《加快推进北京城市副中心园林绿化生态环境建设的实施方案》指出北京城市副中心的发展目标，到 2017 年底，城市副中心园林绿化生态环境建设取得重要进展，为市属行政事业单位整体或部分迁入通州奠定良好的生态环境基础；到 2020 年，北京城市副中心森林覆盖率达到 33%，林木绿化率达到 36%；城市绿化覆盖率达到 51%，人均公园绿地面积达到 18m^2，公园绿地 500m 服务半径覆盖率力争达到 90%，基本实现国家生态园林城市、国家森林城市的目标，形成“一区、一城、三环、三网、四片、五镇、多园”的园林绿化空间布局，努力构建蓝绿交织、清新明亮、水城共融、多组团集约紧凑发展的生态城市格局。

为深入贯彻习近平总书记对北京重要讲话精神，深入落实《京津冀协同发展规划纲要》，深入实施党中央、国务院批复的《北京城市总体规划（2016~2035 年）》，北京市组织编制了《北京城市副中心控制性详细规划（街区层面）（2016~2035 年）》。明确提出健全城市副中心绿色空间体系，具体包括：（1）构建城市级、社区级两级绿色空间体系。在城市副中心内形成“一带、一轴、两环、一心”的绿色空间格局，全面增加城市副中心绿色空间总量，到2035年城市副中心绿色空间约41km²。划定包括公园绿地、生态绿地等在内的绿地系统线，保障绿地有序实施。到2035年城市副中心人均绿地面积达到30m²，公园绿地500m服务半径覆盖率达到100%。（2）开展大规模植树造林。率先在城市绿心实现具有一定规模和效益的森林生境，依托长安街东延长线以及广渠路、观音堂路等景观大道种植高大乔木，实现森林入城。鼓励城市干道设置中央分隔带种植高大乔木，在有条件的隔离带、人行道种植两排乔木，形成连续的林荫路系统，街区道路100%林荫化。（3）构建完整连续、蓝绿交织的绿道网络。依托河道绿廊、交通绿廊，建设绿荫密集、连续贯通的干线绿道，有效串连城市公园和社区公园。依托小规模绿色线性空间，构建尺度宜人、慢行舒适的次级绿道，有效串连社区公园与小微绿地。到2035年城市副中心建成绿道约280km，水岸及道路林木绿化率达到80%以上。《北京城市副中心总体规划》《北京城市副中心绿地系统规划》《北京城市副中心控制性详细规划（街区层面）（2016~2035年）》均对副中心园林绿化建设提出了高标准和高要求，园林绿化建设已然成为城市副中心建设的先行军。

2.3.2　绿地指标体系分析

北京通州（含城市副中心）全区范围内自然环境条件较好，绿色空间总量相对较高，但大部分多为农田林网和水域。北京通州（含城市副中心）绿化指标现状主要从以下几个方面进行了分析。

2.3.2.1　森林覆盖率

根据北京市园林绿化局发布的北京市森林资源情况可知，2011~2017年通州区森林覆盖率的变化如图2-1所示，表现为逐年递增的趋势，2011年森林覆盖率为19.74%，随后两年增长幅度较大，分别增长了3.68%和7.52%，2013年达到了27.26%，随后几年增长幅度不大，2017年维持在28.91%，这相比北京城市副中心2020年规划森林覆盖率33%的标准，还相差4.09个百分点，相比通州区2035年森林覆盖率40%的标准，相差11.09个百分点。

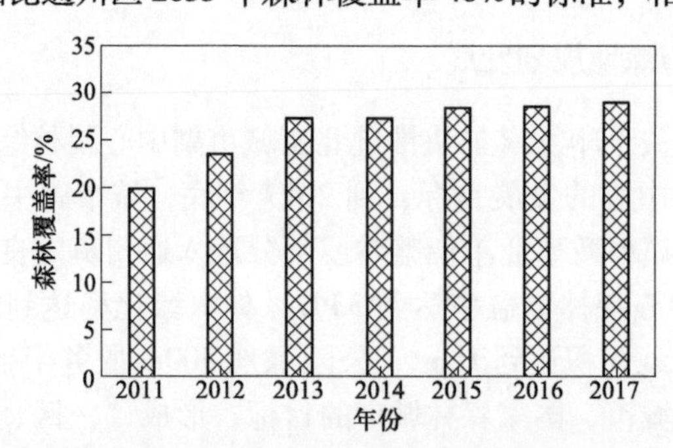

图2-1　2011~2017年北京市通州区森林覆盖率变化

2.3.2.2　绿化覆盖率

根据北京市园林绿化局发布的北京市城市绿化资源情况可知，2011~2017年通州区绿化覆盖率表现为逐年递增的趋势（见图2-2），其中2011~2014年几乎变化不大（维持在

50%左右)，2015 年绿化覆盖率达到了 58.01%，相比 2014 年增加了 7 个百分点，2016～2017 年增加幅度不大，2017 年绿化覆盖率达到了 60.58%，相比 2011 年增加了 11.24 个百分点，说明绿化覆盖率有了大幅度提升，2017 年通州区绿化覆盖率远高于北京市绿化覆盖率 48.4%。

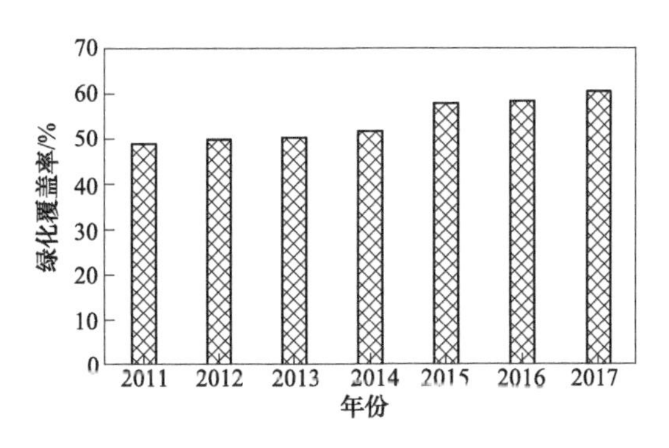

图 2-2 2011～2017 年北京市通州区绿化覆盖率变化

2.3.2.3 绿地率

2011～2017 年通州区绿地率变化情况如图 2-3 所示，从图中可以看出绿地率整体变化幅度不大，2011～2013 年绿地率略有增加，但几乎变化不大，与其他绿地指标不同，2014 年通州区绿地率相比 2013 年出现了小幅度降低（0.7%），而 2015 年相比 2014 年增加了 3.77 个百分点，绿地率达到了 51.22%，2016～2017 年逐年略有增加，2017 年通州区绿地率达到了 53.8%。

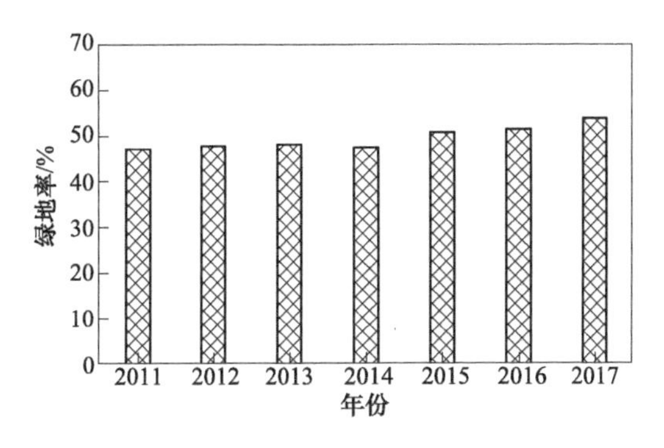

图 2-3 2011～2017 年北京市通州区绿地率变化

2.3.2.4 绿化覆盖面积

通过分析 2011～2017 年北京市园林绿化局公布的对北京市城市绿化资源情况的统计信息可知（见图 2-4），2011～2017 年通州区绿化覆盖面积呈现逐年增加的趋势，其中 2014 年和 2015 年增加幅度相对较大，分别为 24.17% 和 13.19%；2011 年绿化覆盖面积为 4307.7hm^2，2015 年相比 2011 年增加了 1781.94hm^2，为 6089.64hm^2，到 2017 年绿化覆盖面积达到了 6360hm^2，其相比 2011 年增加了 49.75%。

2.3.2.5 绿地面积

2011～2017 年北京市通州区绿地面积变化如图 2-5 所示，绿地面积呈现出与绿化覆盖

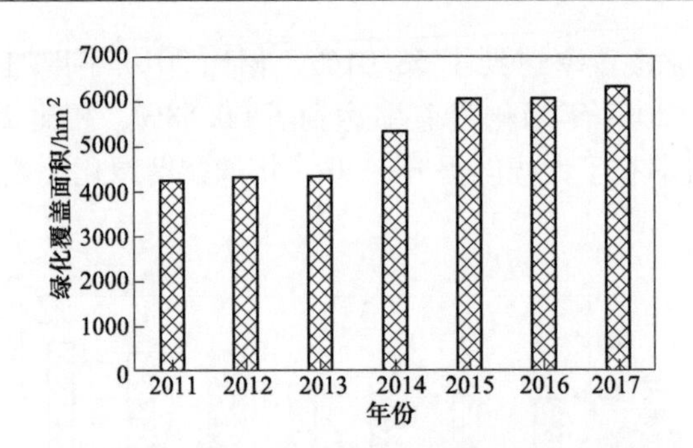

图 2-4　2011~2017 年北京市通州区绿化覆盖面积变化

面积相同的趋势，即表现为逐年增加的趋势，其中 2011~2013 年增加幅度较小，几乎没有变化，2014 年相比 2013 年增加了 836.52hm^2，增加幅度为 20.18%，2015 年绿地面积增加到了 5377.48hm^2，是 2011 年的 1.32 倍，2015~2017 年绿地面积表现为小幅度增长，2017 年北京市通州区绿地面积达到了 5647.84hm^2，相比 2011 年增加了 39.13%。

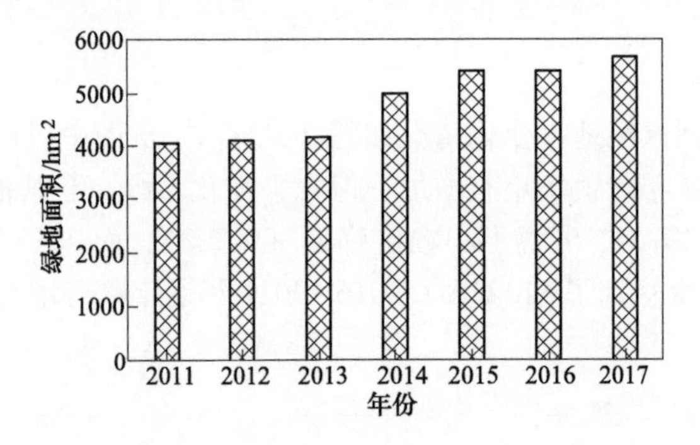

图 2-5　2011~2017 年北京市通州区绿地面积变化

2.3.2.6　人均绿地面积和人均公园绿地面积

2011~2017 年北京市通州区人均绿地面积与人均公园绿地面积变化如图 2-6 和图 2-7 所示。从图中可以看出，两者均呈现出先增加后减少的趋势，通州区人均绿地面积从 2011~2013 年的 60m^2 降低到 2014 年与 2015 年的 49m^2，随后又降低到 2016 年与 2017 年的 37m^2，这与北京城市副中心的疏解非首都功能的定位有着非常重要的相关性。通州区人均公园绿地面积则表现出从 2011~2013 年的 15m^2 增加到 2014 年与 2015 年的 23.2m^2，随后降低到 2016 年与 2017 年的 12.8m^2，相比 2017 年北京市人均公园绿地面积 16.2m^2 降低 3.4m^2。2017 年通州区人均公园绿地面积 12.75m^2 相比 2020 年规划指标 18m^2，仍相差 5.25m^2。

2.3.2.7　不同绿地类型与绿地面积

通过对 2011~2017 年通州区不同绿地类型（公园绿地、生产绿地、防护绿地、附属绿地 4 种）面积分析可知（见图 2-8），公园绿地面积表现为逐年增长的趋势，2011~2013 年增长趋势不大，2014 年与 2015 年公园绿地面积有较大幅度提升，相比 2013 年分别增长了 39.88%和 78.03%，2016 年与 2017 年增长幅度不大（见图 2-8（a））；生产绿地和防护绿地面积均表现为 2011~2013 年数值几乎不变，2014 年有大幅度提高，分别是 2013 年的 25.04 倍和 4.25 倍，随后 4 年均维持不变（见图 2-8（b）和（c））；而附属绿地面积表现为先增长后降低而后又逐渐增长的趋势，但整体变化幅度不大（见图 2-8（d））。

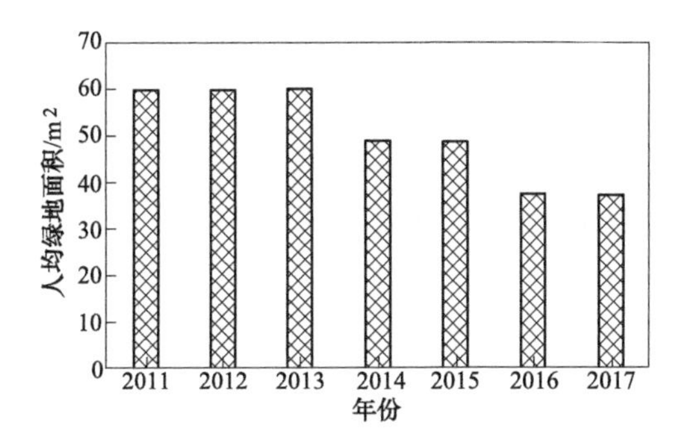

图 2-6　2011~2017 年北京市通州区人均绿地面积变化

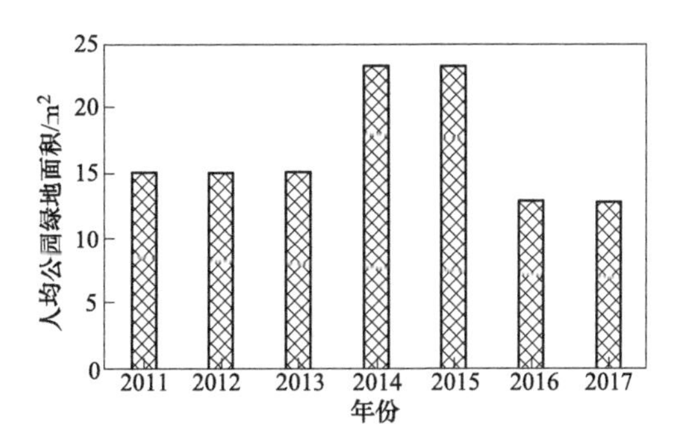

图 2-7　2011~2017 年北京市通州区人均公园绿地面积变化

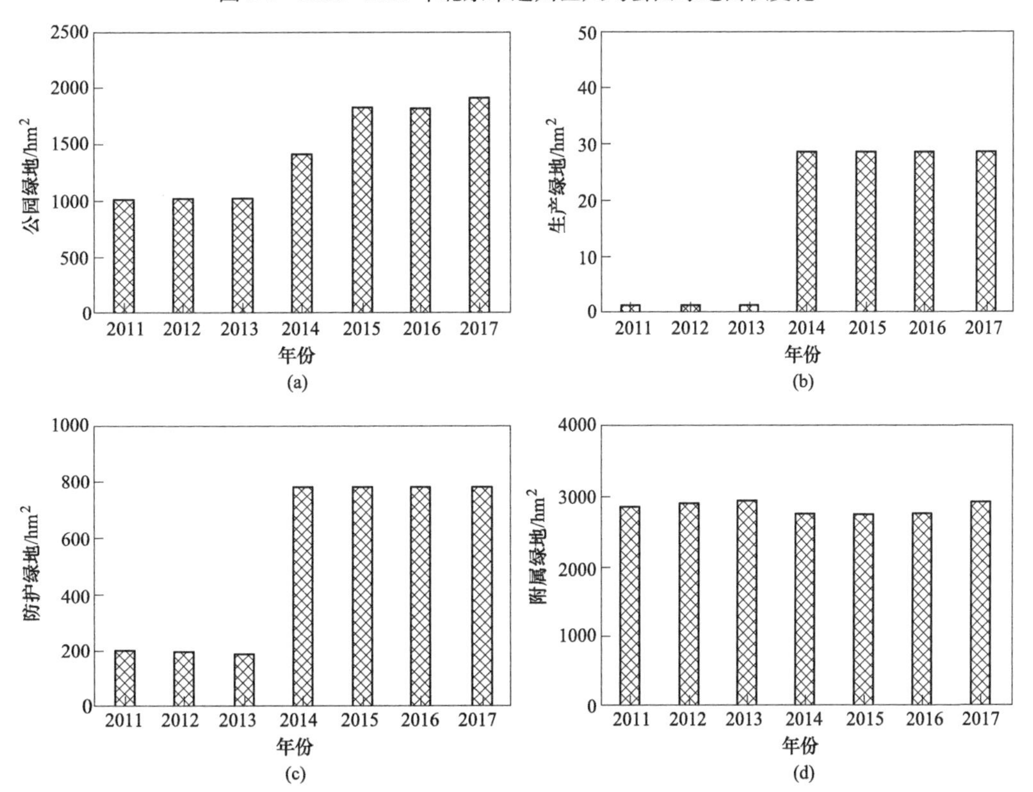

图 2-8　2011~2017 年北京市通州区不同绿地类型面积变化

（a）公园绿地；（b）生产绿地；（c）防护绿地；（d）附属绿地

2.3.3　用地类型变化

2.3.3.1　通州区（含城市副中心）土地利用现状变化

通过对北京市发布的通州区统计资料的收集归纳，从耕地、园地、林地、草地、城镇村及工矿用地、交通运输用地与水域及水利设施用地 7 个类型分析了 2012~2016 年北京市通州区土地利用现状（见表 2-1 和图 2-9）。从表 2-1 和图 2-9 可以看出，从 2012~2016 年

表 2-1　北京市通州区土地利用状况分析（2012~2016 年）　（hm^2）

土地类型	年份				
	2012	2013	2014	2015	2016
耕　地	34084	33799.52	33570.48	33528.9	33161.9
园　地	3581	3507.33	3473.88	3450.26	3405.7
林　地	8056	7890.73	7840.77	7807.49	7798.6
草　地	124	121.86	120.4	120.37	116.5
城镇村及工矿用地	29311	29920.68	30139.35	30281.35	30764.5
交通运输用地	4775	4785.45	4812.35	4812.59	4798
水域及水利设施用地	8757	8657.9	8603.91	8577.86	8486.6

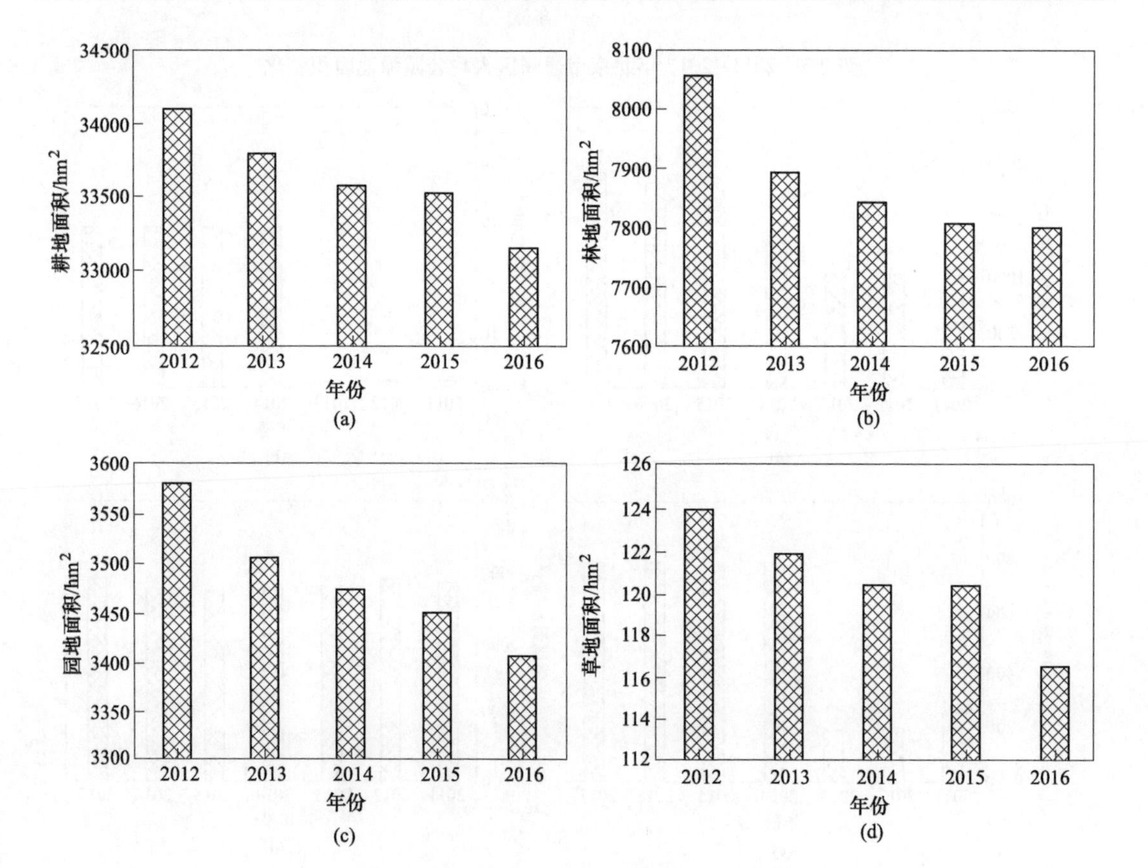

图 2-9　2012~2016 年北京市通州区不同用地类型面积变化

（a）耕地；（b）林地；（c）园地；（d）草地

耕地、园林、林地、草地和水域及水利设施用地面积均表现为逐渐减少的趋势，而城镇村及工矿用地面积表现为逐年增长的趋势，交通运输用地表现为先增长后降低的趋势，说明各类建设用地持续增长，侵蚀生态用地现象突出。

2.3.3.2　城市副中心土地利用现状变化

在 ArcGIS 环境中，将北京城市副中心各土地类型区分后，得到如下 3 期北京城市副中心的土地利用类型分布图（见图 2-10），结合统计分析功能，实现了对城市副中心土地

图 2-10　2004 年、2010 年和 2015 年北京城市副中心土地利用类型图

（a）2004 年北京城市副中心用地类型；（b）2010 年北京城市副中心用地类型；（c）2015 年北京城市副中心用地类型

利用类型面积与构成比例变化的估算（见图 2-11 和图 2-12）。从图中整体分析可知，2004 年、2010 年、2015 年北京城市副中心各类用地的面积及比例在持续不规则变化，其中建设用地呈现先增加后又略微减少的趋势，2004 年建设用地占 31.72%，2010 年增加到 36.11%，到 2015 年又减少到 35.83%；林地面积从 2004 年的 4.8%增加到 2010 年的 10.92%，而后又增加到 2015 年的 14.23%，这主要归因于从 2010~2015 年，北京平原地

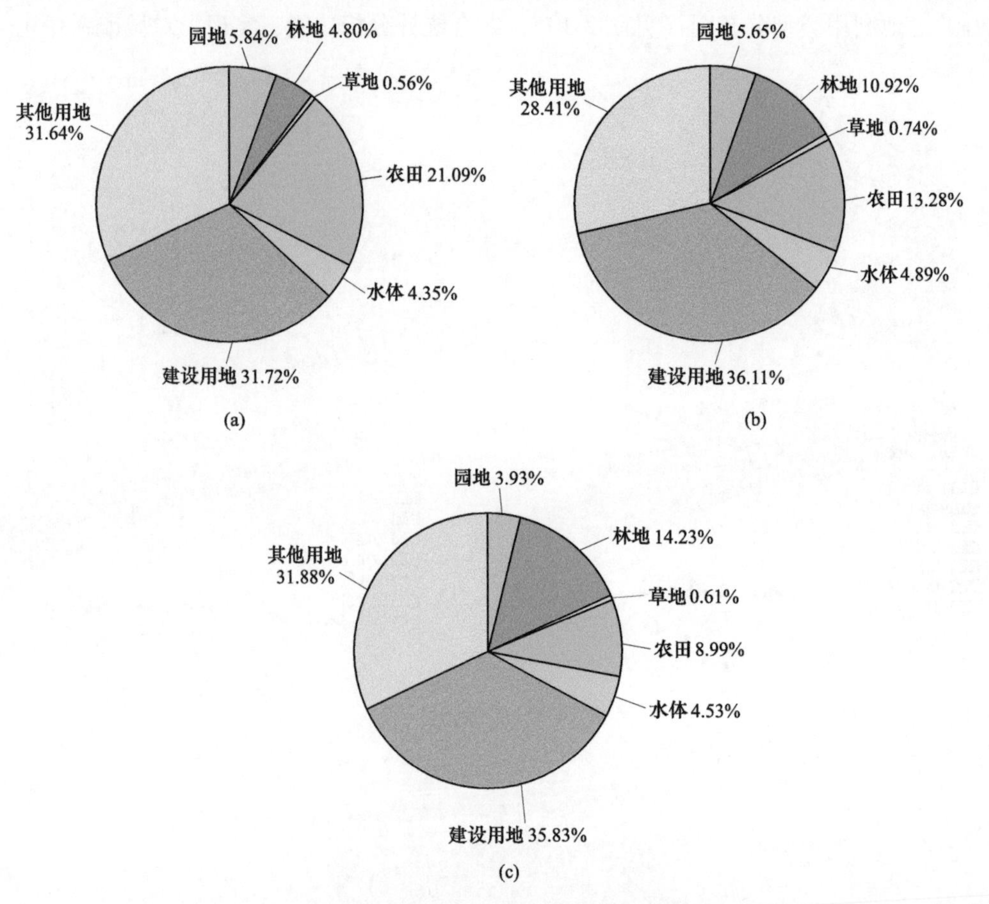

图 2-11　2004 年、2010 年和 2015 年北京城市副中心各土地利用类型构成
（a）2004 年；（b）2010 年；（c）2015 年

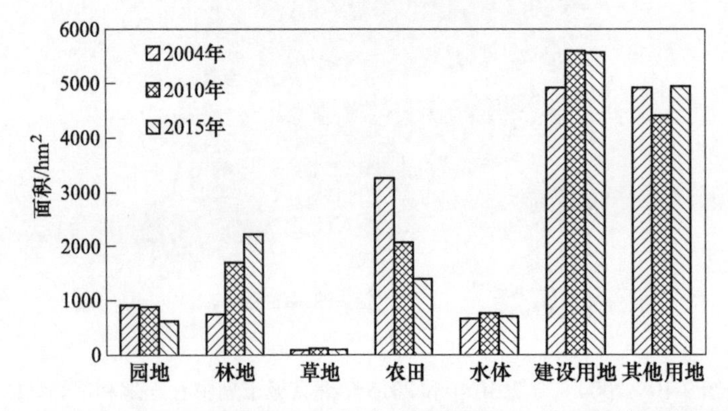

图 2-12　2004 年、2010 年和 2015 年北京城市副中心各土地利用类型面积

区大规模的百万亩（1 亩 = 666.7m^2）造林使林地的面积突飞增长，但是平原造林的功能定位、建设方式和实施标准需要反思。从 2004 年到 2015 年，城市副中心草地与水体的面积没有大幅度变化，而园地与农田均呈现降低的趋势，这些均与北京市政府对城市副中心乃至整个通州区的定位规划密切相关。

2.3.4 绿地植物树种应用及物种多样性分析

2.3.4.1 北京通州区（含城市副中心）植物树种应用组成

通过对北京城市副中心不同类型绿地（包括公园绿地、居住地绿地、道路绿地等）的多次踏查并进行统计调查，归纳总结出通州（含城市副中心）区绿地主要植物树种应用组成，见表 2-2。

表 2-2 北京通州（含城市副中心）绿地主要植物树种应用组成

植物种类	植物名称（拉丁学名）
常绿乔木	油松(*Pinus tabulaeformis*)、圆柏(*Sabina chinensis*)、侧柏(*Platycladus orientalis*)、雪松(*Cedrus deodara*)、白皮松(*Pinus bungeana*)、白杆(*Picea meyeri*)、青杆(*Picea wilsonii*)、龙柏(*Sabina chinensis cv. Kaizuca*)、云杉(*Picea asperata*)
落叶乔木	国槐(*Sophora japonica*)、银杏(*Ginkgo biloba*)、毛白杨(*Populus tomentosa*)、垂柳(*Salix babylonica*)、旱柳(*Salix matsudana*)、白蜡(*Fraxinus chinensis*)、臭椿(*Ailanthus altissima*)、栾树(*Koelreuteria paniculata*)、悬铃木(*Platanus acerifolia*)、泡桐(*Paulownia fortunei*)、刺槐(*Robinia pseudoacacia*)、玉兰(*Magnolia denudata*)、元宝枫(*Acer truncatum*)、榆树(*Ulmus pumila*)、山桃(*Padus maackii*)
常绿灌木	小叶黄杨(*Buxus sinica subsp. sinica var. parvifolia*)、大叶黄杨(*Buxus megistophylla*)、沙地柏(*Sabina vulgaris*)、凤尾兰(*Yucca gloriosa*)
落叶灌木	丁香(*Syringa oblata*)、金银木(*Lonicera maackii*)、紫叶李(*Prunus Cerasifera*)、榆叶梅(*Amygdalus triloba*)、连翘(*Forsythia suspensa*)、月季(*Rosa chinensis*)、牡丹(*Paeonia suffruticosa*)、碧桃(*Prunus persica var. duplex*)、珍珠梅(*Sorbaria sorbifolia*)、迎春(*Jasminum nudiflorum*)、黄刺玫(*Rosa xanthina*)、西府海棠(*Malus micromalus*)、紫薇(*Lagerstroemia indica*)、紫叶小檗(*Berberis thunbergii var. atropurpurea*)、红瑞木(*Swida alba*)、锦带花(*Weigela florida*)、紫荆(*Cercis chinensis*)、山桃(*Amygdalus davidiana*)、贴梗海棠(*Chaenomeles speciosa*)、棣棠(*Kerria japonica*)、木槿(*Hibiscus syriacus*)、忍冬(*Lonicera japonica*)、黄栌(*Cotinus coggygria*)、天目琼花(*Viburnum opulus var. calvescens f. calvescens*)、大花溲疏(*Deutzia grandiflora*)
绿　篱	小叶黄杨(*Buxus sinica subsp. sinica var. parvifolia*)、大叶黄杨(*Buxus megistophylla*)、桧柏篱(*Sabina chinensis*)、侧柏篱(*Platycladus orientalis*)
草　本	麦冬(*Ophiopogon japonicus*)、早熟禾(*Poa pratensis*)、旋覆花(*Inula japonica*)、非洲菊(*Gerbera jamesonii*)、荩草(*Arthraxon hispidus*)、鸢尾(*Iris tectorum*)、苔草(*Carex*)、萱草(*Hemerocallis fulva*)、狗尾草(*Setaria viridis*)、地锦(*Parthenocissus tricuspidata*)、玉簪(*Hosta plantaginea*)、马蔺(*Iris lactea var. chinensis*)、野牛草(*Buchloe dactyloides*)

2.3.4.2 主要公园绿地植物树种组成特征分析

通州大运河森林公园是通州区特有的运河生态天然大氧吧。经实地调查统计，大运河森林公园主要植物群落物种共50科75属108种，其中乔木12科18属31种，灌木9科15属20种，草本29科42属57种（见附表1）。大运河森林公园调查样地的乔木层主要以银杏、栾树、白蜡、垂柳、旱柳、国槐、毛白杨、元宝枫、榆树、白玉兰、紫叶李、山桃、白皮松、油松、圆柏等植物为主，灌木层主要以西府海棠、榆叶梅、金银木、金叶槐、碧桃、大叶黄杨、沙地柏、连翘、丁香、棣棠、紫薇、木槿、红瑞木、金枝国槐、珍珠梅等为主，草本层以麦冬、早熟禾、旋覆花、非洲菊、荩草、鸢尾、苔草、萱草、狗尾草、苦荬菜、黄鹌菜、八宝景天、玉簪、马蔺、平车前等为主。

减河公园是以自然生态为主题的植物文化造景，突出植物景观，以林为主，追求环境生态效益，同时体现简洁、现代、有创意的景观文化。公园主要植物群落物种共30科40属55种，其中乔木10科15属22种，灌木12科16属22种，草本8科9属11种（见附表2）。减河公园调查样地的乔木层主要以元宝枫、旱柳、栾树、国槐、刺槐、白皮松、油松、华山松、银杏、白玉兰、白蜡、千头椿、垂柳、榆树等植物为主，灌木层主要以金银木、西府海棠、丁香、棣棠、欧洲荚蒾、紫叶李、天目琼花、大花溲疏、锦带花、连翘、大叶黄杨、沙地柏、紫珠等为主，草本层以早熟禾、鸢尾、麦冬、苔草、玉簪、牛筋草、萱草、马齿苋、马蔺等为主。减河公园以油松、白蜡、垂柳、立柳、国槐、洋槐、栾树、千头椿、海棠为基调树种。

通州运河公园是在运河文化广场、运河奥体公园、生态公园基础上扩建改造，整合而成的大型绿色生态公园，是集休闲娱乐教育、体育竞技健身、水上游乐观光为一体的综合性场所。经实地调查分析，公园主要植物群落物种共28科40属52种，其中乔木10科13属19种，灌木9科16属17种，草本9科11属16种（见附表3）。运河公园调查样地的乔木层主要以白蜡、国槐、垂柳、旱柳、悬铃木、银杏、栾树、白玉兰、白皮松、油松等植物为主，灌木层主要以西府海棠、迎春、榆叶梅、金银木、碧桃、紫叶李、紫叶矮樱、大叶黄杨、沙地柏、小叶女贞、紫薇等为主，草本层以鸢尾、麦冬、早熟禾、苔草、萱草、八宝景天、玉簪等为主。

2.3.4.3 主要公园绿地植物物种应用频度分析

不同公园绿地物种应用频度较高（频度大于12%）的乔木植物物种见表2-3，整体体现出本地树种应用比较广泛。从表中可以看出，大运河森林公园31种乔木在40个植物群落中的出现频率最高的乔木是油松，频度达到54.17%；出现频率较高的还有旱柳、白蜡，频度均为33.33%，其他如圆柏、毛白杨、栾树、银杏、山桃、紫叶李等，出现频度都在20%以上，这些都是北京地区常用的园林绿化乔木树种。对减河公园22种乔木在15个植物群落中的出现频率进行分析得出应用频率最高的乔木是国槐，频度达到66.67%；出现频率相对较高的还有栾树和垂柳，频度均为33.33%，其他如油松、银杏、白皮松、白蜡、紫叶李、元宝枫、旱柳，出现频度都在15%以上。通过对运河公园19种乔木在15个植物群落中的出现频率统计得出，出现频率最高的乔木是白蜡，频度达到63.64%；出现频率相对较高的还有桑树，频度为36.36%，其他如油松、银杏、垂柳、白皮松、国槐、悬铃木、栾树、白玉兰等，出现频度也都在15%以上。

不同公园绿地物种应用频度较高（频度大于5%）的灌木植物物种见表2-4，大运河森林公园20种灌木在40个植物群落中的出现频率最高的灌木是金银木，频度达到23.86%，出现频率较高的还有丁香和碧桃，频度分别为14.77%和12.50%，其他如榆叶

表 2-3 不同公园绿地乔木层主要物种应用频度 (%)

编号	大运河森林公园		减河公园		运河公园	
	植物名称	频度	植物名称	频度	植物名称	频度
1	油松	54. 17	国槐	66. 67	白蜡	63. 64
2	旱柳	33. 33	栾树	33. 33	桑树	36. 36
3	白蜡	33. 33	垂柳	33. 33	油松	27. 27
4	圆柏	25. 00	油松	25. 00	银杏	27. 27
5	毛白杨	25. 00	银杏	25. 00	垂柳	27. 27
6	栾树	25. 00	白皮松	25. 00	白皮松	27. 27
7	紫叶李	20. 83	白蜡	25. 00	国槐	18. 18
8	银杏	20. 83	紫叶李	16. 67	悬铃木	18. 18
9	山桃	20. 83	元宝枫	16. 67	栾树	18. 18
10	元宝枫	12. 50	旱柳	16. 67	白玉兰	18. 18

梅、金叶槐、西府海棠、木槿等应用频度均小于 10%。减河公园应用频度最高的灌木也是金银木，频度为 17. 54%，其次为丁香和连翘，频度分别为 15. 79% 和 10. 53%，其他如天目琼花、榆叶梅、西府海棠、棣棠等相对较低。运河公园应用频度最高的灌木是西府海棠，频度为 16. 22%，其次为大叶黄杨、紫薇、迎春、锦带花、金银木、石榴、沙地柏、金叶女贞等。

表 2-4 不同公园绿地灌木层主要物种应用频度 (%)

编号	大运河森林公园		减河公园		运河公园	
	植物名称	频度	植物名称	频度	植物名称	频度
1	金银木	23. 86	金银木	17. 54	西府海棠	16. 22
2	丁香	14. 77	丁香	15. 79	大叶黄杨	10. 81
3	碧桃	12. 50	连翘	10. 53	紫薇	10. 81
4	榆叶梅	6. 82	天目琼花	8. 77	迎春	10. 81
5	金叶槐	5. 68	榆叶梅	7. 02	锦带花	10. 81
6	西府海棠	5. 68	西府海棠	7. 02	金银木	10. 81
7	木槿	5. 68	棣棠	5. 26	石榴	8. 11
8	—	—	—	—	沙地柏	8. 11
9	—	—	—	—	金叶女贞	5. 41

不同公园绿地草本层主要物种应用频度（频度大于 5%）见表 2-5，其中，大运河森林公园草本层主要以杂草类为主，出现频率最高的物种是牛筋草，频度达到 35. 83%，出现频率较高的还有黄鹌菜、狗尾草和诸葛菜，频度分别为 21. 67%、17. 50% 和 15. 00%，其他如麦冬、鸢尾、早熟禾、苔草、三叶草、马蔺等出现频度相对较低。减河公园应用频度最高的草本是早熟禾，频度为 43. 10%，其次为玉簪、马齿苋、牛筋草，频度分别为 24. 14%、15. 52% 和 13. 79%，而马蔺、马唐、藜、狗尾草等相对较低。运河公园应用频度最高的草本也是早熟禾，频度为 41. 18%，其次为鸢尾，频度为 21. 57%，酢浆草、麦冬、玉簪、石竹、马唐等应用频度均小于 10%。

表 2-5　不同公园绿地草本层主要物种应用频度　　(%)

编号	大运河森林公园		减河公园		运河公园	
	植物名称	频度	植物名称	频度	植物名称	频度
1	牛筋草	35.83	早熟禾	43.10	早熟禾	41.18
2	黄鹌菜	21.67	玉簪	24.14	鸢尾	21.57
3	狗尾草	17.50	马齿苋	15.52	酢浆草	9.80
4	诸葛菜	15.00	牛筋草	13.79	麦冬	7.84
5	麦冬	9.17	马蔺	8.62	玉簪	5.88
6	鸢尾	8.33	马唐	6.90	石竹	5.88
7	早熟禾	7.50	藜	6.90	马唐	5.88
8	苔草	6.67	狗尾草	5.17	—	—
9	三叶草	5.83	—	—	—	—
10	马蔺	5.00	—	—	—	—

2.3.4.4　不同公园绿地植物物种多样性特征分析

分别计算不同公园绿地中乔木层、灌木层和草本层的 Margalef 丰富度指数、E. Pielou 均匀度指数、Simpson 指数和 Shannon-Wiener 的样性指数，结果如图 2-13 所示。

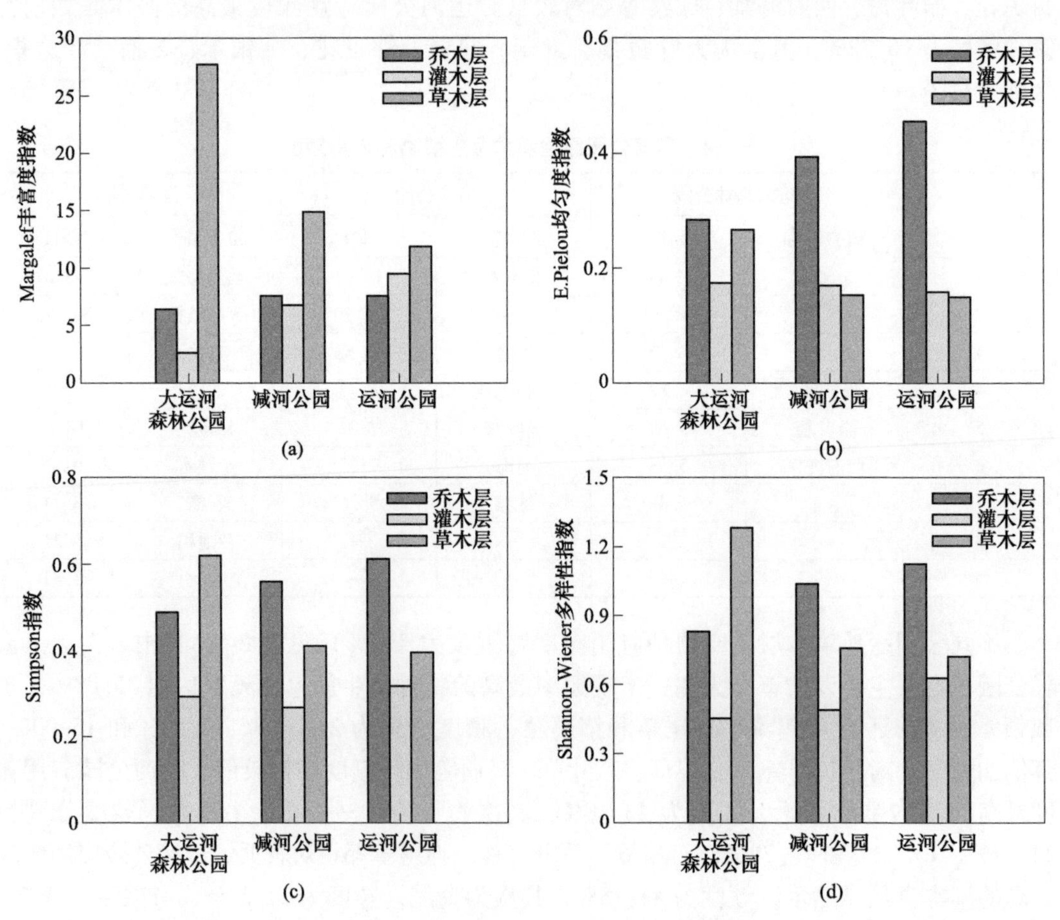

图 2-13　不同公园绿地植物多样性指数

物种丰富度是指一个群落或生境中物种数目的多少，是物种多样性测度中较为简单且生物学意义明显的指数，数值越大说明物种丰富度越高。通过对不同公园绿地中乔木、灌木和草本层的 Margalef 丰富度指数的计算得出（见图 2-13（a）），3 个公园均表现出草本层 Margalef 丰富度指数相对较高的趋势，其中大运河森林公园草本层丰富度指数远远高于其他公园。大运河森林公园与减河公园物种丰富度指数整体均呈现出草本层>乔木层>灌木层的趋势，而运河公园表现出草本层>灌木层>乔木层。

从图 2-13（b）中还可以看出，大运河森林公园物种均匀度指数表现为乔木层（0.28）≈草本层（0.27）>灌木层（0.17），这表明乔木层与草本层的植物分布相对比较均匀，而灌木层植物的分布相对较不均匀。减河公园物种均匀度指数表现为乔木层（0.39）>灌木层（0.17）≈草本层（0.15），这表明乔木层的植物分布较均匀，而灌木层植物与草本层的分布相对较不均匀。运河公园物种均匀度指数表现出与减河公园相对一致的趋势，即为乔木层（0.46）>灌木层（0.16）≈草本层（0.15），这表明乔木层的植物分布相比灌木层与草本层较为均匀。

物种多样性指数是衡量群落稳定性和健康性的重要指标，物种多样性指数越低，其植物群落抵抗外界环境压力的能力越低。从图 2-13（c）中的结果可以看出大运河森林公园 Simpson 指数表现为草本层（0.62）>乔木层（0.49）>灌木层（0.29），这说明草本层的生物多样性最丰富；Shannon-Wiener 多样性指数（见图 2-13（d））表现为草本层（1.28）>乔木层（0.83）>灌木层（0.45），表现出与 Simpson 指数相同的趋势。减河公园 Simpson 指数表现为乔木层（0.56）>草本层（0.41）>灌木层（0.27），这说明乔木层的生物多样性最丰富；Shannon-Wiener 多样性指数表现为乔木层（1.04）>草本层（0.76）>灌木层（0.49），表现出来的结果与 Simpson 指数相同。运河公园 Simpson 指数表现为乔木层（0.61）>草本层（0.39）>灌木层（0.32），这说明乔木层的生物多样性最丰富；Shannon-Wiener 多样性指数表现为乔木层（1.13）>草本层（0.72）>灌木层（0.63），趋势与 Simpson 指数相同。通过对物种多样性指数分析可知，大运河森林公园草本层与乔木层的物种多样性远远高于灌木层，而减河公园与运河公园乔木层物种多样性远远高于草本层与灌木层。

2.3.5 绿地游憩体系供给水平分析

北京通州区（含城市副中心）绿地游憩体系供给水平主要通过分析公园绿地 500m 服务半径覆盖率来体现。通过对北京市园林绿化局公布的绿化资源数据分析可知，2015 年与 2016 年通州区公园绿地 500m 服务半径覆盖率达到 72.53%（见图 2-14），仅仅刚达到国家

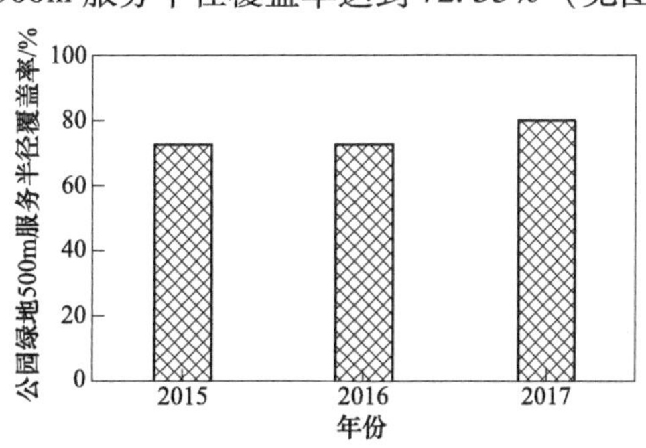

图 2-14 北京市通州区公园绿地 500m 服务半径覆盖率变化情况

园林城市标准（70%），公园绿地服务半径覆盖率仍有很大的提升空间。2017 年公园绿地 500m 服务半径覆盖率有所提升，达到了 80%，与 2020 年公园绿地 500m 服务半径覆盖率规划指标 90%仍相差 10%，与 2035 年规划指标 100%相比，仍有 20%的缺口。

2.4　存在问题及建议

2.4.1　存在问题

通过对北京通州区（含城市副中心）的野外调查与相关资料查阅整理，归纳总结了北京通州区（含城市副中心）绿化现状以及在绿化方面存在的各类问题。

（1）绿地总量和人均指标不足，距国际一流城市水平有差距。城市绿地是城市建设的重要组成部分，是社会经济可持续发展的生态基础。通州区作为北京城市副中心，其现有绿化远远不能满足城市新定位的要求，其与世界发达国家同类城市相比，也存在较大差距。2017 年北京城市副中心人均公园绿地面积 12.75m^2，相比 2020 年规划标准，通州城市副中心人均公园绿地达到 18m^2，存在 5.25m^2 的缺口。

（2）绿地分布格局不平衡，绿地游憩体系供给水平有待提高。现状绿地布局存在“重新区轻老区”“重沿河沿街、轻街区内部”等问题。大规模绿地分布在城市建设区边缘，副中心内各类绿地布局缺乏联系。2017 年公园绿地 500m 服务半径覆盖率仅为 80%，这一指标作为衡量日常游憩服务能力的基本指标，反映了绿地的分布水平。按标准计算，有近 20%的居住用地处在服务盲区之中，与国家生态园林城市要求有一定差距。公园绿地分布不均的问题突出，特别是人口密集的老城区内公园数量不足，有多数居民不能就近享受公园绿地，存在大量服务盲区。要达到 2020 年公园绿地 500m 服务半径覆盖率 90%的近期要求与 2035 年公园绿地 500m 服务半径覆盖率 100%的远期要求，需要下大力气建设居住区周边公园绿地，提高绿地分布的均衡性。郊野公园总量也存在不足，从面向全北京的服务要求来看，则与理想目标的差距更大，过于集中分布。

（3）绿地群落结构简单，设计水平和建设质量不高。绿地建设质量不高，植物树种单一，群落结构简单，直接造成该区域生态功能薄弱，缓解热岛作用不强，而且现有道路、水系两侧绿化不够，远远没有达到规划相关要求。道路、水系等廊道生态作用不够突出，互联互通的生态廊道结构还不够清晰、不够完善，林水相依的地域特点还没有充分体现。生态功能薄弱，缓解热岛作用不强。“十二五”期间，编制《通州区平原造林总体规划》，并按照规划完成 19.3 万亩（1 亩=666.7m^2）造林任务，栽植各类苗木 800 余万株，虽然通过平原造林成绩显著，但景观、休闲游憩服务功能不强，而且多为单一树种种植，难以实现复层结构，生态效益较低。

（4）整体绿地管护水平普遍不高，设施建设不足。通过对道路绿地调查发现，以道路绿化为骨架的绿化网络尚不完善。次干路和支路网络较主干路网络的绿化水平差距明显，老旧城区较新建城区差距明显。建设管养的具体问题主要体现在绿化空间明显不够，道路绿地率按《城市道路绿化规范》达标的路段较少；复层绿化层次不足，中下层植被缺失和管养不到位现象突出；停车空间和绿化空间矛盾突出，绿化成果破坏严重，行道树的养护水平差距大，缺失现象明显。老城区公园绿地的休闲游憩服务设施建设不足，样式老旧，无法满足日趋多元化的休闲活动类型，公园绿地建设水平现状与城市副中心的城市发展定位尚有较大差距。在规划设计水平、植物配置水平、环境卫生水平、设施建管水平等多个方面有待吸取国内外新的发展经验。

（5）建设用地持续增长，侵占生态绿地建设用地。数据表明，从2011～2017年北京城市副中心耕地、园林、林地、草地和水域及水利设施用地面积均表现为逐渐减少的趋势，而城镇村及工矿用地面积表现为逐年增长的趋势，交通运输用地表现为先增长后降低的趋势，说明各类建设用地持续增长，侵蚀生态用地现象突出。近年来，村镇级别建设用地增长迅猛，小工业、小仓储、小产权居住规模不断增长，分布呈现总量大、布局散、格局乱的特点，严重侵蚀绿化隔离地区生态用地，且市政设施建设滞后，生态影响严重。

（6）老城区绿地建设基础差，底子薄，改造难度大。通过对老旧镇区公园绿地、居住区绿地以及道路绿地等的调查显示，绿化建设基础差、底子薄、设施建设不足，无法满足日趋多元化的休闲活动功能需求，而且整体设计水平和建设质量不高，绿化资金和用地紧缺，改造提升难度大。现状绿地建设水平与城市副中心的城市发展定位尚有较大差距。

（7）大中型公园严重不足，级配体系尚不合理。公园绿地是城市绿地的重要组成部分，主要以游憩功能为主，兼具生态、美化、防灾避险等功能。一个城市公园绿地的数量、质量和分布状况是整个城市绿地建设水平的重要标志。经统计分析，城市副中心$5hm^2$以上块状公园1500m服务半径覆盖比例（假日游憩服务能力）仅有40%，严重不足；通州区万人拥有综合公园指数为0.04，小于国家相关标准（0.06），作为衡量假日游憩服务能力的拓展指标，反映了大中型公园的分布水平，整体来看，大中型公园的个数和分布情况都需要重点考虑。从通州区整个公园绿地分布情况来看，级配体系尚不合理，小微绿地严重不足。

（8）园林绿化建设中新技术、新理念推广应用不足。现状园林绿地中“节约型园林、低碳绿地、立体绿化、生态修复、海绵城市”等新技术、新理念应用不足，与城市副中心的城市发展定位对园林绿化的“生态、低碳、绿色”发展建设要求尚有较大差距。

2.4.2 建议

针对北京通州区（含城市副中心）绿化现状以及存在的问题，在今后北京城市副中心的园林绿化建设工作应强调以下几点：（1）加强对北京城市副中心绿地系统的规划，指导绿地空间的合理布局。规划设计方案要符合副中心园林绿化项目的定位，要有思想、有特色。（2）严格执行生态红线的管控要求，提高绿色空间比例。结合棚户区改造和环境综合整治，实施小微绿地建设，推进城区多元增绿。（3）加强大中型公园绿地的建设，完善级配均衡的公园体系。按照居民出行“300m见绿、500m入园”的要求，均衡布局公园绿地，在新建大型公园的同时，推广老旧公园改造，提升存量绿地品质和功能。通过绿化建设，努力实现公园绿地均匀较好分布，提升公园绿地500m服务半径覆盖率，为百姓身边增绿，提升行政副中心城市宜居水平。（4）优化绿地种植群落结构，合理配置乡土树种，同时加强生物多样性体系建设。在植物种植方面应借鉴通州区多年的实践经验，大量采用乡土树种，种植适合副中心生长的彩叶植物和花卉，尤其是突出市花月季、菊花与市树侧柏、国槐的使用，同时也考虑到选择缓解热岛效应相对较好的植物树种。在植物配置上，重点选择色彩丰富、季相变化明显、观赏性强、绿期长、寿命长的乔木树种，充分利用空间，因地制宜地补充灌木层植物，以期在面积有限的公园绿地中更好地发挥植物群落生态功能。(5) 加强新技术、新理念及新型材料的推广与应用。(6) 加强对通州区绿地管护水平的提高，考虑利用卫星遥感技术等实现对园林绿化资源监测监管。要及时开展养护工作，做好新植苗木的浇水、修剪、病虫害防治等工作。(7) 坚持提质增效，结合增彩延绿、集雨型绿地建设等全面提升区域整体绿化水平，因地制宜建设湿地公园、雨水花园等海绵绿地，推行生态绿化方式，提高乡土植物应用比例。(8) 推进老城区小微绿地、口袋公园等多元增绿方式建设。对古城内通过拆迁建绿、破硬复绿、见缝插绿、立体绿化等措施，拓展绿色空间，让绿网成荫。

2.5 小 结

通过对北京通州区（含城市副中心）的野外调查与相关资料分析表明，北京通州区（含城市副中心）绿化现状以及在绿化方面存在的主要问题总结如下：

(1) 绿地总量和人均指标不足，距国际一流城市水平仍有差距，2017 年通州区森林覆盖率 28.91%，相比北京城市副中心 2020 年规划森林覆盖率 33%的标准，还相差 4.09 个百分点，相比 2035 年通州区规划标准相差 11.09 个百分点；2017 年人均公园绿地面积 12.75m^2，相比 2020 年规划指标 18m^2，仍相差 5.25m^2。

(2) 绿地分布格局不平衡，绿地游憩体系供给水平有待提高，2017 年公园绿地 500m 服务半径覆盖率为 80%，与 2020 年公园绿地 500m 服务半径覆盖率规划指标 90%仍相差 10%，与 2035 年规划指标 100%相比，仍有 20%的缺口。

(3) 建设用地持续增长，侵占生态绿地建设用地，从通州区土地利用现状来看，从 2012~2016 年耕地、园林、林地、草地和水域及水利设施用地面积均表现为逐渐减少的趋势，而城镇村及工矿用地面积表现为逐年增长的趋势，说明各类建设用地持续增长，侵蚀生态用地现象突出。从 2004~2015 年北京城市副中心不同用地面积及比例在持续不规则变化，其中建设用地呈现先增加后又减少的趋势，草地与水体的面积没有大幅度变化，而园地与农田呈现出降低的趋势，这些均与北京市政府对城市副中心乃至整个通州区的定位规划密切相关。

(4) 通过对通州区不同公园绿地、道路绿地、居住区绿地等的群落调查分析可知，绿地植物群落结构相对单一，整体植物群落设计水平和建设质量等均有待提高，绿地管护水平普遍不高，设施建设有待提升。大运河森林公园植物物种组成相比减河公园和运河公园较为丰富，3 个公园绿地应用的园林植物绝大多数为乡土植物，大运河森林公园物种多样性指数表现为草本层>乔木层>灌木层，说明草本层的生物多样性最丰富，减河公园和运河公园物种多样性指数均表现为乔木层>草本层>灌木层，乔木层相对较丰富，说明在城市副中心绿化建设中，应因地制宜地补充灌木层植物，以期在面积有限的公园绿地中更好地发挥植物群落生态功能。

针对这些存在的问题，在今后副中心园林绿化建设工作中应强调加强对副中心绿地系统的规划，严格执行生态红线管控要求，指导绿地空间合理布局与空间比例；优化绿地种植群落结构，合理配置乡土树种，选择缓解热岛效应相对较好的植物树种，同时加强生物多样性体系建设；坚持提质增效，结合增彩延绿、集雨型绿地建设等全面提升区域整体绿化水平，因地制宜建设湿地公园、雨水花园等海绵绿地，推行生态绿化方式，并加强新技术、新理念及新型材料的推广与应用；加强对通州区绿地管护水平的提高，同时推进老城区小微绿地、口袋公园等多元增绿方式建设。

3 北京城市副中心热岛效应的时空变化规律及驱动力研究

3.1 遥感影像与典型城郊区的选取

本书共选取 Landsat 5、Landsat 8 影像共 33 景，其中，Landsat 5 卫星的每景产品共有 7 个波段，其中 TM1~TM7（TM6 除外）为多光谱数据，包括了可见光和近红外部分的 6 个波段，分辨率为 30m；TM6 波段为热红外数据，原始分辨率为 120m，在正射产品中分辨率已重采样为 30m。具体数据参数对比见表 3-1。

表 3-1 Landsat 5 和 Landsat 8 数据参数对比

Landsat 5					Landsat 8				
传感器	波段序列	波段	波长/μm	空间分辨率/m	传感器	波段序列	波段	波长/μm	空间分辨率/m
TM	1	蓝	0.45~0.52	30	OLI、TIRS	1	深蓝	0.43~0.45	30
	2	绿	0.52~0.60	30		2	蓝	0.45~0.51	30
	3	红	0.63~0.69	30		3	绿	0.53~0.59	30
	4	近红外	0.76~0.90	30		4	红	0.64~0.67	30
	5	短波红外	1.55~1.75	30		5	近红外	0.85~0.88	30
	6	热红外	10.40~12.50	120		6	短波红外	1.57~1.65	30
	7	短波红外	2.08~2.35	30		7	短波红外	2.11~2.29	30
						8	全色	0.50~0.68	15
						9	卷云	1.36~1.38	30
						10	热红外	10.6~11.19	100
						11	热红外	11.5~12.51	100

但考虑到 Landsat 5 卫星在 2013 年失效，2015 年的遥感数据则选取了 Landsat 8 卫星的图像数据，Landsat 8 是 2013 年 2 月 11 日发射的，携带有 OLI 陆地成像仪和 TIRS 热红外传感器，Landsat 8 在空间分辨率和光谱特性等方面与 Landsat 5 保持了基本一致，但波段数量有增加，该卫星共有 11 个波段，波段 1~7 和 9 的空间分辨率为 30m，波段 8 为 15m 分辨率的全色波段，波段 10 ~11 为 100m 分辨率的热红外波段，卫星每 16 天可以实现一次全球覆盖。

另外，为便于进行热岛效应的多年变化分析，本书还选择了用地类型保持稳定的典型城区和典型郊区作为研究样区，图 3-1 所示为 2015 年、2010 年、2005 年、2000 年通州区典型城区（黄色格网）和典型郊区（绿色格网）的用地情况。从图 3-1 中可以看出，典型城区和典型郊区在不同年份的用地类型基本都没有发生过变化，适宜作为研究样区。

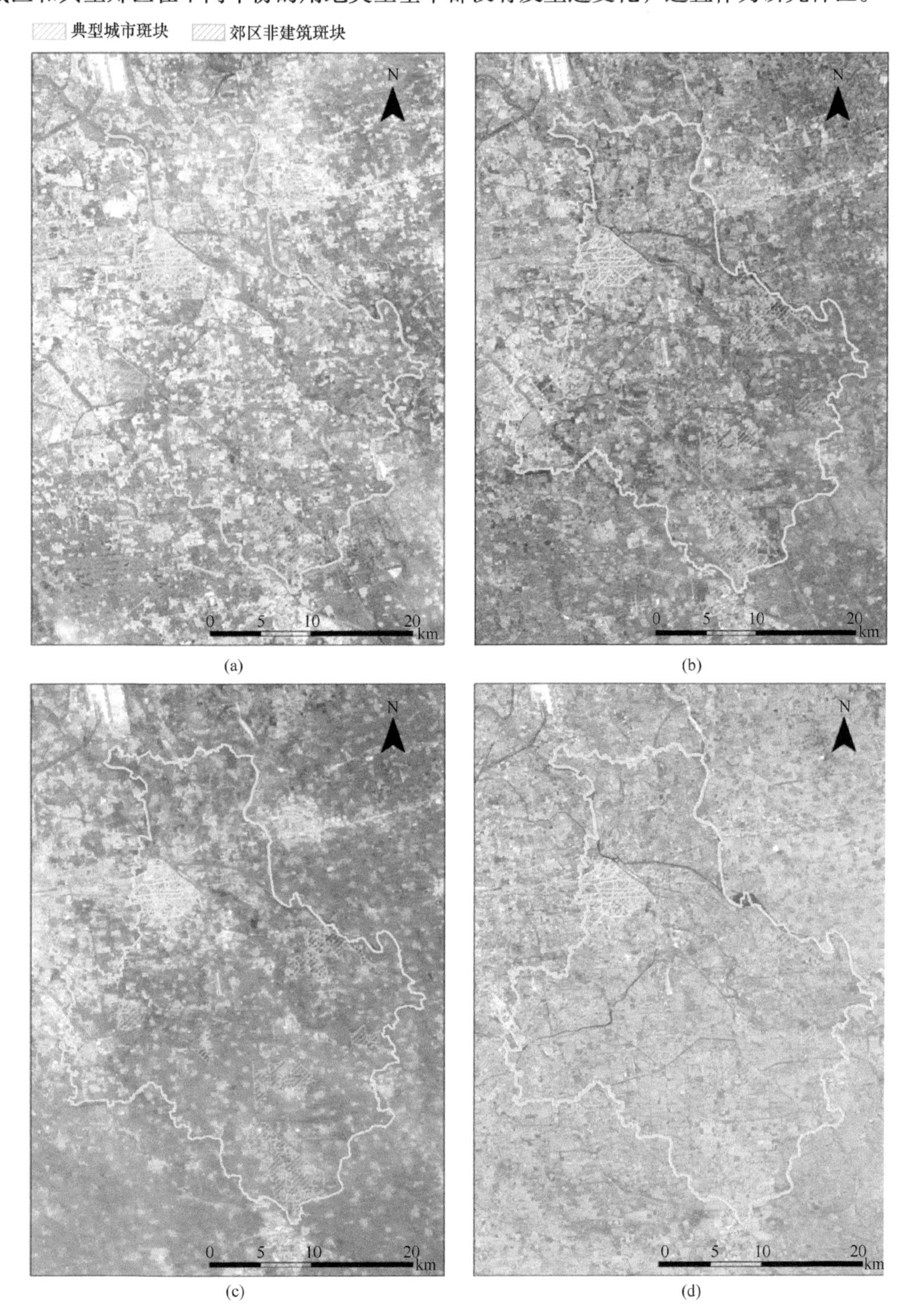

图 3-1 不同年份 Landsat 卫星影像上的典型城区与郊区分布
（a）2015 年；（b）2010 年；（c）2005 年；（d）2000 年

3.2 基于辐射传导方程的地表温度反演方法简介

本书选择的大多数时段的遥感影像只含有单波段热红外数据，因此首先选择了属于单通道算法的辐射传导方程法进行地表温度反演：下载的 Landsat 影像提供了 DN 值，计算地表温度首先要将像元的 DN 值转换为星上辐射亮度。

$$L_\lambda = \alpha \cdot \mathrm{DN} + \beta \tag{3-1}$$

式中，L_λ为星上辐射亮度；α 为 NASA 提供的 TM 传感器每个波段的增益；β 为偏置；DN 为影像的原始像元值。

地表温度反演参考 Schneider 和 Mauser（1996）给出的 TM 影像温度反演公式：

$$T = \frac{K_2}{\ln(K_1/L_\lambda + 1)} \tag{3-2}$$

式中，T 为热力学温度；K_1、K_2 为定标常数（对于 Landsat 8 的 band 10，K_1 等于 774.8853，K_2 为 1321.0789；对于 Landsat 5 的 band 6，K_1为 607.76，K_2 为 1260.56）；L_λ 为式（3-1）得到的第 6 波段热红外通道的辐射亮度。

根据式（3-1）和式（3-2）既可以计算出地表温度。但卫星传感器接收到的热红外辐射亮度值 L_λ由 3 部分组成：大气向上辐射亮度 $L\uparrow$、地面的真实辐射亮度经过大气层之后到达卫星传感器的能量、大气向下辐射到达地面后反射的能量 $L\downarrow$。卫星传感器接收到的热红外辐射亮度值的表达式可写为（辐射传输方程）：

$$L_\lambda = [\varepsilon \cdot B(T_s) + (1 - \varepsilon)L\downarrow] \cdot \tau + L\uparrow \tag{3-3}$$

式中，ε 为地表辐射率；T_s为地表真实温度，K；$B(T_s)$ 为普朗克定律推导得到的黑体热辐射亮度；τ 为大气在热红外波段的透过率。

则温度为 T 的黑体在热红外波段的辐射亮度 $B(T_s)$ 为：

$$B(T_s) = [L_\lambda - L\uparrow - \tau \cdot (1 - \varepsilon)L\downarrow]/(\tau \cdot \varepsilon) \tag{3-4}$$

在美国国家航空航天的（NASA）官网输入成像时间以及中心经纬度，则会提供上式中所需要的 τ、$L\uparrow$ 和 $L\downarrow$。

地表比辐射率 ε 可根据 Sobrino（2004）提出的 *NDVI* 阈值法计算。

$$\varepsilon = 0.004P_v + 0.986 \tag{3-5}$$

式中，P_v 是植被覆盖度，用以下公式计算：

$$P_v = (NDVI - NDVI_{soil})/(NDVI_{veg} - NDVI_{soil}) \tag{3-6}$$

式中，*NDVI* 为归一化植被指数；$NDVI_{soil}$ 为完全是裸土或无植被覆盖区域的 *NDVI* 值；$NDVI_{veg}$为完全被植被所覆盖的像元的 *NDVI* 值，即纯植被像元的 *NDVI* 值。

取经验值 $NDVI_{veg} = 0.70$ 和 $NDVI_{soil} = 0.05$，即当某个像元的 *NDVI* 大于 0.70 时，P_v 取值为 1；当 *NDVI* 小于 0.05，P_v 取值为 0。

至此可以根据 *DN* 值计算出地表温度值，以 2015 年 4 月 16 日和 2015 年 9 月 7 日为例的通州区地表温度分布情况如图 3-2 所示。

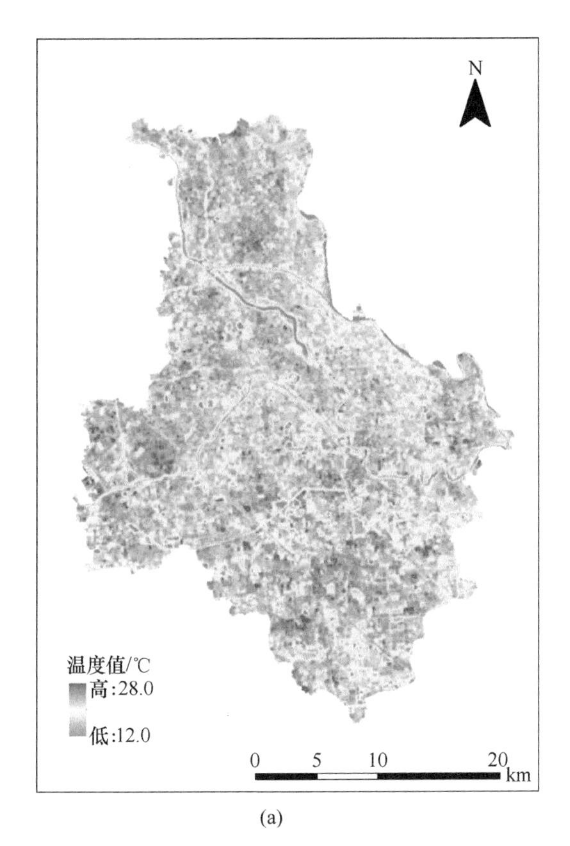

(a)

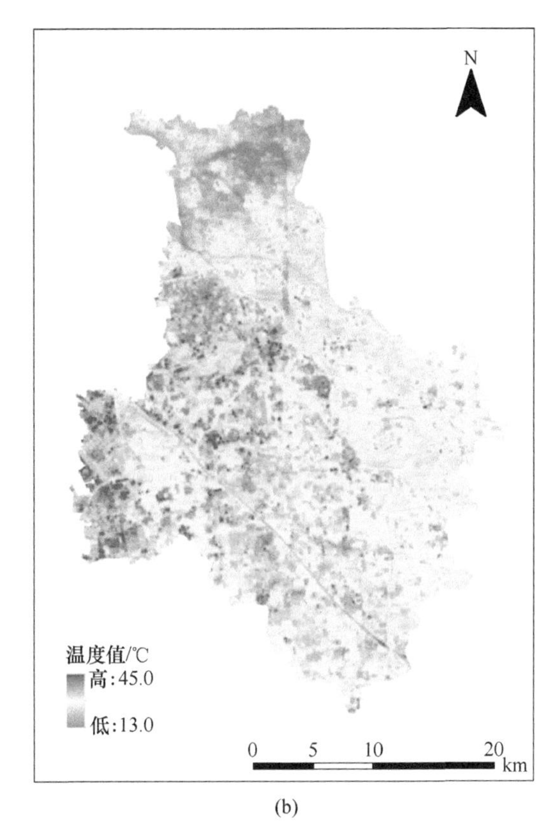

(b)

图 3-2 2015 年不同日期的通州区（含城市副中心）地表温度分布格局
(a) 2015 年 4 月 16 日；(b) 2015 年 9 月 7 日

3.3 北京城市副中心热岛效应时空变化规律及驱动力分析

3.3.1 通州地区多年热岛发展状况

首先，热岛状况是通过典型城区地表温度减去典型郊区地表温度来表达，见式（3-7）：

$$\mathrm{Hot}_{\mathrm{island}} = T_{\mathrm{city}} - T_{\mathrm{suburban}} \tag{3-7}$$

式中，$\mathrm{Hot}_{\mathrm{island}}$为热岛状况；$T_{\mathrm{city}}$为典型城区地表温度,℃；$T_{\mathrm{suburban}}$为典型郊区地表温度,℃。

通州地区地表多年热岛计算结果见表 3-2。总体上看，通州区在 2000 年、2005 年、2010 年和 2015 年热岛情况一直存在，热岛一般出现在 4 月中旬~10 月中旬，10 月中旬至来年 4 月会出现明显“冷岛”效应，即郊区地表温度高于城区地表温度。

表 3-2 通州 2000 年、2005 年、2010 年、2015 年热岛状况

年份	影像类型	时间（年-月-日）	典型城区地表温度/℃	典型郊区地表温度/℃	城市地表热岛值
2000	Landsat 5	2001-01-03	-4.47	-2.54	-1.93
		2000-03-21	13.38	15.32	-1.94

续表 3-2

年份	影像类型	时间（年-月-日）	典型城区地表温度/℃	典型郊区地表温度/℃	城市地表热岛值
2000	Landsat 5	2000-05-24	32.23	29.95	2.28
		2000-06-09	38.30	34.64	3.67
		2001-08-15	30.84	27.89	2.95
		2000-08-28	29.16	26.21	2.95
		2000-10-15	18.74	19.63	-0.89
		2000-10-31	13.80	14.54	-0.75
		2000-12-18	-8.72	-6.77	-1.94
2005	Landsat 5	2006-02-18	7.62	11.61	-3.98
		2005-03-19	13.71	17.19	-3.48
		2005-05-06	34.56	28.27	6.28
		2005-06-23	36.86	35.73	1.13
		2005-07-19	38.44	37.38	1.06
		2005-07-25	38.54	31.74	6.80
		2005-09-27	26.48	25.53	0.96
		2005-11-14	9.85	11.28	-1.44
2010	Landsat 5	2009-01-25	-0.35	2.82	-3.17
		2009-03-14	13.16	13.90	-0.74
		2010-06-05	33.16	31.94	1.22
		2010-08-08	35.64	29.25	6.39
		2009-09-22	26.30	24.59	1.71
2015	Landsat 8	2016-02-14	-0.47	0.88	-1.36
		2016-03-01	9.69	14.66	-4.97
		2015-03-15	18.03	21.94	-3.91
		2015-04-16	24.97	24.94	0.02
		2015-05-18	31.33	30.57	0.75
		2015-07-05	34.72	30.76	3.96
		2015-08-06	30.11	25.80	4.31
		2016-08-08	34.16	28.27	5.89
		2015-08-22	37.88	34.35	3.53
		2015-09-07	30.18	26.81	3.37
		2015-12-28	-1.23	-1.00	-0.23

另外，从表 3-2 还可以明显看出，2000 年的热岛和“冷岛”效应都明显低于 2005 年、2010 年和 2015 年。2000 年、2005 年、2010 年和 2015 年热岛最高值分别为 3.67、6.80、6.39、5.89，其中 2000 年的最高值出现在 6 月初，其余 3 个年份的最高热岛效应出现在 8 月初，2005 年热岛值最高，2010 年和 2015 年逐渐降低。

“冷岛”效应最高值一般出现在 2 月下旬和 3 月初，“冷岛”效应 2005 年最弱，2015 年最强。由于 2010 年影像较少，没有 2 月底和 3 月初数据，不能比较 2010 年这个月份与 2005 年和 2015 年同月份的数据，但 2010 年 1 月下旬的“冷岛”效应已经很明显。

图 3-3 所示为不同年份的地表热岛发展变化，从 2005 年到 2010 年热岛效应显著增强，此后热岛效应开始小幅度降低，与之对应的是“冷岛”效应从 2005 年到 2015 年逐渐增强。

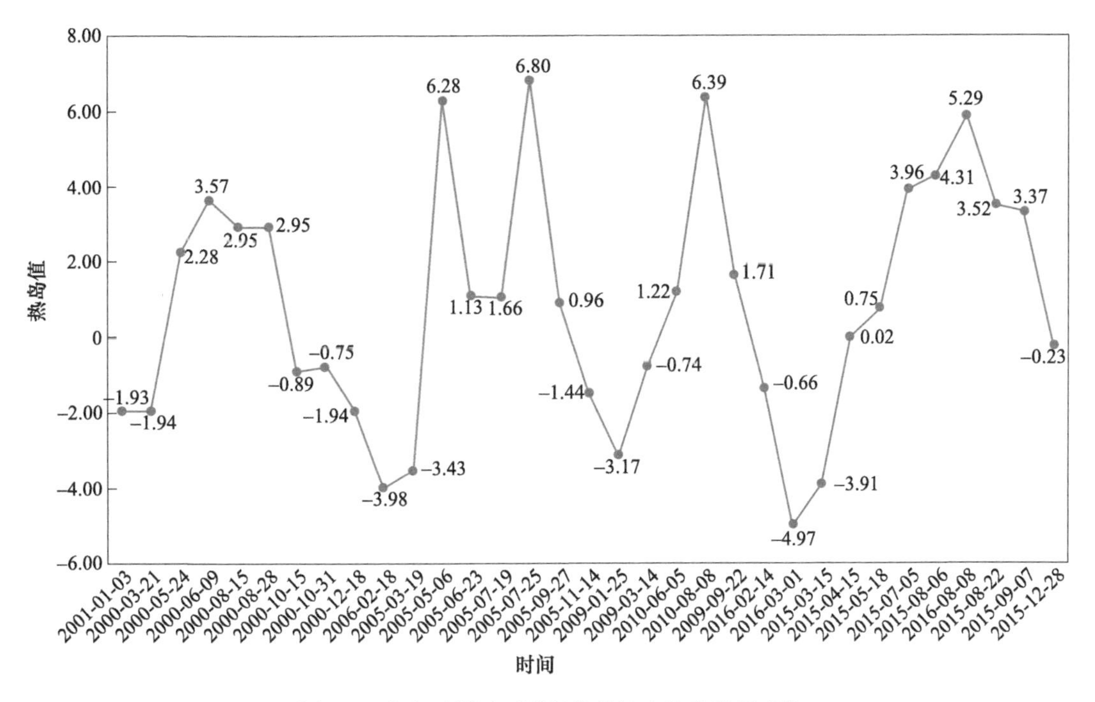

图 3-3 北京通州区不同年份的地表热岛发展变化

关于北京城市副中心多年热岛与“冷岛”效应发展状况，很显然，也具有类似通州区的规律，但北京城市副中心的典型郊区离城区较近，受人为活动或热量传输的干扰较大，其热岛或“冷岛”强度低于通州地区。

3.3.2 北京通州区不同季节地表温度的空间分布特征

首先，为了尽可能发挥 Landsat 8 卫星的两个热红外通道的优势，本节选择了劈窗算法（Huazhong et al.，2015；Chen et al.，2015）来进行地表温度反演，该劈窗算法属于双通道非线性反演，重点考虑了水汽等因素：

$$T_S = b_0 + \left(b_1 + b_2 \frac{1-\varepsilon}{\varepsilon} + b_3 \frac{\Delta\varepsilon}{\varepsilon^2}\right) \frac{T_i + T_j}{2} + \left(b_4 + b_5 \frac{1-\varepsilon}{\varepsilon} + b_6 \frac{\Delta\varepsilon}{\varepsilon^2}\right) \frac{T_i - T_j}{2} + b_7 (T_i - T_j)^2 \tag{3-8}$$

式中，ε 和 $\Delta\varepsilon$ 分别为两个通道的发射率均值与差值，取决于地表分类与覆盖度；T_i 和 T_j 分别为两个通道的观测亮温；$b_i(i=0,1,\cdots,7)$ 为各项系数，其可通过实验室数据、大气参数数据以及大气辐射传输方程的模拟数据集获取，其值取决于大气柱水汽含量。

另外，通过植被覆盖度加权法，利用 Landsat 8 可见光、近红外数据反演的 *NDVI* 与植被覆盖度 f 估算像元发射率，即：

$$\varepsilon_{p} = \varepsilon_{v} \cdot f + \varepsilon_{g}(1 - f) + 4\langle d\varepsilon \rangle f(1 - f) \tag{3-9}$$

$$f = \left(\frac{NDVI - NDVI_{s}}{NDVI_{v} - NDVI_{s}} \right)^{2}$$

式中，植被组分发射率 ε_v 与背景组分发射率 ε_g 的数据来自光谱数据库；$\langle d\varepsilon \rangle$ 为像元内组分间多次散射而形成的腔体效应（cavity effect）参数，其决定于像元冠层的结构与地表粗糙度；$NDVI_s$ 和 $NDVI_v$ 分别为裸土和浓密植被的 *NDVI* 值，为了保持不同影像间 $NDVI_s$ 和 $NDVI_v$ 的一致性，此处将二者取固定值，即 $NDVI_s = 0.2$，$NDVI_v = 0.86$。当像元 *NDVI* 大于 $NDVI_v$，像元的植被覆盖度为 1.0，像元发射率为 ε_v；当像元 *NDVI* 小于 $NDVI_s$，像元的植被覆盖度为 0.0，像元反射率即为 ε_g。

为了减少对外界大气条件的依赖，该算法从热红外图像本身数据估算水汽。算法首先利用 MODTRAN 和 TIGR 大气廓线建立两个劈窗通道大气透过率比值 τ_j/τ_i 与大气水汽含量 w_v 的经验关系，然后利用在一定大小的滑动窗口内两个通道亮温（T_i 和 T_j）之间的协方差与方差的比值（R_{ji}）来估算透过率比值。

$$w_{v} = a + b(\tau_{j}/\tau_{i}) + c(\tau_{j}/\tau_{i})^{2} \tag{3-10}$$

$$\tau_{j}/\tau_{i} \approx R_{ji} = \left[\sum_{k=1}^{N} (T_{ik} - \overline{T_{i}})(T_{jk} - \overline{T_{j}}) \right] \Big/ \sum_{k=1}^{N} (T_{ik} - \overline{T_{i}})^{2}$$

为了验证劈窗算法反演的精度，使用 Fluke Ti 32 红外热像仪，对处于通州区城市副中心的不同下垫面类型进行了地表温度观测（见图 3-4），发现水体表面的平均温度为 30.3℃、草坪的平均温度为 36.6℃、铺装地面的平均温度为 44.2℃，与劈窗算法反演的结果比较接近。

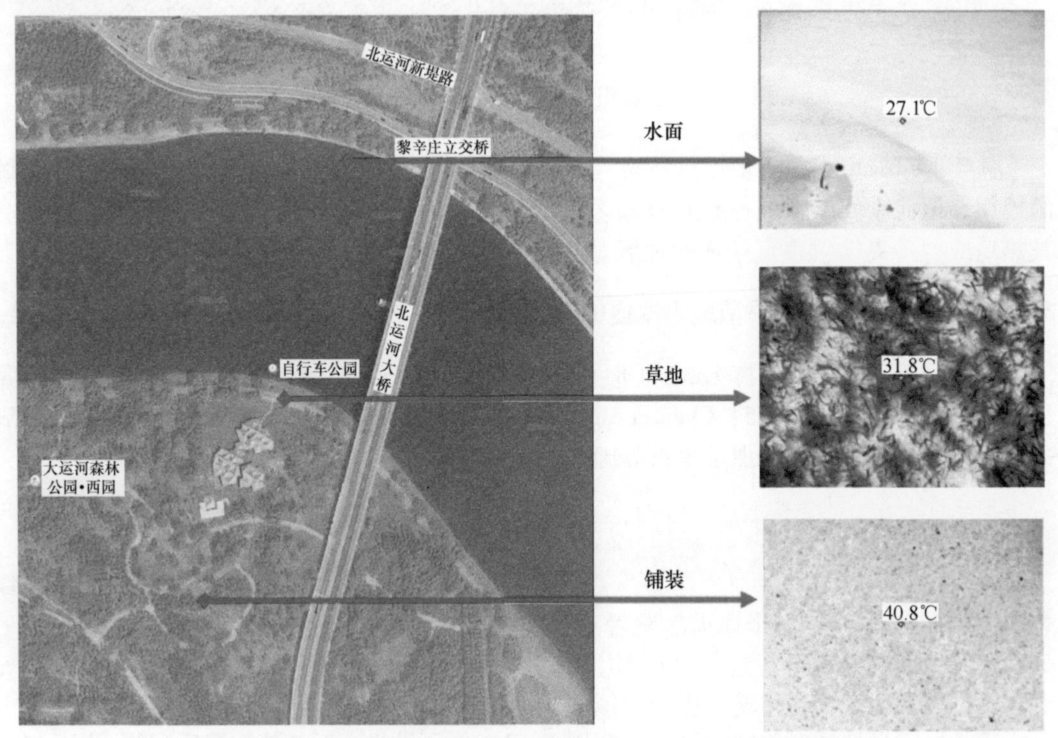

图 3-4　通州运河森林公园的下垫面类型及对应的热像仪温度图像

最终，运用劈窗算法随机选择 2015 年 3 月 15 日（代表春季）、7 月 5 日（代表夏季）、9 月 18 日（代表秋季）、12 月 28 日（代表冬季）的 Landsat 8 卫星影像进行了地表温度反演，如图 3-5 所示。

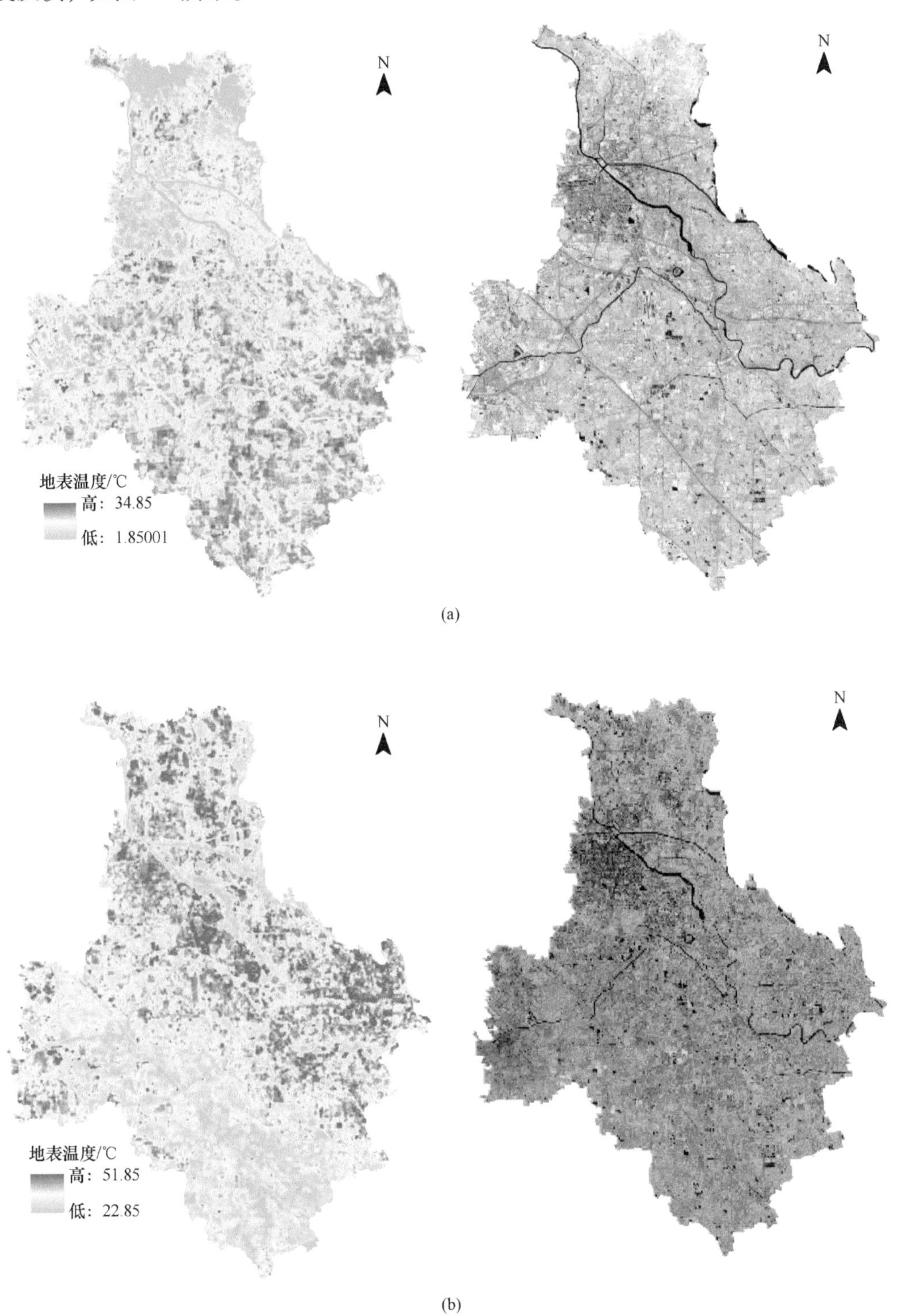

(a)

(b)

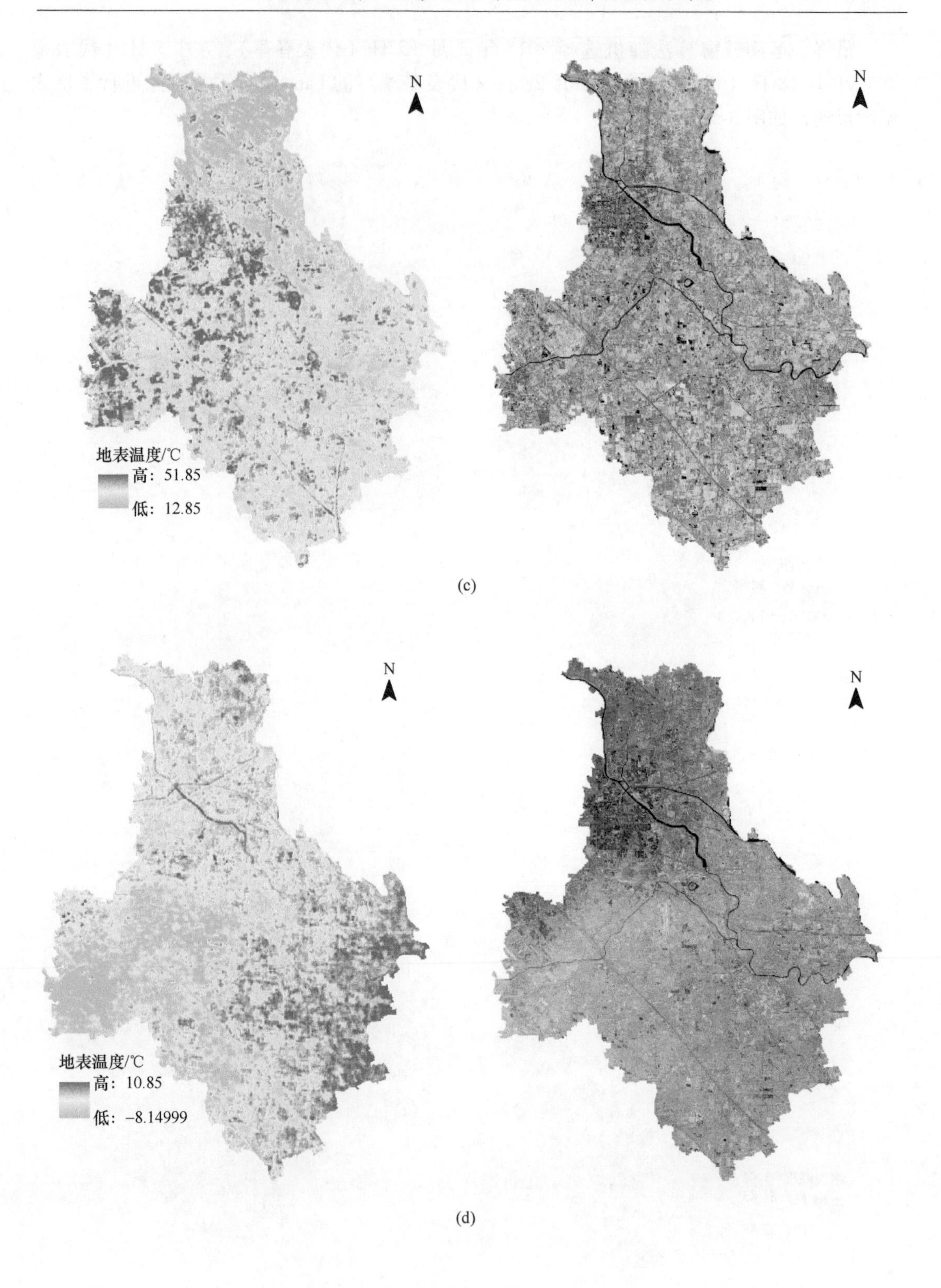

图 3-5　2015 年通州区不同季节的地表温度（左侧）与现状（右侧）图

(a) 3 月 15 日；(b) 7 月 5 日；(c) 9 月 18 日；(d) 12 月 28 日

从图3-5可以看出，2015年通州区不同季节的地表温度呈现出不同的空间分布特征：冬季的通州城市地表温度显著低于郊区地表温度，从北往南地表温度逐渐升高。冬季出现的“冷岛”效应，可能是由于城区污染物对太阳辐射有散射和吸收作用，很大程度削弱了到达地表的太阳辐射，王建凯等人（2007）也有类似的“冷岛”效应发现。

而在春季到秋季，城市区域的温度则明显高于周边林地和农村区域，并呈现出片状和零星热岛共存的空间分布特征。其中，最大热岛区域主要位于中心城区。

3.3.3　北京城市副中心不同季节地表温度的空间分布特征

通过对2015年通州区地表温度反演图的剪切处理，获得了城市副中心不同季节地表温度分布特征，与通州地表温度的各季节的空间分布特征相似，冬季城市地表温度低于郊区，“冷岛”效应明显，随着季节变化，夏季中心城区会出现大面积的高温区，而郊区林地农田的地表温度相对较低，如图3-6所示。

3.3.4　北京城市副中心夏季地表温度的多年空间变化特征

以2000年、2005年、2010年、2015年夏季Landsat遥感影像数据作为研究对象，运用单窗算法进行了地表温度反演与对比分析（见图3-7），可以发现在2000年，地表温度较高的区域较少，且主要集中在城市副中心的东北部区域（比较突出的是宋庄镇），林地、绿地、农田等有植被覆盖区域地表温度相对较低；2005年高温区域有所扩大，位于梨园镇的通州中心城的热岛效应明显增强；至2010年，因姚辛庄（位于城市副中心的东南区域）的平房占地面积较大，又出现了新的高温区域；在2015年，虽然高温区域有所减少，但各热岛片状分布格局已经稳定。

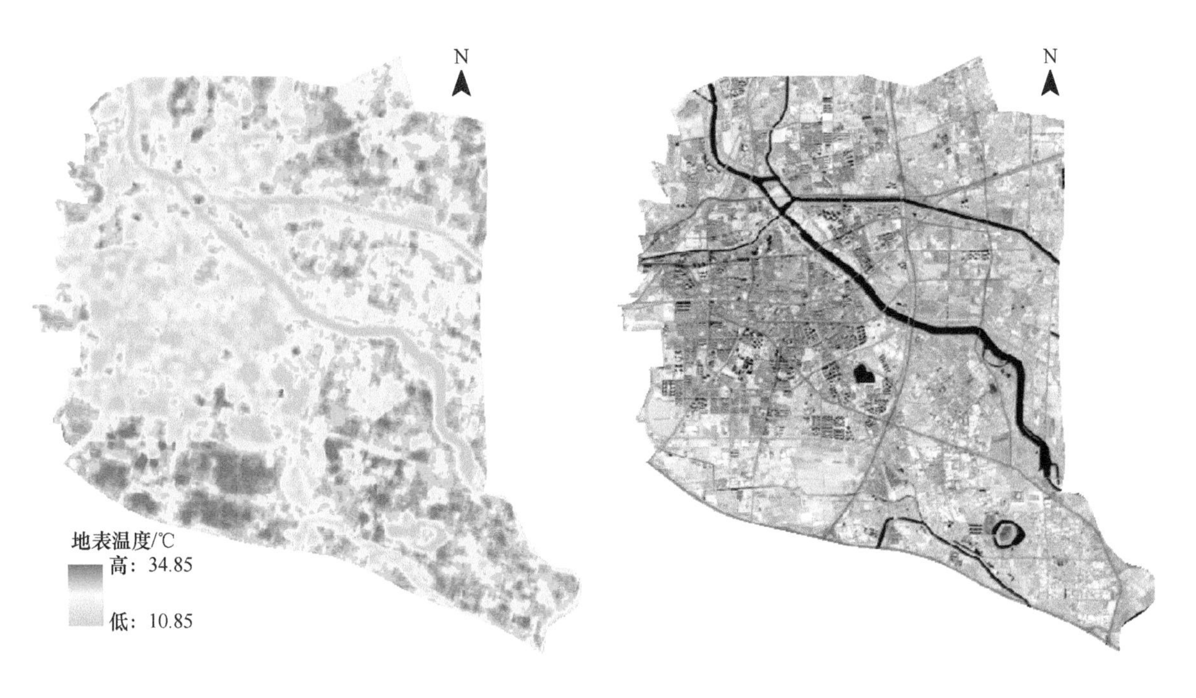

(a)

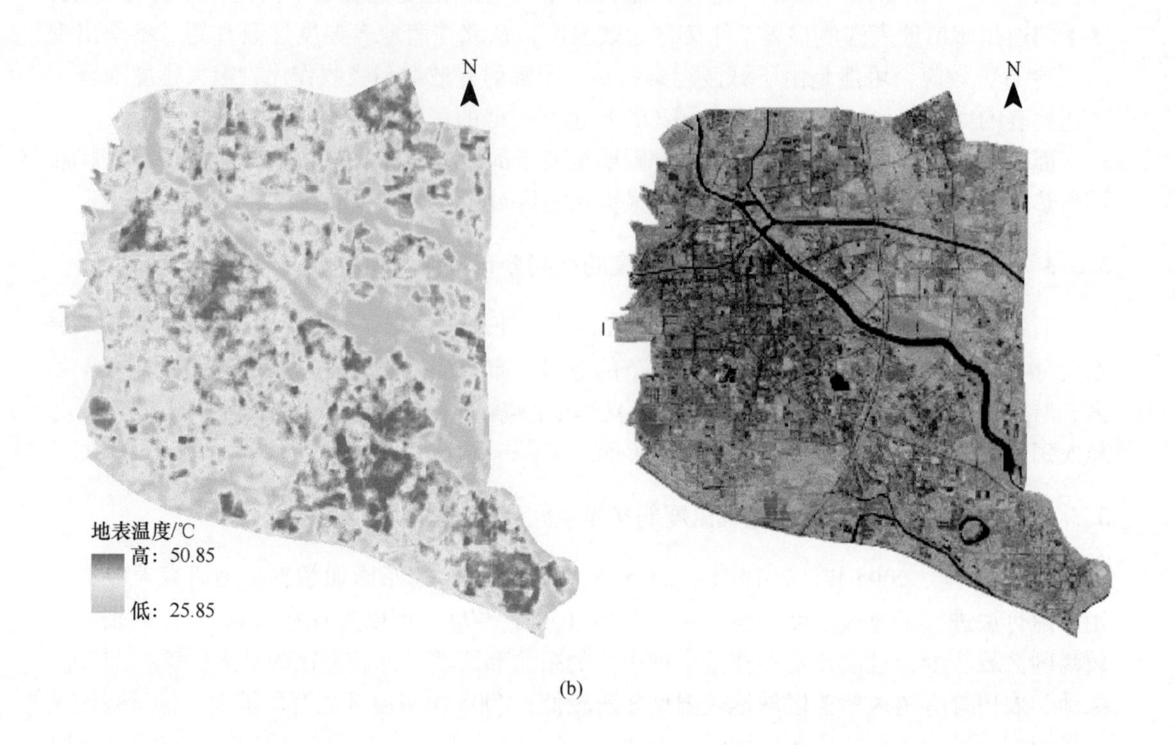

(b)

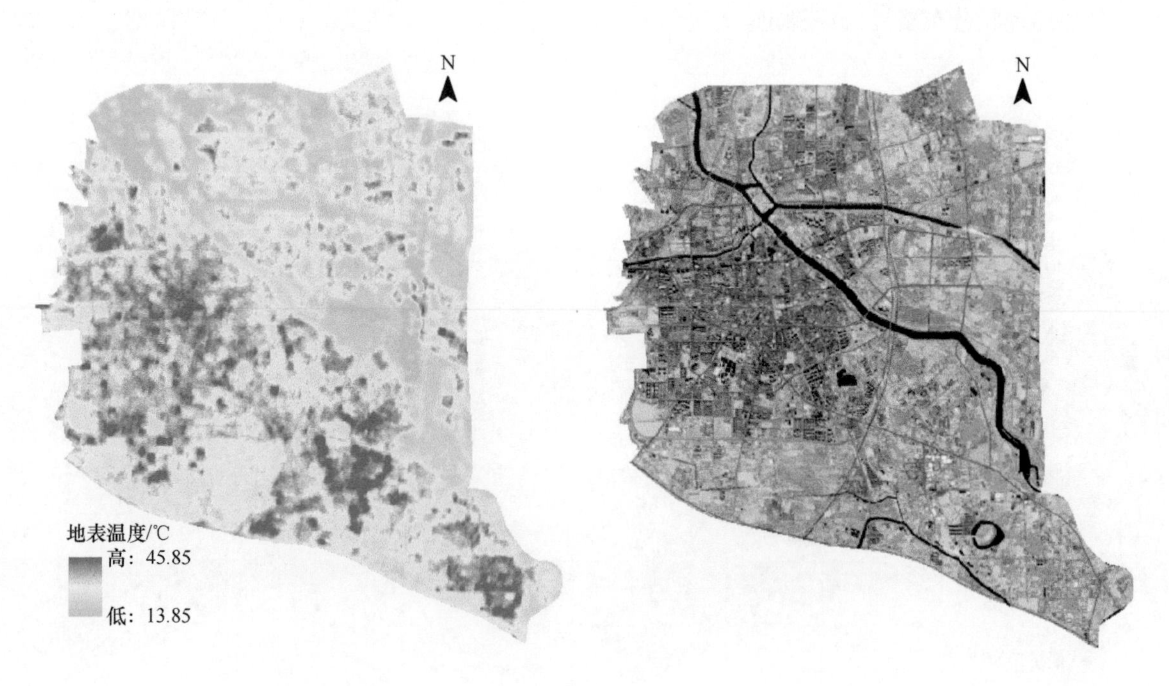

(c)

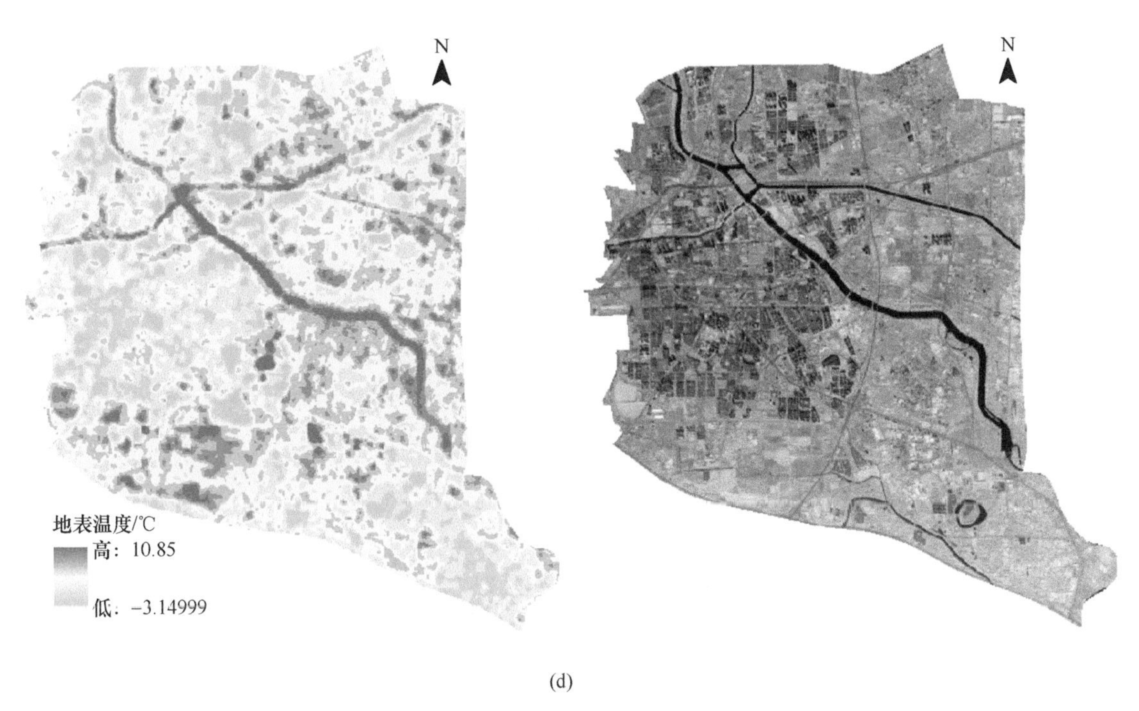

(d)

图 3-6 2015 年城市副中心不同季节的地表温度（左侧）与现状（右侧）图
（a）3 月 15 日；（b）7 月 5 日；（c）9 月 18 日；（d）12 月 28 日

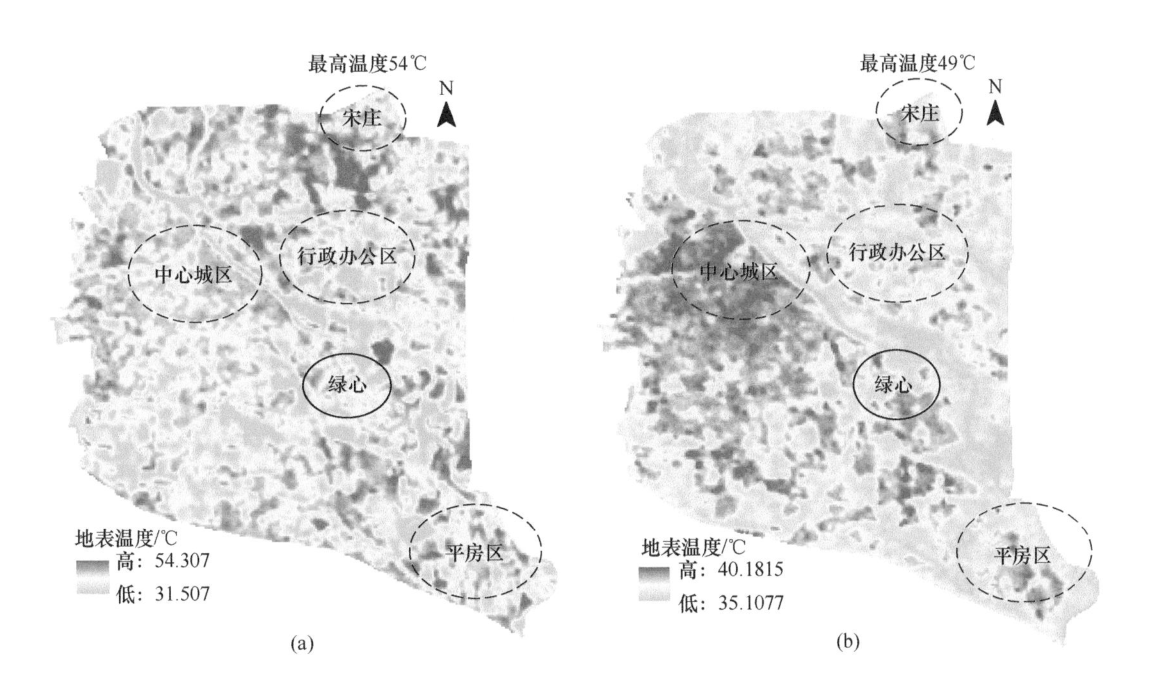

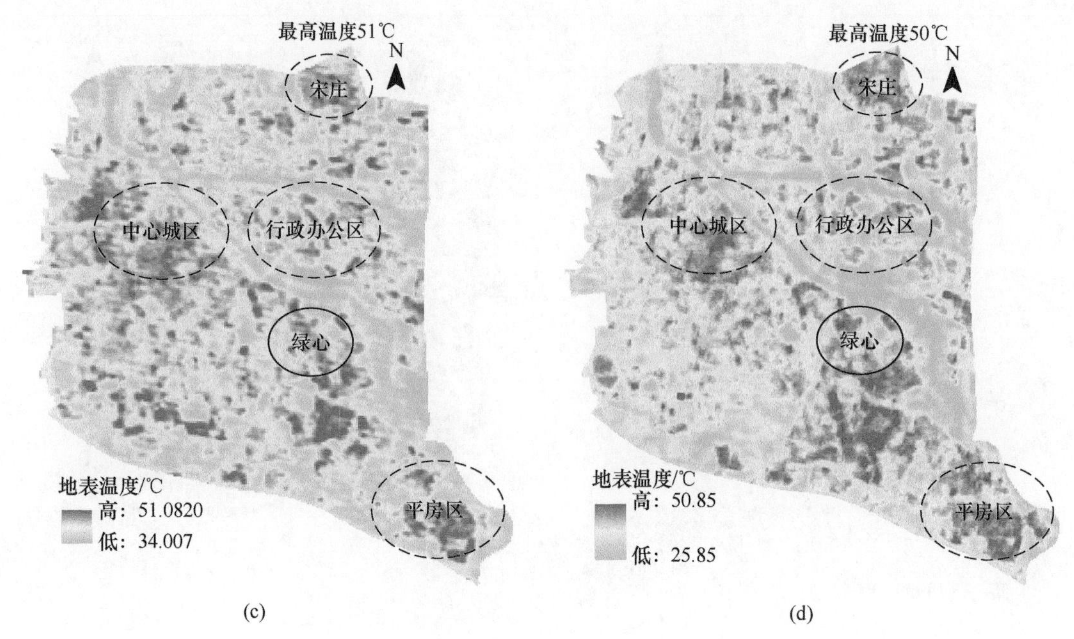

图 3-7　北京城市副中心地表温度的多年空间变化

(a) 2000 年 6 月 9 日；(b) 2005 年 7 月 25 日；(c) 2010 年 8 月 8 日；(d) 2015 年 7 月 5 日

通过 3 期北京城市副中心的土地利用类型分布图（见图 3-8）的统计分析，可以了解到，2004 年和 2015 年北京城市副中心各类用地的面积及比例在持续不规则变化，其中建设用地呈现先增加后又减少的趋势，2004 年建设用地占 31.72%，2010 年增加到 36.11%，到 2015 年又减少到 35.83%；植被面积（含园地、林地、草地）从 2004 年的 11.20%增加

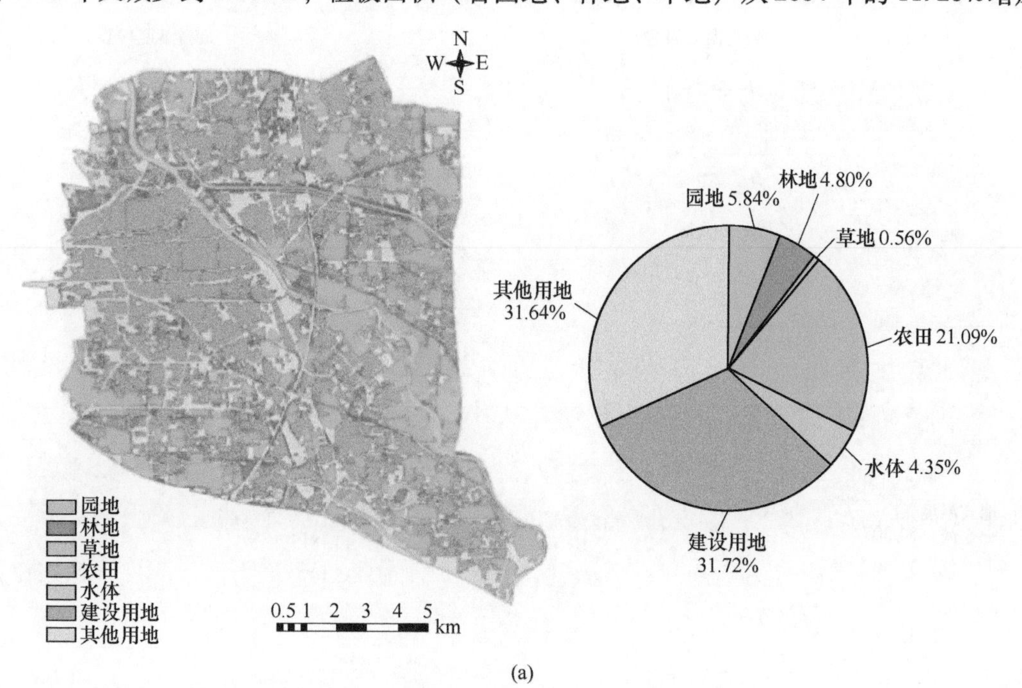

(a)

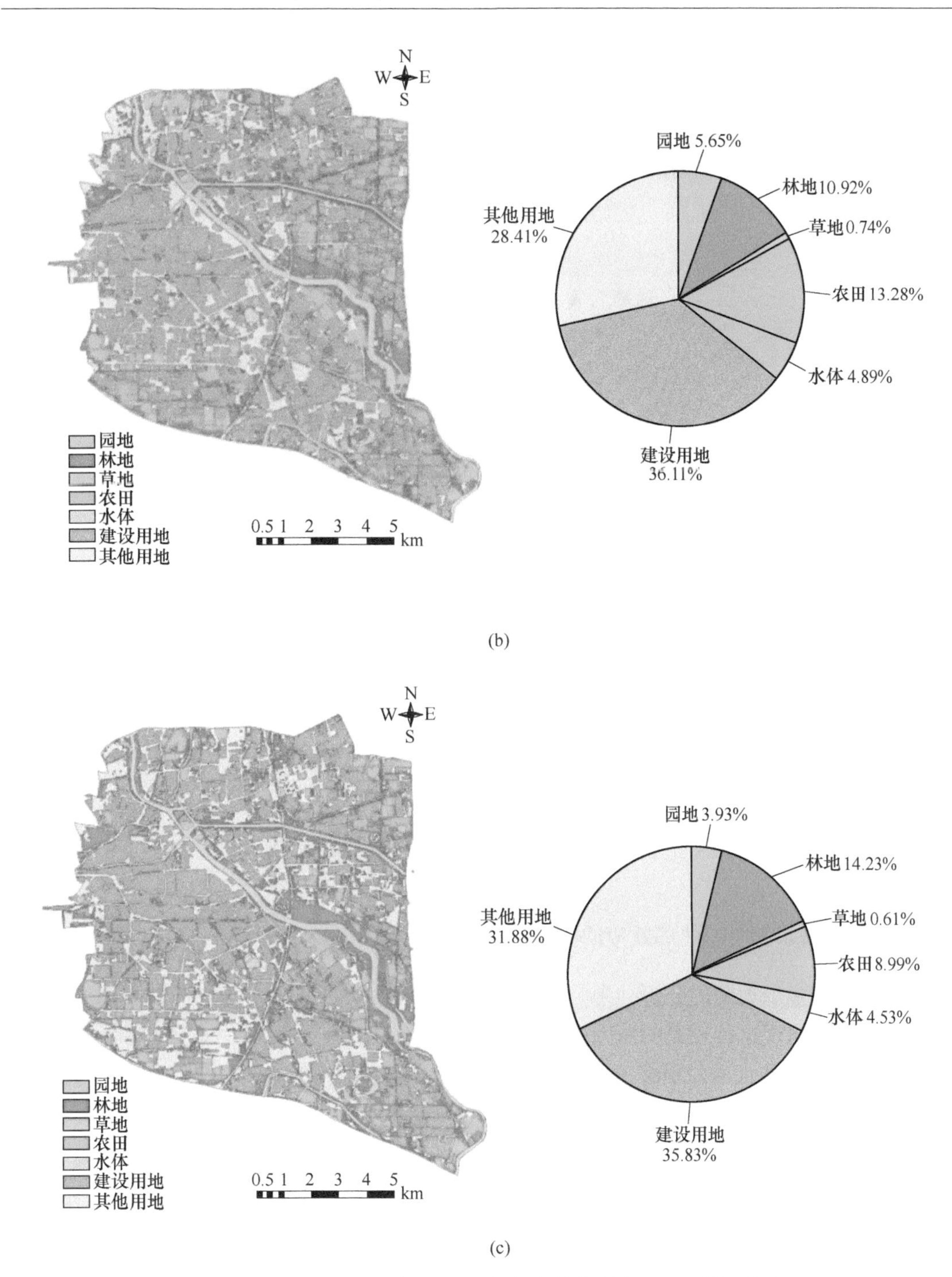

(b)

(c)

图 3-8　2004 年、2010 年和 2015 年北京城市副中心土地利用类型

(a) 2004 年；(b) 2010 年；(c) 2015 年

到 2010 年的 17. 31%，而后又增加到 2015 年的 18. 77%，这主要归因于北京平原地区大规模的百万亩（1 亩≈666. 7m^2）造林使林地的面积突飞增长。

对照地表温度的多年空间变化，可以发现北京城市副中心建设用地的增加会加强整体热岛效应，植被面积的增长有助于缓解整体热岛效应。

需要补充的是，随着城市副中心环境改善与绿化建设的持续推进，2017 年北京城市副中心的局部区域地表温度有所下降，尤其是北京市政府所在的行政办公区、姚辛庄的高温范围均有明显地减少，如图 3-9 所示。

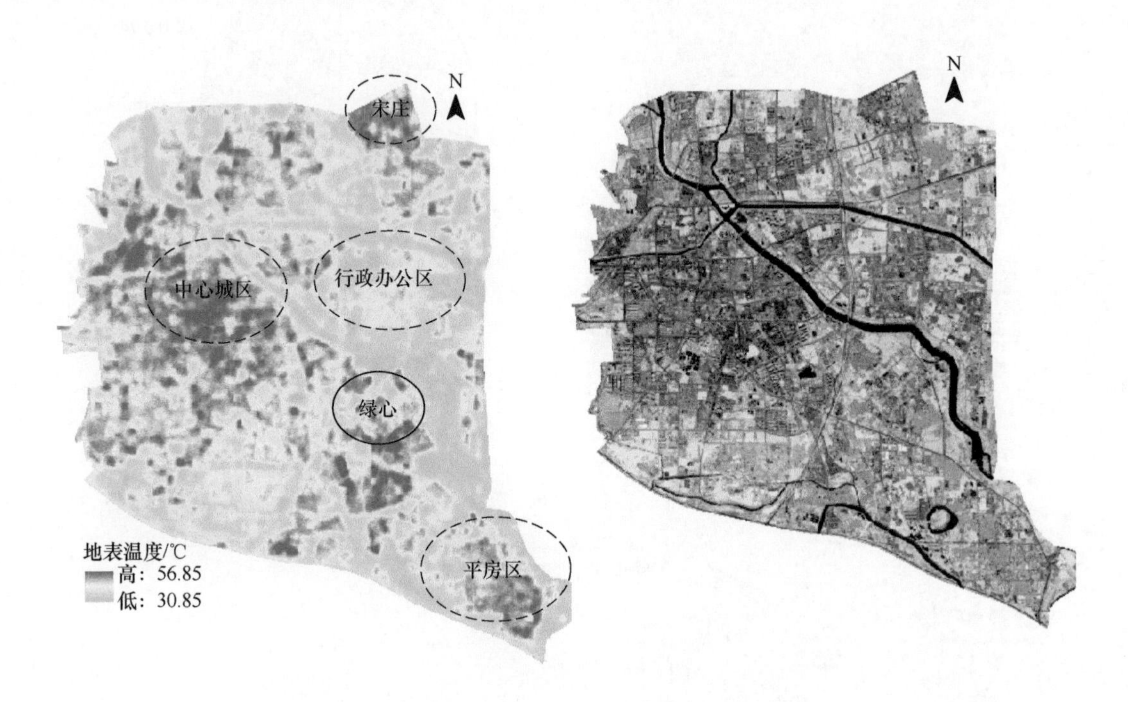

图 3-9　2017 年 7 月 10 日北京城市副中心地表温度分布

3.3.5　北京城市副中心热岛效应的驱动力分析

概括上述多个小节的分析结果，可以发现通州（含北京城市副中心）城区夏秋两季热岛效应显著，出现这种现象的原因应该与城区下垫面类型等因素有关（李延明等，2004）。

（1）城市下垫面吸收更多的热量。城市中大量的人工构筑物如铺装地面、水泥路面、建筑物等，其反射率比自然下垫面小，热容量和导热率也要比郊区自然界下垫面大，因此在相同的太阳辐射条件下，城市下垫面能吸收更多的热量。再加上城市建筑物密集，街道和庭院中的“天穹可见度”较小，太阳辐射在高大建筑物之间的多次反射和吸收，能够比郊区农村开阔地吸收更多的太阳能。

（2）城市下垫面的蒸散耗热量小。城市中植被覆盖率较郊区低，由于蒸腾作用散失的热量较小。

（3）城市中工业生产、城市交通和居民生活产生较多的人为热进入大气层，Fukuoka（1983）曾指出热岛强度与城市人口存在一定的正相关关系。

（4）城市中建筑物密集，使下垫面的粗糙度增加，减弱了风速，不利于热量向外扩散（见图 3-10）。

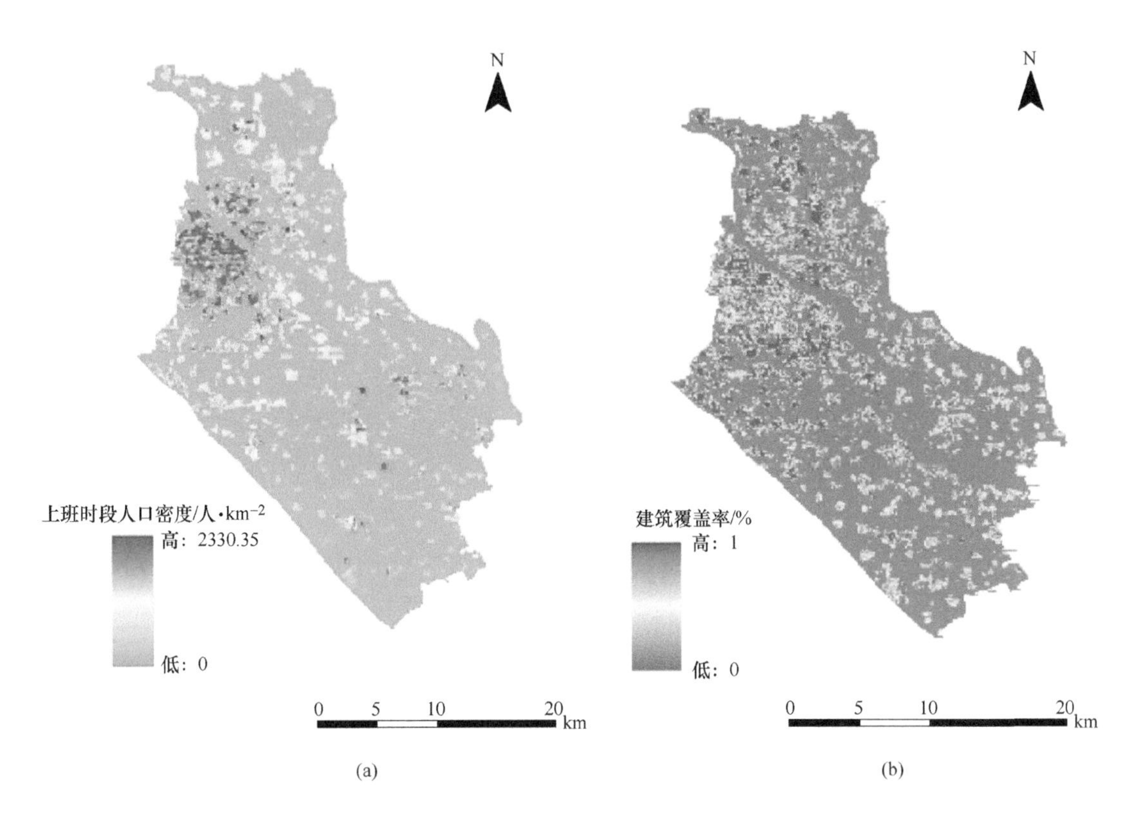

图 3-10 2013 年通州地区人口密度与建筑覆盖率分布
（a）通州地区上班时段人口密度；（b）通州地区建筑覆盖率

在缓解热岛效应方面，李延明等人（2004）对北京城区的绿化覆盖率和热岛强度进行了回归分析，结果表明绿化覆盖率与热岛强度呈负相关，绿化覆盖率越高，热岛强度越低。当一个区域绿化覆盖率达到 30%时，热岛强度开始出现较明显的减弱；当绿化覆盖率大于 50%时，热岛的缓解现象极其明显。

在通州地区，郑晓莹等人（2017）基于网格法的定量研究发现，地表温度与植被覆盖度之间具有明显的负相关关系（见图 3-11）。通过 Arcmap 软件进行相关分析，发现北京城市副中心植被覆盖度与地表温度分布之间的相关系数可达 0. 57，具有较强的负相关关系。

综合而言，城市热岛效应产生的主要驱动力是来自城市扩展引起的自然因素（土地利用）和社会因素（人口密度、生产活动）。城市绿化则能够有效发挥缓解城市热岛的作用，主要是通过园林植物生理活动中产生的生态效益。植物通过蒸腾作用，从环境中吸收大量的热量，降低环境空气的温度；植物通过光合作用，大量吸收空气中的二氧化碳，抑制温室效应；植物还能够滞留大气中粉尘，减少引起空气升温的颗粒物。

需要注意的是，城市热岛作为一种小尺度的气象现象，必然受到大尺度天气形势的影响，当气压梯度小、微风或无风、或有下沉逆温时，有利于热岛的形成。而如果处于不稳定的天气形势下，热岛的强度则会降低，有研究表明风速大于 11m/s 时，热交换强烈，城市热岛效应不明显。

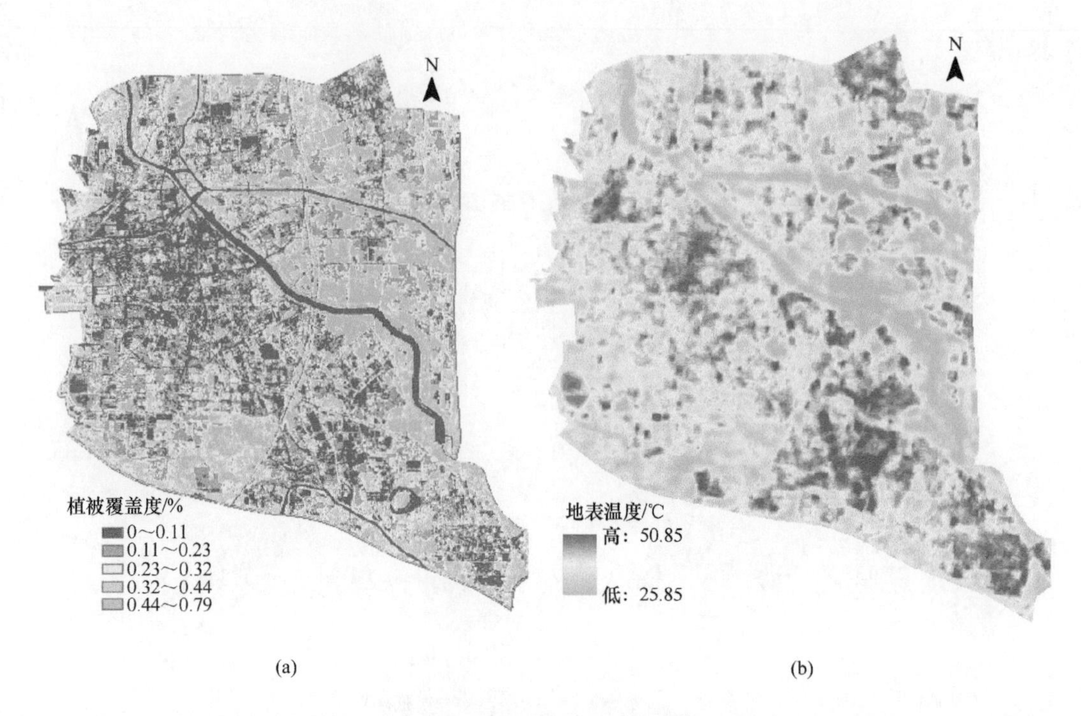

图 3-11　2015 年 7 月 5 日城市副中心植被覆盖度与地表温度分布

（a）植被覆盖度；（b）地表温度分布

3.4　北京城市气候环境评估与规划建议

3.4.1　北京城市热环境评估

不同大气层温度随高度的变化通常用气温垂直递减率表示，海拔平均每上升 100m，气温下降约 0.65℃，以此评估地形高度对城市热环境的影响。天穹可见度（sky view factor，SVF）被广泛用于描述城市街渠几何形态，贺晓冬等人以北京市朝阳区中央商务区的 20 个观测站点为研究对象，分析了天穹可见度对室外热环境、生理等效温度以及人体热舒适度的影响。结果表明天穹可见度越小，该区域日间蓄积热量的能力越强，夜间释放越多热量，越增加城市热负荷。李书严等人（2008）应用观测资料分析和数值模拟等方法研究了城市中水体的微气候效应，结果表明水体对气温在上风方向影响范围小，下风方向影响范围大。下风方向 1.0km 内气温降低 0.8～1℃，直到 2.5km 处仍有 0.2℃的温差。本书中评估水域开放空间对城市热环境的影响未区分上风向和下风向，默认其产生一致的影响。另外，不同种类绿色植被对城市产生不同程度的降温和遮阳效果，可有效缓解城市热压。因此，地形高度、天穹可见度、绿化空间和水域开放空间是评估城市热环境的重要指标，从而可形成北京城市热压图。

3.4.2　北京城市风环境评估

城市风环境显著影响城市热环境以及污染物的扩散与空气自净。如果建筑设计对周围风环境考虑不周，会造成局部地区气流不畅，在建筑物周围形成漩涡和死角，导致污染物不能及时扩散。城市冠层和建筑布局影响城市风场的分布和局地涡旋的产生，使得风场、湍流显现出极大的非均匀性。被建筑物或人工铺面所覆盖的用地直接影响地表粗糙度，也间接影响该地区风渗透量。较大的建筑覆盖率或较高的建筑容积率，例如高大且密集的裙房会减弱该地区行人层的风流通（Yoshie，2006）。自然地表的空气动力学特性表明，草地、水体等地表粗糙度较低的地表类型，相对于其他类型的自然景观，具有较强的通风潜力。而灌木、林地和城市建筑等地表粗糙度较高的下垫面，其通风潜力相对较弱。相同的初始风速，距离地表 2m 处，流经林地/城市建筑和草地/水体的风速值相差 1m/s（Oke，1987）。因此，建筑覆盖率、建筑高度、地表粗糙度和林地都成为评估城市风环境的重要指标，形成北京城市风流通潜力图。

3.4.3 城市气候环境分析

综合城市热环境和城市风环境的评估结果，对北京市城市气候进行分析并得到对应的 7 类城市气候空间。城市气候空间的分级与北京“单中心+环状”的城市结构有较好的对应关系，城市的任何发展建设都对应形成了局地特有的城市气候特征。四环以内近乎闭合式的“单中心+环状”城市结构布局，致使通风廊道不足，通风严重不畅，并且温度较高。北京城市副中心则相对通风较好，仅部分城市区域温度较高。

第 1 类城市气候空间为城市气候良好区域，未承受热压且具有良好的风流通潜力，是新鲜空气的发源地，使之成为可以利用的气候资源，惠及周边区域。通常为海拔较高的山区或植被良好的坡地（如香山）、自然植被覆盖的大型公园（如奥林匹克公园、天坛公园）和水域（如后海、龙潭湖）等。

第 2 类和第 3 类城市气候空间为城市气候较好区域，暂时未承受热压或承受轻度热压且风流通潜力较好。通常为有植被覆盖的小型公园（如万泉公园）、开放空间（如天安门及周边区域）、分散的村镇附近以及轻度开发或未开发区域（如通州区东南部）。

第 4 类和第 5 类城市气候空间分别承受了中、高度热压且风流通潜力较低。通常集中于中低等建筑密度且绿化空间较少的区域。二环内区域属于老城区，虽然平均建筑高度较低，但由于除贯穿东西方向的长安街和地安门西大街外，道路普遍较窄，该区域仍承受中、高度热压且风流通潜力较为一般。北京城市副中心西北部区域，建筑密度也较高，也属于承受中、高度热压且风流通潜力较为一般的环境。

第 6 类和第 7 类城市气候空间热负荷非常强且风流通潜力极低。通常为高建筑密集区，绿化和开放空间均较少，多集中于二~四环区域。该区域除玉渊潭公园、世界公园、朝阳公园等绿化开放空间外，聚集了大量商务区、科技产业园和居民区。高楼林立、建筑密集，是北京现阶段城市发展中心区域。

3.4.4 城市清洁空气廊道构建方法

清洁空气廊道类似一条狭长的通风管道，利用自然风的流体特性，将市郊新鲜洁净的空气引导至城区，市区内原有空气与新鲜冷空气经湿热混合之后，在风压的作用下导出市区，从而使城市大气循环良性运转。原则上，城市清洁空气廊道有利于降低城区内热岛效应，是利用自然气象条件，在城市层面上的一种节能设计措施（席宏正等，2010）。通过合理的规划建设，预留、建设清洁空气廊道，利用自然风的流动性和水平气压梯度力将市郊新鲜洁净的冷空气引导至主城区，缓解夏季高温和冬季由于风流通差导致的局地空气污染，是多学科交叉研究的重点和难点问题。Barlag 和 Kuttler 总结了构建通风廊道的几点原则：（1）通风廊道应以大型空旷地带连成，沿线保持较低的地表粗糙度；（2）通风廊道需延伸至主城区，贯穿高楼大厦密集的建成区；（3）通风廊道沿线地表应具备降温能力，尽可能引导大型绿地、水体等气流。除此之外，构建清洁空气廊道仍需满足：（4）清洁空气廊道应沿盛行风的方向伸展；（5）廊道需具备新鲜、清洁、凉爽的空气源头，如高海拔山区、大型林地等。

3.4.5 城市气候空间规划建议

依据城市气候规划建议图，当地城市规划师可以明确气候问题和敏感区域，从改善城市气候的角度提出在后期土地开发、城市发展和重建时相应的规划策略。基于北京城市热环境和风环境的评估、潜在清洁空气廊道的构建、北京山谷风系统以及城市热岛环流的分析，并参照国务院批复的《北京城市总体规划（2004~2020 年）》，对城市气候空间规划指引各分区分别提出规划建议，形成图 3-12 所示的北京城市气候空间规划建议图。由于不同的城市存在不同的城市气候问题和各自的城市规划系统，因此城市气候规划建议图及规划策略的应用重点也有所不同。北京的城市空间规划建议主要针对缓解城区热压和改善局地空气流通。

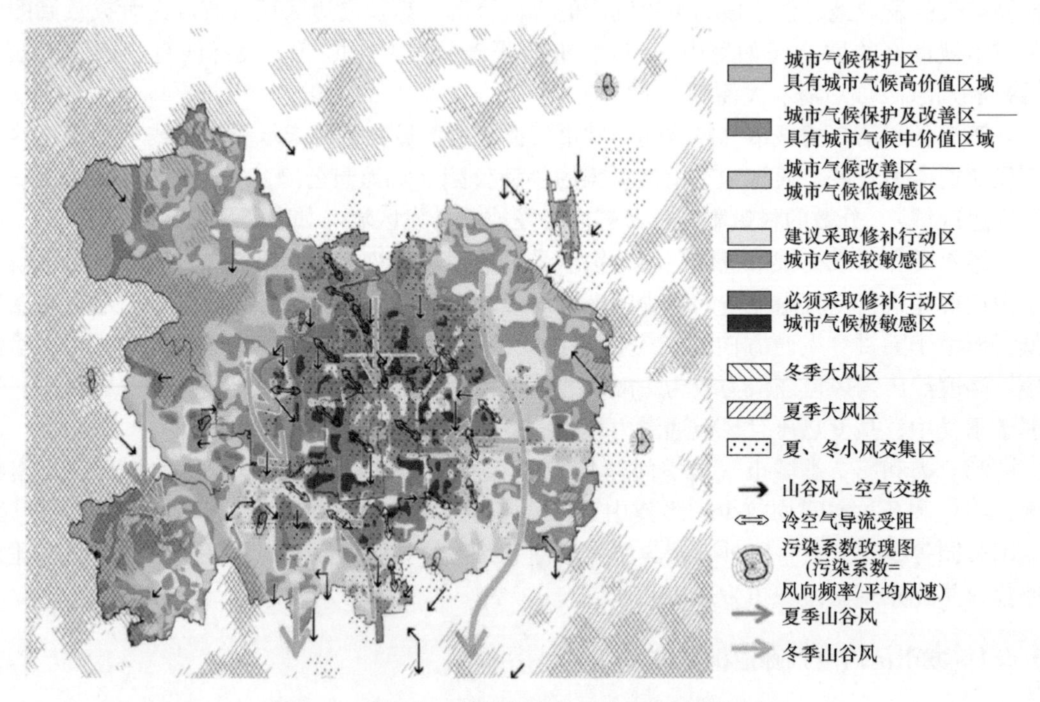

图 3-12 北京市区范围城市气候空间规划建议图

3.4.5.1 城市气候良好区域

此类区域未承受热压且具有较好的风流通潜力，可用于规划的城市气候资源，构建清洁空气廊道。海拔较高的山地或坡地是新鲜空气的发源地，应借助清洁空气廊道将该区域内大量的新鲜冷空气输送至城区，缓解城区热压，并有效增强污染物的扩散能力。北京山区中坡度大于25°的不宜进行开发区建设、地表水源保护区、森林公园等应尽可能地保护，避免开发。山前高程介于50~150m的区域是重要的生态敏感区，划为山前生态缓冲带，须严格控制开发建设。

3.4.5.2 城市气候较好区域

此类区域暂时未承受热压且风流通潜力较好，可用于规划城市气候资源，建设绿化隔离带，有效利用城市热岛环流。大范围自然植被吸收二氧化碳，降低热负荷且产生新鲜冷空气，也可吸附粉尘，有效降低空气污染。从绿色空间布局来看，绿化隔离带的绿楔规划应尽量内、外双向延伸，有效利用城市中心辐合气流将郊区新鲜空气输送至城区，缓解城市中心区域热压，净化空气。在后期建设中，要科学评估、合理规划、审慎开发决策；北京湾平原区的城镇布局应尽量避开风景名胜区、机场噪声控制区和主要滞蓄洪区等。

3.4.5.3 城市气候低敏感区域

此类区域主要位于近郊和主城区边缘，遭受轻微热负荷且风流通潜力较低。此类空间介于城市气候中度敏感区和可用于规划的城市气候资源区，建议采取及时有效的补救措施，审慎开发建设，防止现有环境进一步恶化。水域（河流、湖泊、池塘）周边严禁开发建设，可适当在其周围引入保护性绿廊，链接水域和建成区，维护并增强水域和绿廊对周边地区的降温效应。此类区域建筑需严格控制容积率和建筑朝向等，并建议选择生态建筑材料。生态建筑材料具有节约资源和能源、减少环境污染（避免温室效应与臭氧层的破坏）、容易回收和循环利用等特征。

3.4.5.4 城市气候中敏感区域

此类区域为城市气候中敏感区域，热负荷较强且风流通潜力低，对老城区和新建住宅区影响较大。建议采取有效的补救措施，如果该区域必须开展城市开发项目，必须考虑策略性规划建议，避免与周边建成区连成一片，更加降低四~五环区域甚至五环外区域的空气流通，加剧城市气候问题。需通过建筑合理布局、扩宽街道、休憩开放空间等途径创造通风廊道。并在街道、开放空间和公园等扩大绿化面积，在建筑物周边尽量引入绿地，缓解热压，提高空气的自净能力。对于建筑密集但高度较低区域（老城区），可尝试对建筑屋顶和墙壁进行绿化，降低建筑外围护结构储热，净化空气。

3.4.5.5 城市气候高敏感区域

此类区域热负荷非常强且风流通潜力极低，主要位于高楼林立的主城区。必须及时采取有效的补救措施，合理规划重建，改善现有环境。沿清洁空气廊道，划定限建区域，严禁过度开发建设。如果此区域内有重建项目规划，必须对建筑物合理布局，不同程度限高。此外，在建筑周边应尽量引入绿地，利用绿化带衔接相邻的小区或建筑群，促进局地通风和冷空气产生区域内部的空气交换，缓解热压，净化空气，美化环境。

3.5 小　　结

基于Landsat卫星的热红外波段，在实地气象要素的观测支持下，通过各种遥感反演算法获取 2000 年、2005 年、2010 年、2015 年北京市通州区（含城市副中心）地表温度，系统分析了 15 年间北京通州区（含城市副中心）的热岛效应时空变化规律与关键影响因素。主要结论如下：

（1）从 2005~2010 年，通州城区热岛效应显著增强，此后热岛效应开始小幅度降低，与之对应的是“冷岛”效应（即郊区地表温度高于城区地表温度），则从 2005~2015 年逐渐增强。北京城市副中心也具有类似通州的规律，但北京城市副中心的郊区面积较小，受人为活动或热量传输的干扰较大，其热岛或“冷岛”效应强度低于通州区。

（2）冬季的通州城市地表温度显著低于郊区地表温度，从北往南地表温度逐渐增高。而在春季到秋季，城市区域的温度则明显高于周边林地和农村区域，并呈现出片状和零星热岛共存的空间分布特征。其中，最大热岛区域主要位于通州的中心城。

（3）通过北京城市副中心夏季地表温度的多年空间变化特征分析，可以发现在 2000 年，仅宋庄镇热岛强度较大，其余区域热岛效应不明显；2005 年中心城区的热岛效应明显增强；2010 年位于郊区的姚辛庄因平房占地面积较大，也出现了明显的高温区域；至 2015 年，各热岛片状分布格局已经稳定。

（4）城市热岛效应产生的主要驱动力是来自城市扩展引起的自然因素（土地利用）及社会因素（人口密度、生产活动）。北京城市副中心建设用地的增加会加强整体热岛效应，城市绿化引起的植被面积的增长则有助于缓解整体热岛效应。

（5）基于北京城市热环境和风环境的评估、潜在清洁空气廊道的构建、北京山谷风系统以及城市热岛环流的分析，建立了北京城市气候空间规划建议图，从而可以了解到北京城市副中心城区属于气候中敏感区，热负荷较强且风流通潜力低，建议在条件允许的情况下，通过建筑合理布局、扩宽街道、休憩开放空间等途径创造通风廊道，并在街道、开放空间和公园等扩大绿化面积，在建筑物周边尽量引入绿地，缓解热压，对于建筑密集但高度较低区域（老城区），可尝试对建筑屋顶和墙壁进行绿化，降低建筑外围护结构储热。

4 北京城市副中心城市绿化应对热岛效应多尺度数值模拟

4.1 北京地区典型夏季精细数值模拟

4.1.1 WRF中尺度数值模式介绍

WRF（weather research and forecasting）中尺度数值天气预报模式是由美国国家大气研究中心（national centers for atmospheric research，NCAR）中小尺度气象部、美国国家环境预报中心（national centers for environmental prediction，NCEP）、预报系统实验室（FSL）的预报研究部和俄克拉荷马大学的风暴分析预报中心4家单位联合发起建立，获得了美国国家自然科学基金和美国国家海洋大气局（National Oceanic and Atmospheric Administration，NOAA）的共同支持。该项计划发起后，得到其他研究部门、大学、美国国家航空航天局（Ntional Aeronautics and Space Administration，NASA）、美国空军、海军和环保局等单位的响应，并共同参与开发工作。WRF重点考虑从云尺度到天气尺度等重要天气的预报，其最终目标是满足水平分辨率为1~10km的大气科学模拟试验研究和高分辨率数值预报业务应用的需要（张亦洲，2013）。

WRF采用高度模块化的设计，包括动力框架、物理过程以及前处理、后处理过程，层次清晰，各程序模块间相互独立，为用户采用不同的选择、比较模式性能以及进行二次开发提供了极大的便利。WRF模式包含多种动力框架和物理过程以及初始化程序和资料变分同化处理系统。本书采用的动力框架是由NCAR开发的Advanced Research WRF Version 3（ARW Version 3）（刘术艳，2006）。ARW采用的是完全可压欧拉非流体静力方程组，采用地形追随质量垂直坐标（Betts et al.，1986），模式顶高度为零，地面为1。ARW水平网格为Arakawa C网格。WRF-ARW包含了多种物理参数化方案，可以合理地对大气和陆地等各个物理过程提供参数化，被广泛应用于大气边界层及区域气候的理论研究和实时业务预报，其中包括对季风、台风和气旋的数值模拟，也可以用来研究中小尺度对流系统、锋面、山谷风、城市热岛现象等（Avissar et al.，1991）。

WRF的初始场包含两种形式：理想模拟模式和实际模拟模式，本书采用的是实际模拟模式。WPS（WRF pre-processing system）把大尺度的GRIB数据转换成ARW输入数据的格式，其中包括：为ARW提供垂直和水平格点的输入数据；提供静力平衡的参考大气和扰动场；提供包含投影信息、格点的物理性质和日期的元数据（张强，1998）。ARW的预处理程序利用WPS的输出数据生成WRF模式需要的侧边界场和初始场。在把气象数据和地形数据转化为ARW预处理程序的输入数据时，WPS首先确定模拟区域信息，包括模拟区域在地球上的位置、投影类型、格点数、网格距以及嵌套信息等，并对静态场进行插值处理；然后 WPS 解码程序对 ARW 需要的侧边界场和初始场进行解码，将这些变量场转化为二进制格式；最后针对选定的模拟区域，WPS 将气象场水平插值到模式投影区域，垂直插值为 ARW 中的 eta 坐标系。至此，WPS 为 ARW 的预处理程序提供了完整的三维数据。ARW 的侧边界场定义在长方形模拟区域的东、南、西、北 4 个边上，某些气象场和静态场存在海陆分布方面的区别，即仅在水体或陆地上有值。

4.1.2 建筑物矢量数据

城市冠层是指地面至建筑物顶层的高度，该层大气直接受到下垫面建筑物的影响，因而受人类活动的影响最大。城市冠层内建筑物（群落）及人为活动对近地层大气的影响主要包括以下 6 个方面：（1）建筑物（群落）对冠层气流的拖曳作用；（2）建筑物（群落）对冠层内湍流生消的影响；（3）建筑物（群落）对太阳短波辐射的阴影遮蔽作用；（4）建筑物（街渠）对地气长波辐射的截限（辐射陷阱）作用；（5）人为热排放的影响；（6）由于建筑物材料不同导致的热属性参数差异。这些研究表明，如何在模式中准确、细致地描述城市冠层对大气边界层动力和热力结构的影响并建立合理的参数化方案，是提高中尺度数值模式对城市大气模拟性能的关键。而解决这一关键问题的基础是：详细、准确地描述城市下垫面非均匀性和城市冠层几何形态特征，高分辨率城市冠层数据集建设是优化数值模式的基础。

本书基于北京市区范围建筑物矢量数据，发展城市形态学特征参数计算方法，内容主要包括：算术平均建筑物高度及其标准差、底面积加权平均建筑物高度、不同高度处建筑物所占比例、建筑物覆盖率、建筑物迎风面密度、建筑物表面积指数、街渠高宽比、天穹可见度等，运用地理信息系统（geographic information system，GIS）计算、处理、显示城市形态特征参数，建立高分辨率城市形态学数据集，描述北京城市冠层几何特征。

除第 3 章提到的部分计算公式外，其他城市形态学特征参数计算方法为：

（1）算术平均建筑物高度及其标准差：

$$\bar{h} = \frac{\sum_{i=1}^{N} h_i}{N} \tag{4-1}$$

$$S_D = \sqrt{\frac{\sum_{i=1}^{N} (h_i - \bar{h})}{N - 1}} \tag{4-2}$$

式中，$\bar{h}$为算术平均建筑物高度，m；S_D 为算术平均建筑物高度标准差；h_i为建筑高度，m；N 为建筑物总数。

（2）建筑表面积指数（无量纲）：

$$\lambda_B = \frac{A_R + A_W}{A_T} \tag{4-3}$$

式中，λ_B 为建筑表面积指数，是建筑表面积总和与建筑底面积的比率；A_R 为建筑物屋顶面积，m^2；A_W是建筑物墙壁面积总和，m^2。

（3）建筑迎风面密度（frontal area density，FAD）（无量纲）：

$$\lambda_f(z,\theta) = \frac{A(\theta)_{\mathrm{proj}(\Delta z)}}{A_T \Delta z} \tag{4-4}$$

式中，λ_f 为建筑迎风面密度；θ 为风向角度；Δz 为垂直高度增量；A_T 为网格面积。

建筑对于特定风向的迎风外维护结构面积是建筑的迎风面面积，迎风面密度是在某一风向 θ 下，每个垂直高度增量 Δz 对应的建筑迎风面投影到垂直平面的面积与建筑用地面积（网格面积 A_T）的比值。图 4-1（a）所示为建筑迎风面密度计算示意图（Chen et al.，2011）。

（4）街道高宽比（street aspect ratio）（无量纲）：

$$\lambda_S = \frac{(H_1 + H_2)/2}{S_{1,2}} \tag{4-5}$$

式中，λ_S 为街道高宽比，是街渠内相邻两建筑物的平均高度与街道宽度的比值；H_1 为上风向建筑的高度，m；H_2 是下风向建筑的高度，m；$S_{1,2}$ 是两个建筑的水平距离（街谷宽度），m。

图 4-1（b）所示为街道高宽比计算示意图（Burian et al.，2007）。

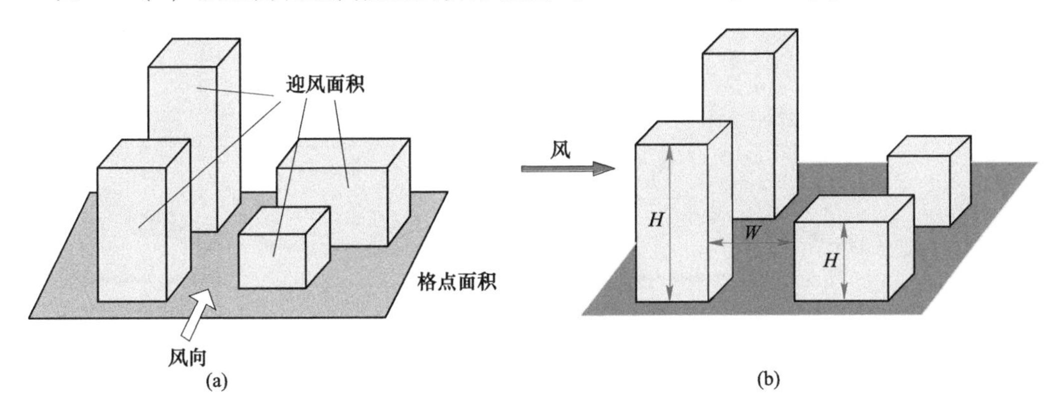

图 4-1 建筑迎风面密度（a）与街道高宽比（b）计算示意图

4.1.3 高分辨率城市形态学数据集与城市形态特征分析

4.1.3.1 底面积加权平均建筑高度及其标准误差

图 4-2 所示为北京市区范围 1km 分辨率和 250m 分辨率底面积加权平均建筑高度及其标准差分布。北京二环以内平均建筑高度较低，尤其二环中心区域网格平均建筑高度仅为 3~6m，与近郊建筑平均高度相当。北京较高建筑多集中于二~四环范围以及四环外新建住宅聚集区，网格平均建筑高度为 9~30m。

平均高度大于 30m 的超高建筑则主要位于朝阳区界内，尤其集中于中央商务区（CBD）。北京 CBD 是西起东大桥路，东至西大望路，南起通惠河，北至朝阳路之间 3.99km^2 的区域，聚集了国内众多金融、保险、地产、网络等高端企业，北京最高楼——中国国际贸易中心第三期，高达 330m，也位于此。

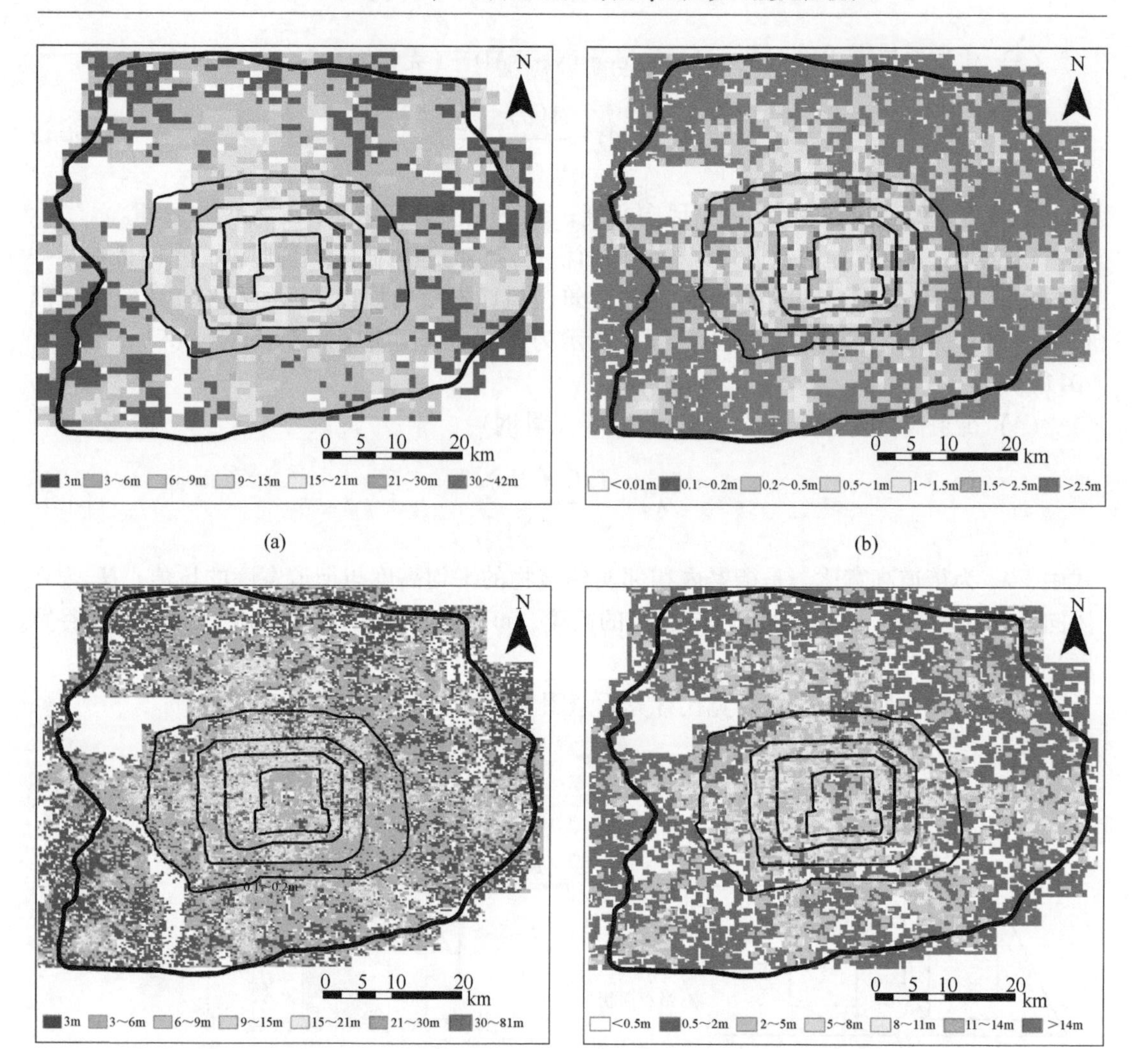

图 4-2 北京市区范围底面积加权平均建筑高度及其标准分布

（a）1km 分辨率下底面积加权平均建筑高度；（b）1km 分辨率下平均建筑高度标准差；
（c）250m 分辨率下底面积加权平均建筑高度；（d）250m 分辨率下平均建筑高度标准差

4.1.3.2 建筑覆盖率

图 4-3 所示为北京市区范围 1km 分辨率和 250m 分辨率建筑覆盖率分布。与底面积加权平均建筑高度分布相似，二~四环范围内建筑覆盖率较高，普遍为 20%~40%。二环以内区域，除去位于中心的天安门广场、中山公园、北海公园，以及位于二环东南角的龙潭公园外，其余用地均被 30%以上的建筑所覆盖。尤其德胜门桥、安定门桥沿线（二环北部），聚集了大量医院（北京积水潭医院等）、商场（新华百货等）和商厦（航天金融大厦等），这些区域内建筑高度相对较低，但分布极为密集。

4.1.3.3 建筑表面积指数

图 4-4 所示为北京市区范围 250m 分辨率的建筑表面积指数分布。建筑表面积指数综合考量了网格内建筑物各个表面的分布特征，其分布特征更像是底面积加权平均建筑高

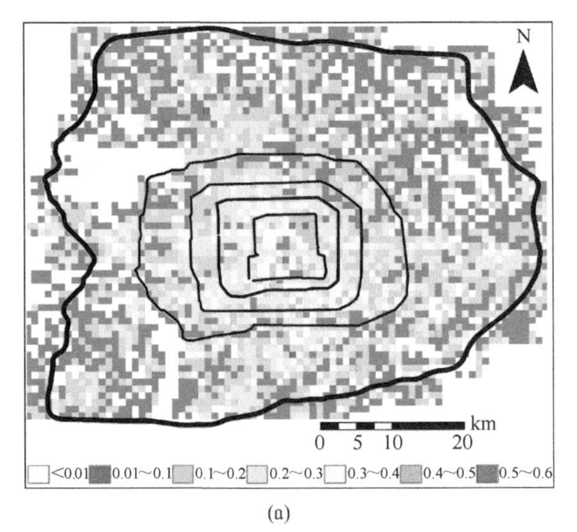

(a)

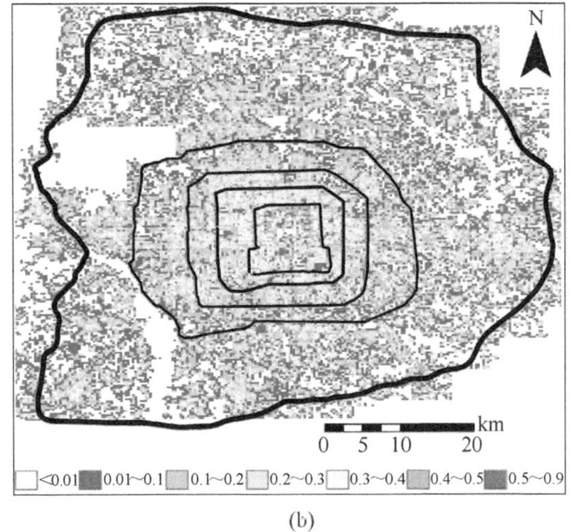

(b)

图 4-3 北京市区范围建筑覆盖率分布

(a) 1km 分辨率；(b) 250m 分辨率

度（见图 4-2）和建筑覆盖率（见图 4-3）的综合体：建筑覆盖率较大的区域（二环以内）和平均建筑高度较高的区域（二~四环内范围以及四环外新建住宅区聚集区）均呈现出较大的建筑表面积指数。

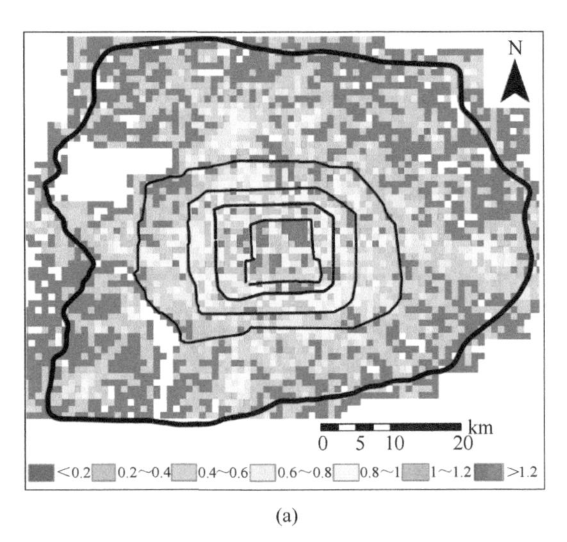

(a)

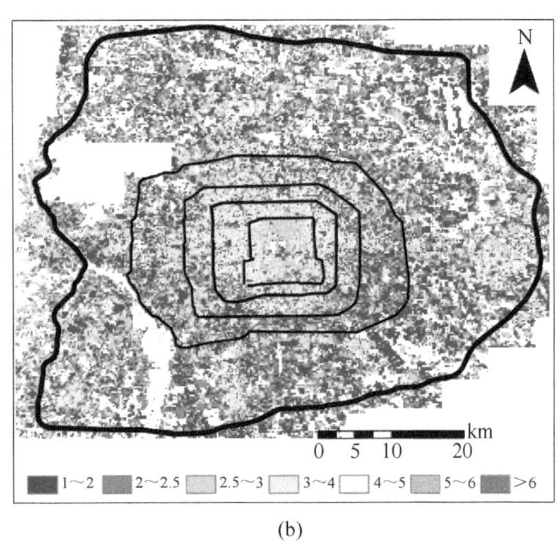

(b)

图 4-4 北京市区范围 250m 分辨率下建筑覆盖率（a）和建筑表面积指数（b）分布

太阳落山后，建筑物各表面由储热变为放热，缓慢向周围环境释放热量，增加大气温度。建筑物越高大、越密集，其表面积指数越大，相应日间储存热量的能力越强，夜间散热能力越差。当风速较小时，高大密集的建筑群降低了城市的通风和自净能力，加剧城市的空气污染和热岛效应；而当风速较大时，高大建筑群落周围则会产生局地强风，影响行人层的舒适与安全。“高大”“密集”“闪亮”的建筑群落纵然美轮美奂，但其对周围环境以及行人存在的潜在危险也应引起足够重视。

4.1.3.4 建筑迎风面密度

图 4-5 所示为北京市区范围 4 个风向下（北风、东北风、东风、东南风）1km 分辨率建筑迎风面密度分布。迎风面积指数是风向变化引起拖曳力系数变化的主要作用因素，某风向下，迎风面系数越大，表明该区域风流通潜力越差。北京建筑迎风面系数分布特征与底面积加权平均建筑高度有较好的对应关系。建筑物密集且楼体越高的地方，迎风面系数越大，表明该区域风流通能力差。建筑物（群落）对城市低层风场的阻尼作用，导致空气流经城市地区时，动量损失，风速减小。

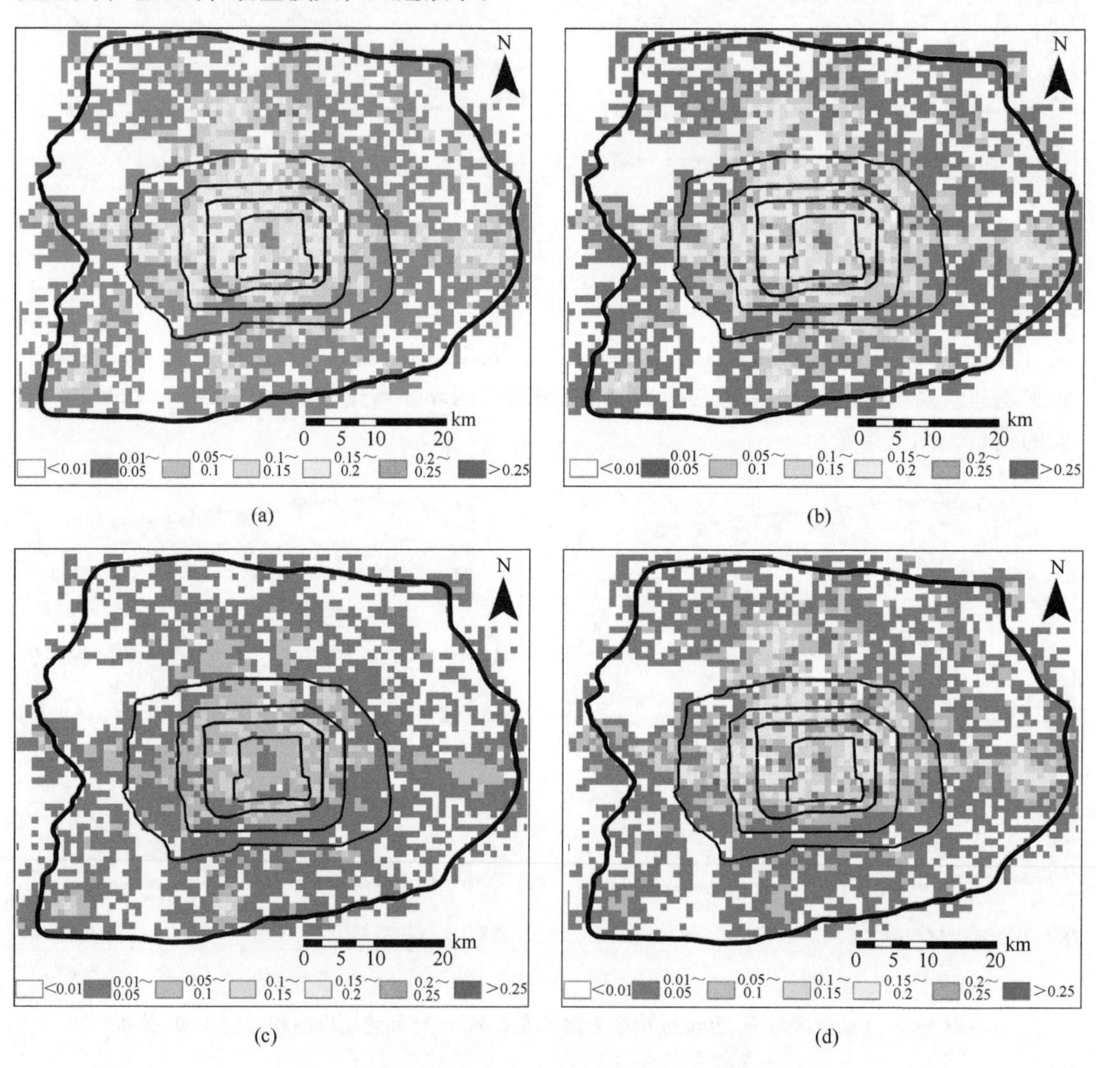

图 4-5 北京市区范围 1km 分辨率下建筑迎风面密度分布

(a) 北风；(b) 东北风；(c) 东风；(d) 东南风

由图 4-5 可知，北京东风风向下建筑迎风面密度明显小于其余 3 个风向，这与北京“坐北朝南”的建筑形态直接相关。实际上中国的建筑物大部分均为坐北朝南，大到国家庙堂，小到百姓的起居室。中国地处北半球，阳光大多数时间自南边照射，人们的生产、生活都以直接获得阳光为前提，这就决定了人们采光的朝向以向南为主。久而久之，“面南而立”“面南而治”“面南而居”“面南背北”的文化模式逐渐形成。

4.1.3.5 街道高宽比

图 4-6 所示为北京市区范围 1km 分辨率和 250m 分辨率的街道高宽比分布。由图可以看出，北京三环范围以内和二环外围之间街道高宽比较大，说明此区域内道路相对较窄。在城市规划学上，公共开放空间由城市广场、城市轴线、城市公园、花园、道路等共同组成。每一类公共开放空间都是城市设计的主要构成元素。在城市建设过程中，公共开放空间扮演着双重角色：它既是城市形态的组织构成者，又是公共场所与私密空间的衔接者。相对于其他城市公共空间而言，街道与城市、人之间的关系最为密切。

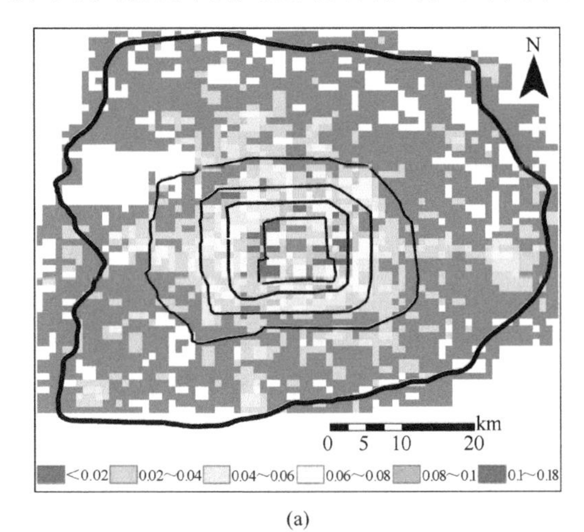

(a)

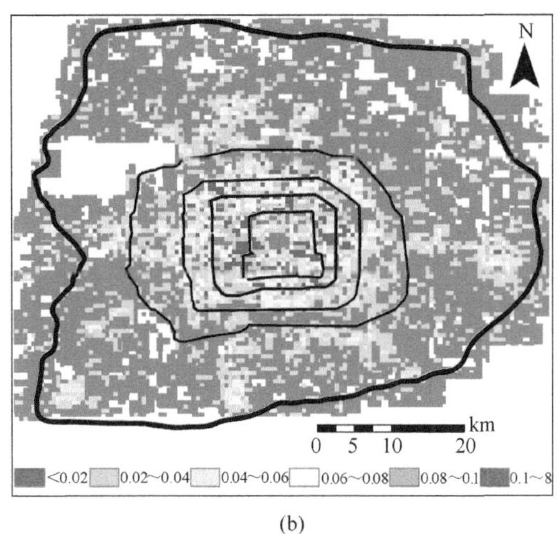

(b)

图 4-6 北京市区范围街道高宽比
（a）1km 分辨率；（b）250m 分辨率

4.1.3.6 天穹可见度

图 4-7 所示为北京市区范围 1km 分辨率和 250m 分辨率的天穹可见度分布。天穹可见

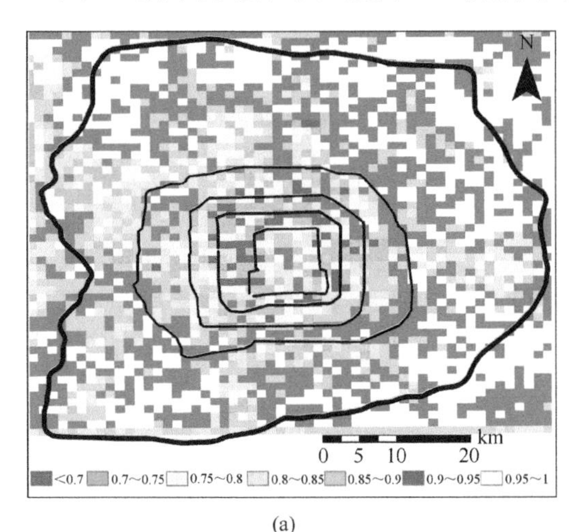

(a)

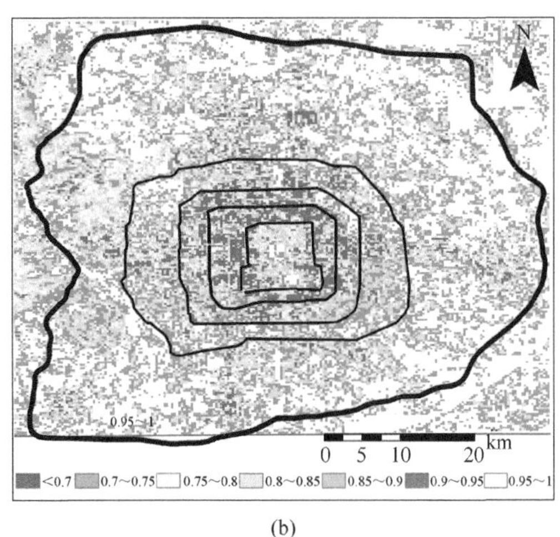

(b)

图 4-7 北京市区范围天穹可见度分布
（a）1km 分辨率；（b）250m 分辨率

度反映了城市中不同街渠的几何形态，其通过影响地表能量平衡关系、改变局地空气流通，显著影响室外热环境。天穹可见度越小，表明该区域日间蓄积热量的能力越强，夜间释放越多热量，增加城市热负荷。由图可以看出：北京二环外围、二~四环内区域以及四环外新建住宅聚集区天穹可见度普遍较小（SVF<0.7），这些区域都将遭受强热负荷。

地貌、土地利用/土地覆盖类型、建筑信息等和人为热排放（空调和交通等）通过改变城市的能量平衡和水分平衡过程，显著影响城市气候环境。城市冠层大气直接受到下垫面建筑物的影响，且受人类活动的影响最大。城市冠层结构与建筑物高度、密度、几何形状、街道宽度等密切相关。城市冠层内建筑物三维表面的能量平衡过程及由此诱发的对近地层大气的通量交换过程与平坦下垫面存在显著差异。

4.1.4　城市形态可分辨的数值模拟方法研究

4.1.4.1　研究区域与自动站观测数据介绍

20 世纪 50 年代和 20 世纪末，北京经历了人口高速增长且难以逆转的两个高峰期。20 世纪 80 年代以来，北京开始大规模城市建设，城市化日益加快。北京二环路是在原城墙位置上修建的城市快速环路。在内城墙基础上的北半环于 1980 年底通车，在外城基础上的南半环在 1991 年底通车。1992 年，北京也是中国第一条全封闭、全立交、没有交通信号灯的城市快速路——二环路全线竣工通车。在世人眼中，二环还是一条北京城区“新”与“旧”“内”与“外”的分界线，二环以内区域为老城区（old town，OT）。

北京三环路全长 48.3km。东、南、北三环早于 1958 年建成通车，西南三环于 1981 年底建成通车，是北京第一条建成通车的环路。经 80 年代多处改扩建，逐渐成为快速环路。唯独玉泉营环岛一处，直到 1999 年国庆节前，才改造成立交桥，从此三环路作为全立交的城市快速路全线建成。北京四环路平均距离北京市中心点约 8km，全长 65.3km，被认为是国内有史以来市区道路建设标准最高、规模最大的城市快速环路。在 1990 年北京举行第十一届亚运会之前，四环路的部分路段，主要是北四环学院路到四元桥路段，就已经建成并通车。但整个四环路的建设持续了十余年。1999 年中华人民共和国成立五十周年之际，东四环路建成并通车。到 2001 年 6 月，整个四环路全部连成一体。北京二环外至四环内区域高楼林立密集，人口集中，被视作现在的主城区（down town，DT）。北京五环路全程 98.58km，于 2003 年 11 月 1 日全线建成并通车。北京六环路全程 187.6km，是连接北京第一圈卫星城的一条环形高速公路，于 2009 年 9 月 12 日全线贯通。北京四环外区域被视为城区近郊。

北京主城区是目前较为发达的核心区域，聚集了大量商务区（如朝阳区 CBD）、科技产业园（如中关村科技园）和居民区，也覆盖很多大型绿地和公园（如紫竹院公园、北京动物园、玉渊潭公园和朝阳公园等）。北京老城区建筑普遍偏低，且具有范围较大的开放空间（如天安门广场）、绿地（如天坛）和水域（如北海）等。

北京于 1997 年开始组建自动站（automatic weather station，AWS）观测网，经过多年的扩建和完善，自动站已覆盖全市范围。截至目前，北京地区共建加密自动站 501 个。北京自动站布设具有较好的规划性，自动站的增建并非均匀地分布于北京各地区，而是呈较明显的区域性特征分布。城市区域自动站密度较大，分辨率低于 5km。本书用于验证模式的观测资料为北京市 2016 年 7 月 5~6 日城区和近郊自动气象站逐时数据。为了确保研究的科学性和准确性，采用窦以文等的方法对自动站数据进行质量控制：剔除超出历史极限值的数据；温度具有时间和空间连续性特征，若某一时刻温度值与其前后邻近时刻的数据变温均大于 8℃且位相变化相反，则认为该值不符合气温连续性特征，予以剔除；对于不同的气象要素，缺测率高于 5%的站点均予以剔除。

4.1.4.2 将高分辨率城市形态学数据集引入中尺度数值模式

城市冠层模式（单层城市冠层模式和多层城市冠层模式）根据城市不透水下垫面百分比将城市用地分为低、中、高城市密度区 3 类，模式中分别对 3 类城市用地的城市冠层参数（urban canopy parameters，UCPs）（建筑平均高度及其标准差、不透水下垫面百分比、屋顶宽度、道路宽度等）及相关计算量（零平面位移、动力/热力粗糙度等）采用次网格类别赋值，从而描述城市冠层的几何特性和物理特性。

本书将高分辨率城市形态学数据集（1km 分辨率）引入中尺度数值模式 WRF，全面、细致地描述城市冠层内建筑/植被几何形态的动力/热力特性，考虑城市下垫面非均匀性的影响。将 3-D 城市形态学数据集引入 WRF，主要包含以下几个过程：

（1）修改变量注册表，在 WRF 模式的变量注册表 Registry 中加入与 UCPs 相关的二维变量，包括：MH _ URB2D、STDH _ URB2D、HGT _ URB2D、HI _ URB2D、LP _ URB2D、LB _ URB2D、FRC _ URB2D、H2W _ URB2D、SVF _ URB2D、LF _ URB2D 等，并设置以上二维变量的相关属性信息（维数定义、输入、输出、单位等）；

（2）在 WPS 中，运用 index 文件将 UCPs 相关的二维变量读入静态地形资料数据库；

（3）进一步在 WRF 的驱动层及中间层程序中，如 module _ first _ rk _ step _ part1. F，将新增加的 UCPs 相关状态变量传入到陆面模式驱动程序 surface _ driver 中；

（4）最后在 WRF 模式层的各级程序中，依次加入新变量，最终在 SLUCM/BEP/BEM 主程序中运用新增加的所有 UCPs 二维变量。

图 4-8 所示为 WRF 默认的与城市形态学数据集（UCPs）提供的城市下垫面不透水率。对比发现：WRF 默认（见图 4-8（a））严重扩大了北京高密度城区的范围，且下垫面不透水率也明显高于城市形态学数据集。

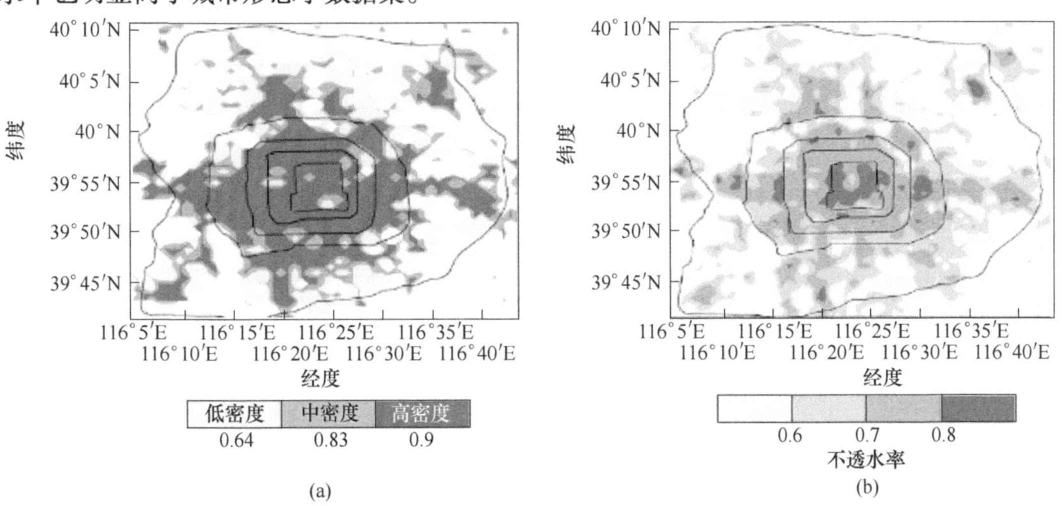

图 4-8 北京六环范围下垫面不透水率（无量纲）

（a）WRF 默认；（b）城市形态学数据集（UCPs）

表 4-1 列举了引入 WRF 的城市冠层数据集与 WRF 默认的 3 种城市类型分别采用的城市冠层参数值。将城市形态学数据集引入 WRF，使模式中每一个网格都对应其特有的城市冠层参数集，极大地提高了中尺度数值模式对城市下垫面非均匀性和城市冠层几何形态的解析。

表 4-1 中尺度数值模式 WRF 默认的 3 种城市类型（低、中、高密度城市）分别采用的城市冠层参数值及城市形态学数据集

变量名	物理意义	默认个例（变量数值来自模式表格）			新个例
		低密度	中密度	高密度	格点化城市冠层数据集
ZR	屋顶高度	8.0	12.0	16.0	MH_URB2D
SIGMA_ZED	屋顶高度标准差	1.0	3.0	4.0	STDH_URB2D
BUILDING_HEIGHT	平均建筑物高度	无	无	无	HGT_URB2D
BUILD_AREA_FRACTION	建筑物覆盖率	无	无	无	LP_URB2D
BUILD_SURF_RATIO	建筑物表面积指数	无	无	无	LB_URB2D
FRC_URB	不透水率	0.64	0.83	0.9	FRC_URB2D
HEIGHT_TO_WIDTH	街道高宽比	无	无	无	H2W_URB2D
SVF	天穹可见度	无	无	无	SVF_URB2D
FRONTAL_AREA_INDEX	建筑物迎风面密度	无	无	无	LF_URB2D
ROOF_WIDTH	屋顶宽度	8.3	9.4	10.0	SW_URB2D
ROAD_WIDTH	街道宽度	8.3	9.4	10.0	BW_URB2D
Z0C	城市冠层热力粗糙度长度	ZR×0.2	ZR×0.2	ZR×0.2	Z0C_URB2D
ZDC	零平面位移	0.1×ZR	0.1×ZR	0.1×ZR	ZDC_URB2D
Z0HC	城市冠层热力粗糙度长度	0.1×Z0C	0.1×Z0C	0.1×Z0C	Z0HC_URB2D
Z0R	屋顶动量粗糙度长度	0.01	0.01	0.01	Z0R_URB2D

图 4-9~图 4-11 分别为引入 WRF 中不同高度处建筑物所占比例，底面积加权平均建筑高度及其标准差、建筑覆盖率、建筑表面积指数和 4 个风向下的迎风面密度（北风、东北风、东风、东南风）。北京老城区建筑物高度明显低于主城区，与近郊相当，普遍为 3~9m，主城区平均建筑高度则大于 12m。建筑覆盖率和建筑表面积指数在老城区东北角和西南角呈现极大值区域，老城区中心则为相对小值区，主城区的建筑物覆盖率和建筑表面积指数仍普遍较高。北京东风风向下 FAD 明显小于其余 3 个风向，这与北京“坐北朝南”的建筑形态直接相关。4 个风向下 FAD 空间分布特征基本一致：老城区 FAD 显著低于主城区，且主城区内部 FAD 也呈现不均匀分布。

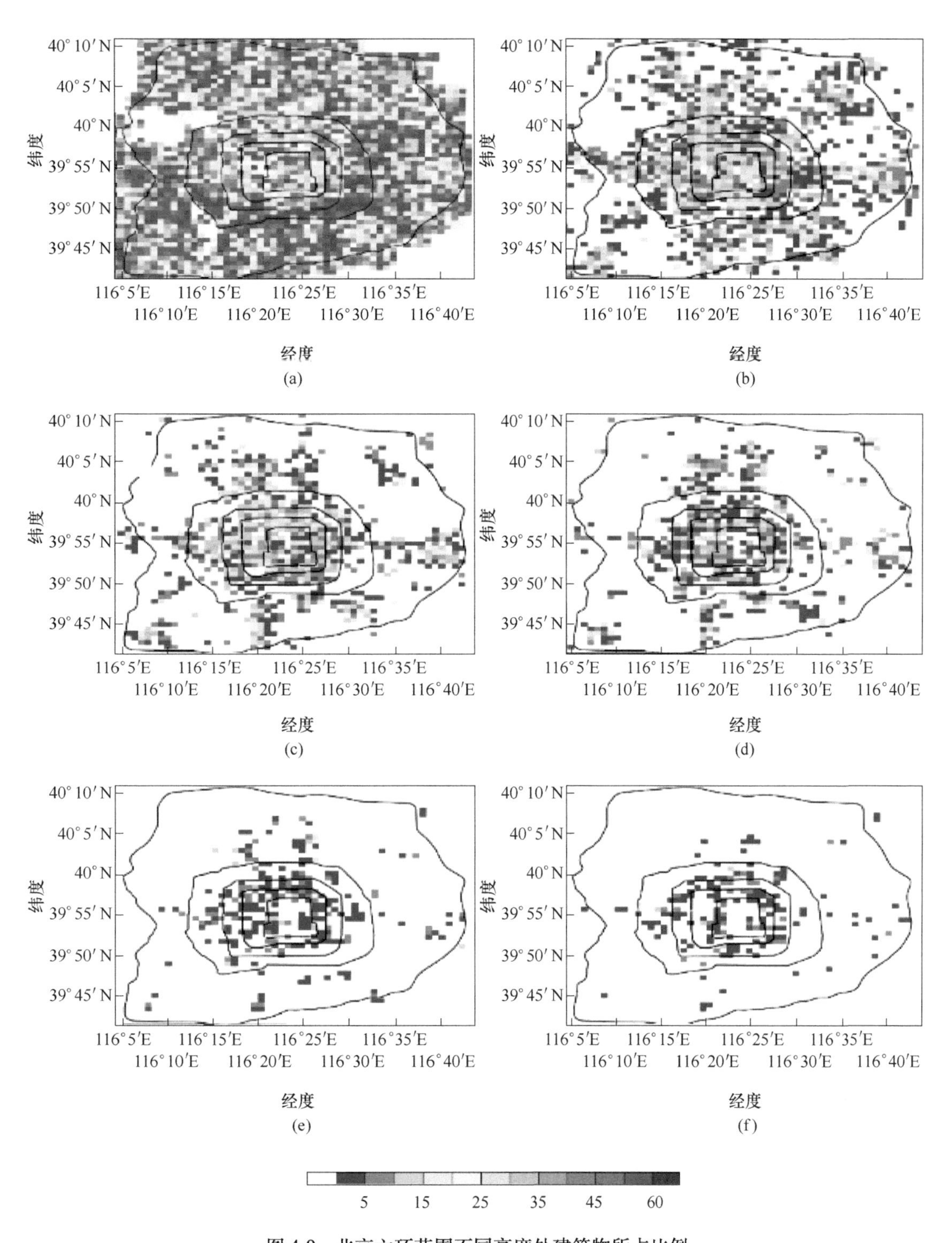

图 4-9 北京六环范围不同高度处建筑物所占比例

(a) 5m; (b) 10m; (c) 15m; (d) 20m; (e) 25m; (f) 30m

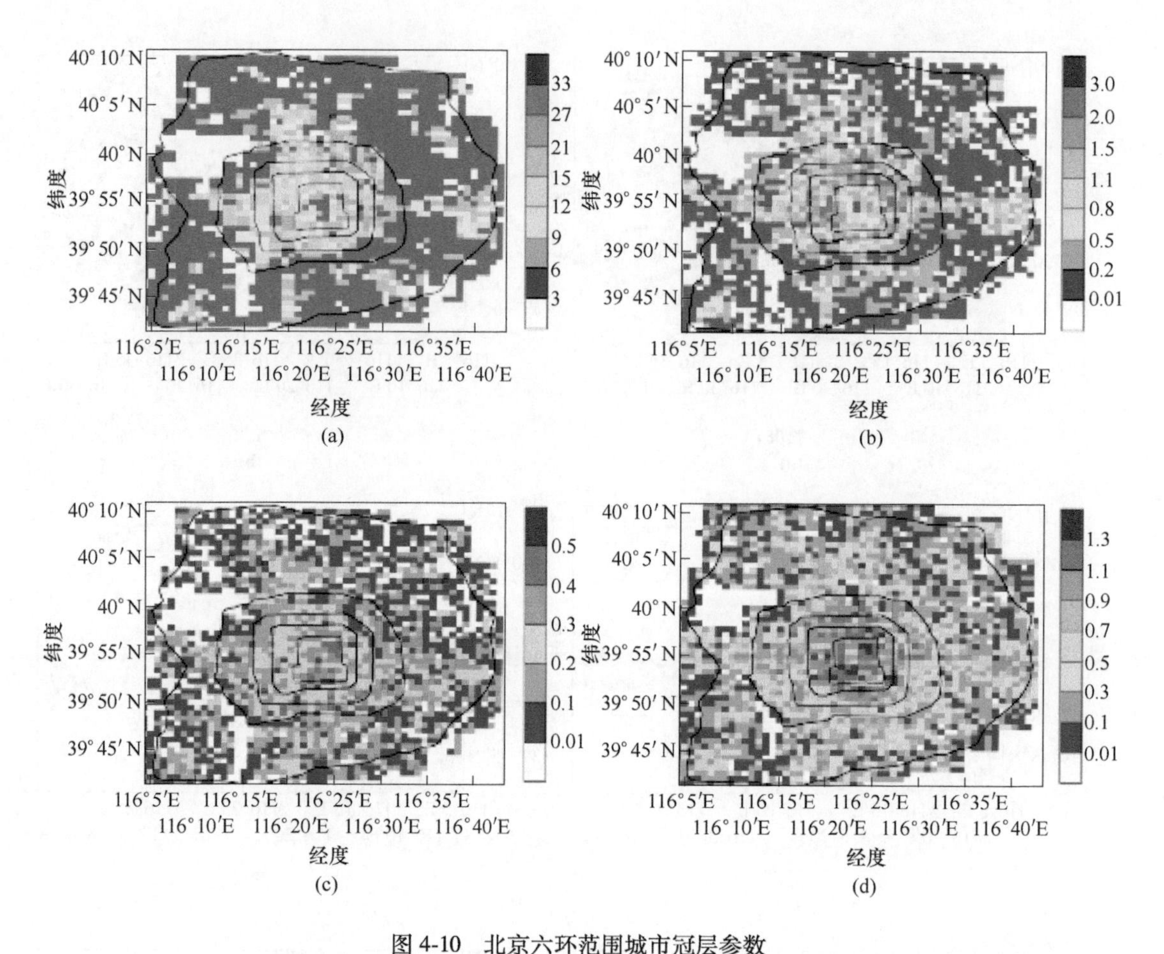

图 4-10　北京六环范围城市冠层参数
（a）底面积加权平均建筑高度；（b）底面积加权平均建筑高度标准差；（c）建筑覆盖率；（d）建筑表面积指数

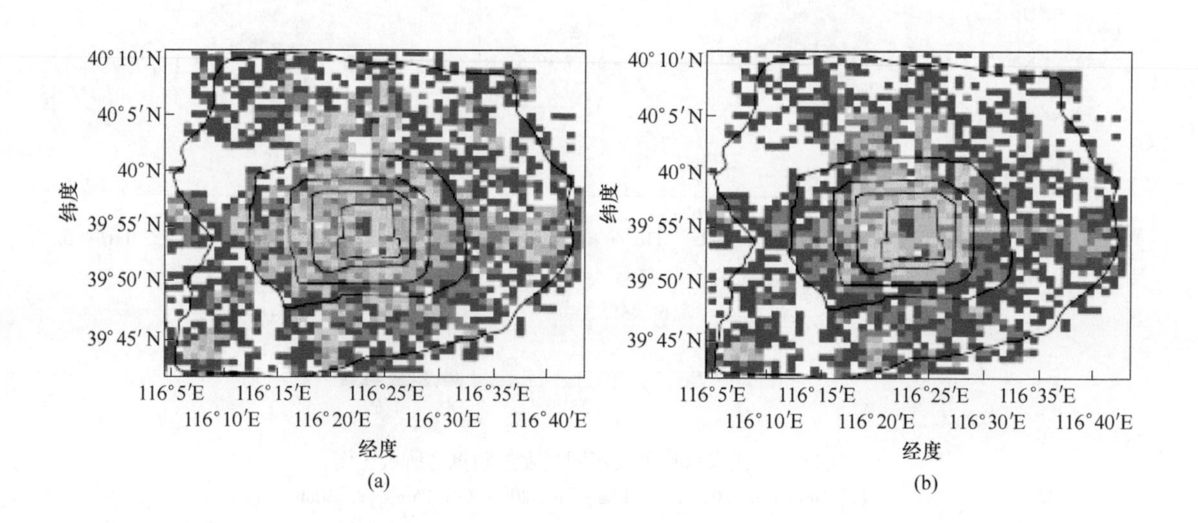

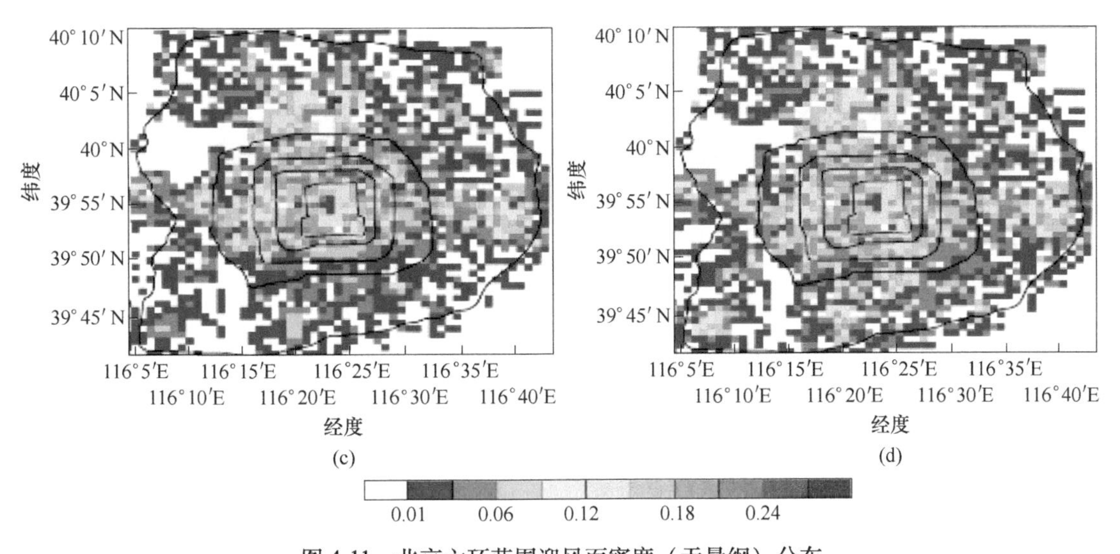

图 4-11 北京六环范围迎风面密度（无量纲）分布

（a）北风方向；（b）东北风风向；（c）东风方向；（d）东南风方向

4.1.4.3 WRF 模式试验方案设计

为了清晰地分辨出城市形态的影响，选取了北京一个夏季典型晴天（2016 年 7 月 5~6 日）开展个例分析。该时段北京周边地区由一缓慢东移的高压系统控制，北京位于该高压系统的中心，该时段内 85×10^3Pa 下位势高度、温度变化不大，系统风较弱。

模拟区域为四重双向嵌套（见图 4-12），水平网格距依次为：27km、9km、3km、1km，水平网格数分别为：154（南北）×154（东西），154（南北）×154（东西），154（南北）×154（东西），184（南北）×172（东西）。模式中心点为天安门（40.24°N，116.45°E），模拟区域示意图如图 4-12 所示。模式在垂直方向分为 38 层，模式顶为 5×10^3Pa，采用上

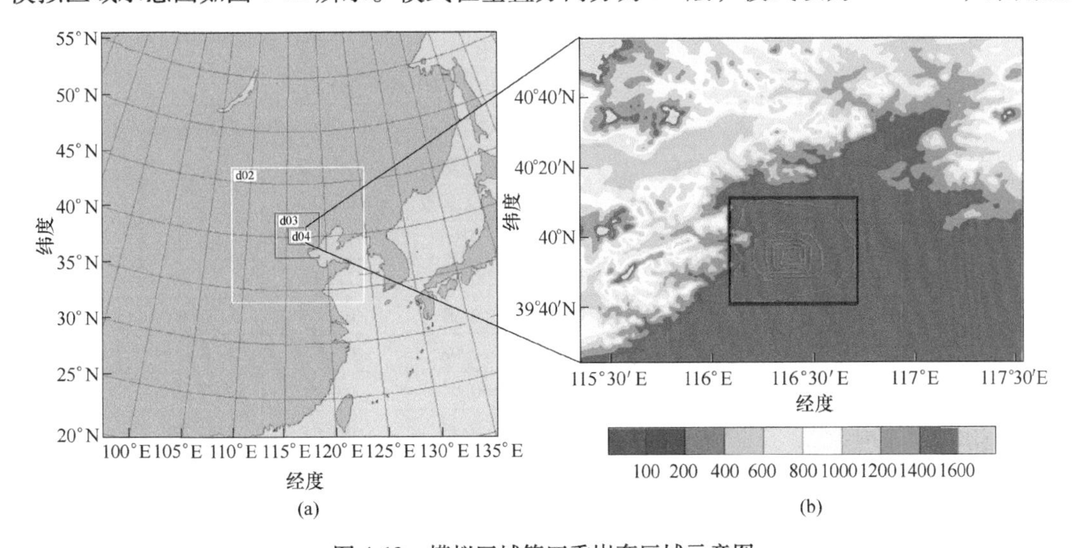

图 4-12 模拟区域第四重嵌套区域示意图

（a）模拟区域示意图（白色矩形为 d02，较大的红色矩形为 d03，较小的红色矩形为 d04）；
（b）第四重嵌套区域（d04）示意图（填色为北京地形高度（m），
黑色矩形为北京市区范围，红色环路表示北京二~六环（自内而外））

疏下密的划分方法，模式垂直高度为：1.0，0.9957，0.993，0.991，0.989，0.985，0.978，0.97，0.96，0.95，0.935，0.922，0.91，0.88，0.86，0.83，0.80，0.77，0.74，0.71，0.68，0.64，0.60，0.56，0.52，0.48，0.44，0.40，0.36，0.32，0.28，0.24，0.20，0.16，0.12，0.08，0.04，0.00，其中1km以下有13层。

模式选取的积分时间段为2016年7月5日8时~7月6日8时（北京时间，下同），共积分24h。初始和边界资料为NCEP（national centers for environmental prediction）1°×1°的再分析资料，每6h更新一次边界条件。模式所用的地形及地表资料是USGS的30″×30″格点资料。

为对比研究是否引入高分辨率城市形态学数据集对不同城市冠层模式的影响，设置6个算例，见表4-2。

表4-2 WRF算例设置

模式	默认算例			新 算 例		
	UCM	BEP	BEM	UCM _ UCPs	BEP _ UCPs	BEM _ UCPs
城市冠层模式	单层	多层	建筑物能量模式	单层	多层	建筑物能量模式
城市冠层参数	look-up table	look-up table	look-up table	城市形态学数据集	城市形态学数据集	城市形态学数据集
人为热	人为热曲线	无	建筑物能量模式	人为热曲线	无	建筑物能量模式

4.1.5 城市形态学数据集对中尺度数值模式的影响

4.1.5.1 近地面气象要素日变化特征

表4-3为模式检验统计量，分别统计了不同地表类型的模拟结果。由表可见，引入城市形态学数据集，所有城市冠层模式对2m气温的模拟都有明显改进，BEP尤为显著。单层城市冠层模式引入城市形态学数据集，对风速的模拟也有显著改善。

表4-3 不同算例模拟结果统计量比较

城市用地类型	算例	2m气温/℃			10m风速/m·s^{-1}		
		与观测的偏差（WRF-Obs）	均方根误差	与观测的相关系数	与观测的偏差（WRF-Obs）	均方根误差	与观测的相关系数
商业用地	UCM	1.89	2.34	0.90	1.70	2.10	0.06
	UCM _ UCPs	1.42	1.93	0.92	1.20	1.59	0.12
	BEP	0.75	1.09	0.97	0.11	0.40	0.71
	BEP _ UCPs	0.19	0.94	0.98	0.23	0.48	0.72
	BEM	2.22	2.56	0.91	0.49	0.69	0.54
	BEM _ UCPs	1.61	1.92	0.94	0.57	0.77	0.61
高强度住宅	UCM	1.70	2.11	0.92	1.09	1.62	0.18
	UCM _ UCPs	1.21	1.62	0.94	1.11	1.65	0.20
	BEP	0.77	1.10	0.97	0.04	0.54	0.67
	BEP _ UCPs	0.07	0.92	0.98	0.07	0.55	0.67
	BEM	1.87	2.21	0.92	0.32	0.78	0.46
	BEM _ UCPs	1.26	1.64	0.94	0.42	0.88	0.47

续表 4-3

城市用地类型	算例	2m 气温/℃			10m 风速/m · s⁻¹		
		与观测的偏差（WRF-Obs）	均方根误差	与观测的相关系数	与观测的偏差（WRF-Obs）	均方根误差	与观测的相关系数
低强度住宅	UCM	0.93	1.33	0.96	1.52	1.96	0.18
	UCM _ UCPs	0.49	0.97	0.97	1.59	2.07	0.15
	BEP	0.42	0.73	0.98	0.66	0.87	0.62
	BEP _ UCPs	-0.25	0.75	0.98	0.77	0.99	0.57
	BEM	1.07	1.41	0.96	0.95	1.19	0.46
	BEM _ UCPs	0.63	1.03	0.97	1.11	1.38	0.41
城市（3 个城市类别的平均值）	UCM	1.63	2.08	0.92	1.60	2.02	0.11
	UCM _ UCPs	1.16	1.64	0.94	1.28	1.71	0.14
	BEP	0.67	0.99	0.97	0.23	0.47	0.69
	BEP _ UCPs	0.07	0.86	0.98	0.34	0.58	0.69
	BEM	1.89	2.23	0.93	0.58	0.80	0.51
	BEM _ UCPs	1.32	1.65	0.95	0.68	0.91	0.54

图 4-13 和图 4-14 分别为不同城市地表类型及其平均状况模拟与观测的 2m 气温和 10m 风速的日变化曲线。无论引入城市形态学数据集与否，模式均能较好地捕捉 2m 气温的日变化特征。与 Default 算例的模拟结果相比，引入城市形态学数据集的模拟系统（UCPs）能够更好地反映 2m 气温日变化趋势，明显改善了对气温模拟偏高的情况，与观测结果更加吻合，尤其是 BEP _ UCPs 算例。

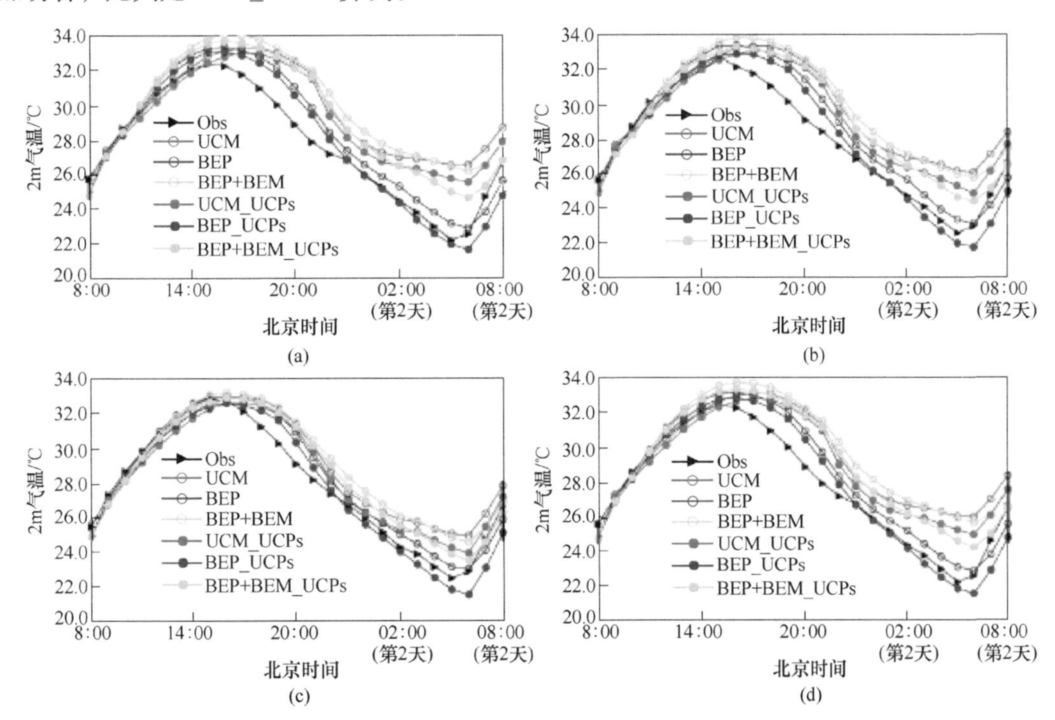

图 4-13 北京市区不同城市地表类型模拟与自动站观测的 2m 气温平均值日变化

（a）低密度城市；（b）中密度城市；（c）高密度城市；（d）低中高密度城市

融入高分辨率城市形态学数据集，更加真实地反映了城市冠层内建筑（群落）的几何形态特征，对街渠辐射陷阱效应（建筑互相遮蔽）的考量更为准确，改善了模式对 2m 气温模拟结果整体偏高的现象，对于高、中密度城市地表类型尤为显著。需要注意的是，无论是否引入城市形态学数据集，模式对第 2 天零点~6 点间 2m 气温的模拟，均较大程度地偏离观测值，这可能由于数值模式土壤的比热容与实际情况偏差较大。WRF 设置的土壤比热容通常都高于实际值，使得模拟的气温日变化特征比实际观测日变化曲线更为平缓。

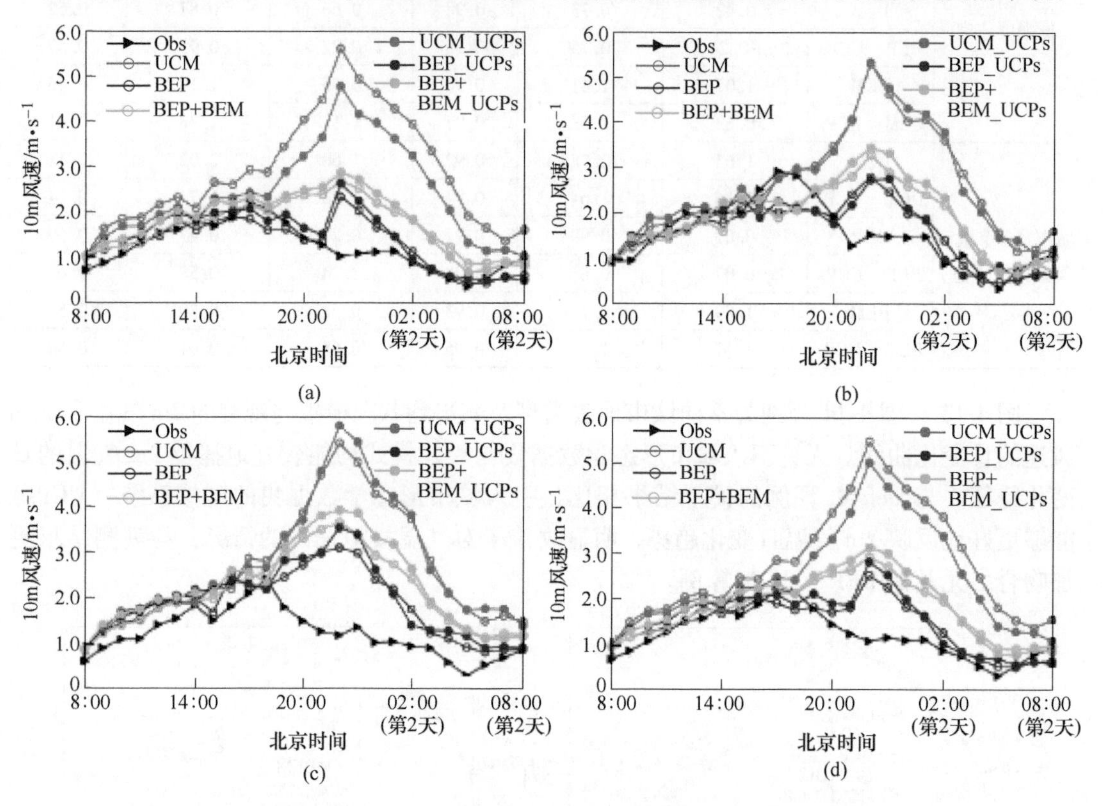

图 4-14　北京市区不同城市地表类型模拟与自动站观测的 10m 风速平均值日变化

（a）低密度城市；（b）中密度城市；（c）高密度城市；（d）低中高密度城市

对于 10m 风速的模拟（见图 4-14），单层城市冠层模式引入城市形态学数据集的模拟结果明显得到改善，尤其是高密度城市用地类型。UCM _ UCPs 算例引入更接近实际情况的地表粗糙度和建筑迎风面密度，加强了 WRF/Noah/UCM 对建筑物拖曳作用和阻挡作用的考量，改善了模拟结果严重偏高于观测的现象。但总体而言，WRF 无法较好地模拟出 10m 风速的日变化趋势。主要原因在于：北京地形复杂，三面环山，中尺度数值预报模式 WRF 对受地形和高密度城市建设双重影响的风场模拟能力依旧欠佳。

4.1.5.2　近地面气象要素空间分布特征

图 4-15 所示为 2016 年 7 月 5 日 12 点（北京时间）2m 气温水平分布。由图可以看出，BEP _ UCPs 算例极大地改善了 2m 气温水平分布的均匀性，与观测结果较为一致。BEP _ UCPs 算例对于城市地表非均匀性导致近地面气温分布差异的模拟有较好的呈现，尤其是建筑密集区。但对于临近大型公园、绿地或水体的区域，BEP _ UCPs 算例对气温的模拟仍高于观测值，这主要是由于缺乏精细、准确的植被冠层和水体数据。城市区域内准确、

完善的植被冠层数据和空调/交通水汽排放资料对于改进模式中的城市近地表气温的模拟尤为重要。

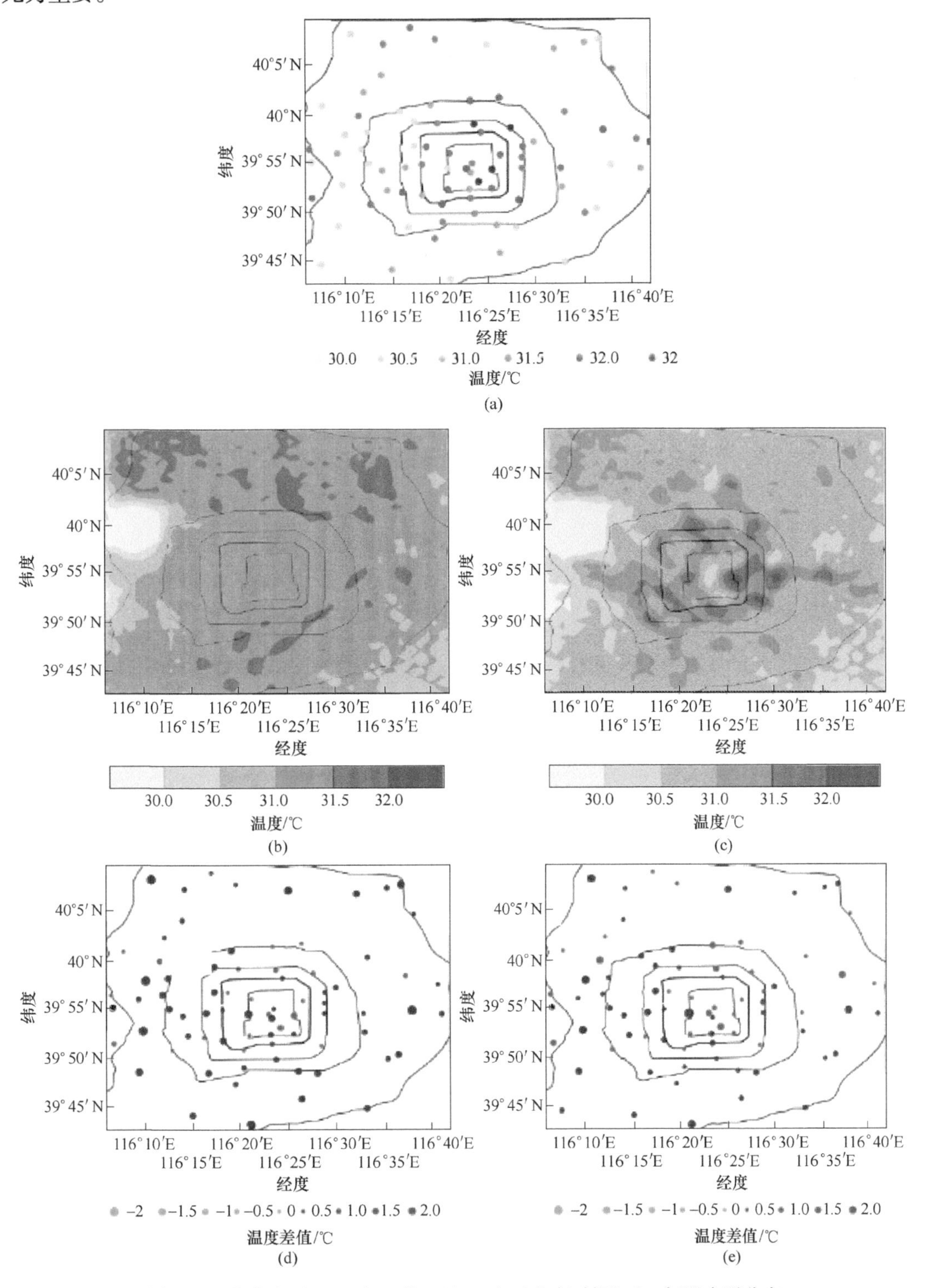

图 4-15　北京市区 2016 年 7 月 5 日 12 点（北京时间）2m 气温水平分布

（a）观测值；（b）BEP 算例；（c）BEP _ UCPs 算例；（d）BEP 算例与观测差值；（e）BEP _ UCPs 算例与观测差值

在地表热量平衡方程中，感热通量占主导地位。图 4-16 所示为 2016 年 7 月 5 日 12 点（北京时间）2m 感热通量水平分布，与 2m 气温水平分布较为一致，BEP _ UCPs 算例能够较好地模拟出地表非均匀性导致的感热通量空间分布差异。城市形态数据集能够极大地加强数值模式对城市冠层内街渠几何形态特征的解析，进而提高对街渠单元感热通量的模拟。

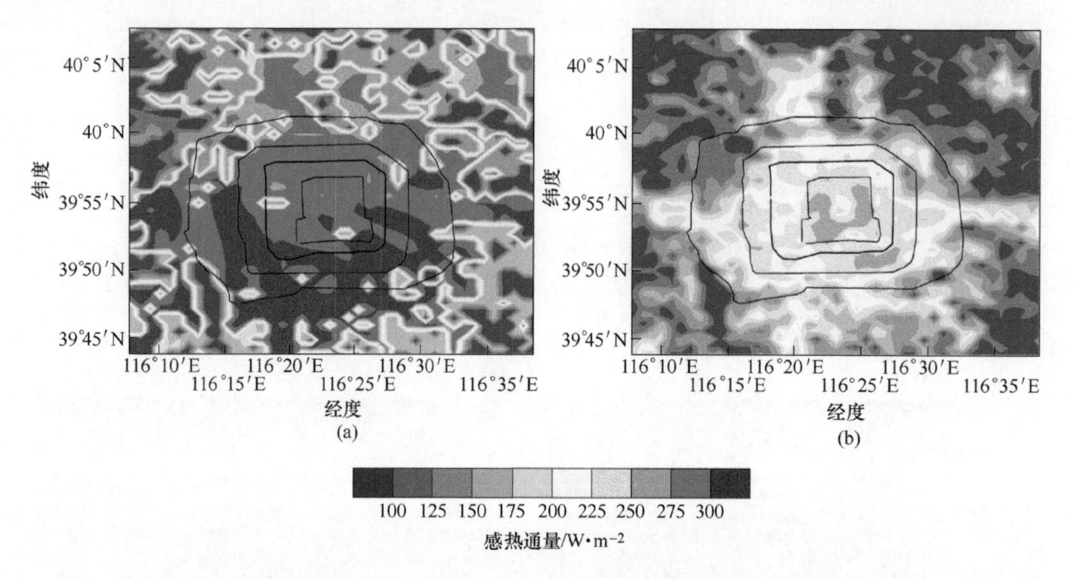

图 4-16 北京市区 2016 年 7 月 5 日 12 点（北京时间）感热通量水平分布
（a）BEP 算例；（b）BEP _ UCPs 算例

在中尺度数值模式中，如何准确考量建筑物的阻挡作用和拖曳作用，是提高高密度城市 10m 风速模拟性能的关键。图 4-17 所示为 2016 年 7 月 5 日 12 点（北京时间）10m 风速空间分布，引入城市形态学数据集，极大地改善了多层城市冠层模式对 10m 风速空间分布的模拟，尤其是建筑密集的主城区，与观测结果较为一致。城市地表粗糙度大，导致 10m 风速明显降低，相对于 BEP 算例，BEP _ UCPs 算例能够更好地模拟出城市地表非均匀性导致的 10m 风速空间分布差异。

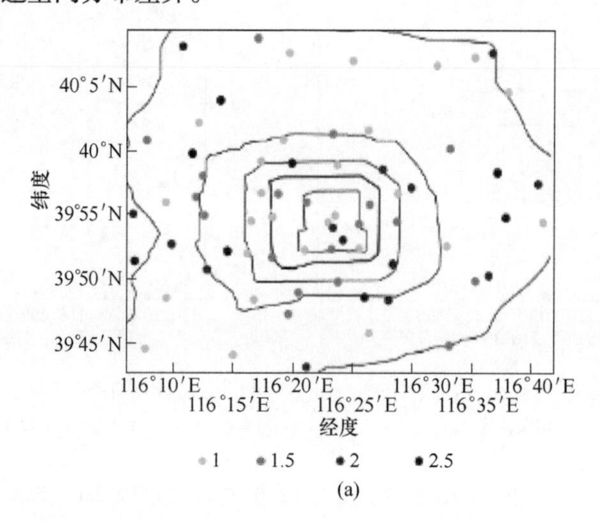

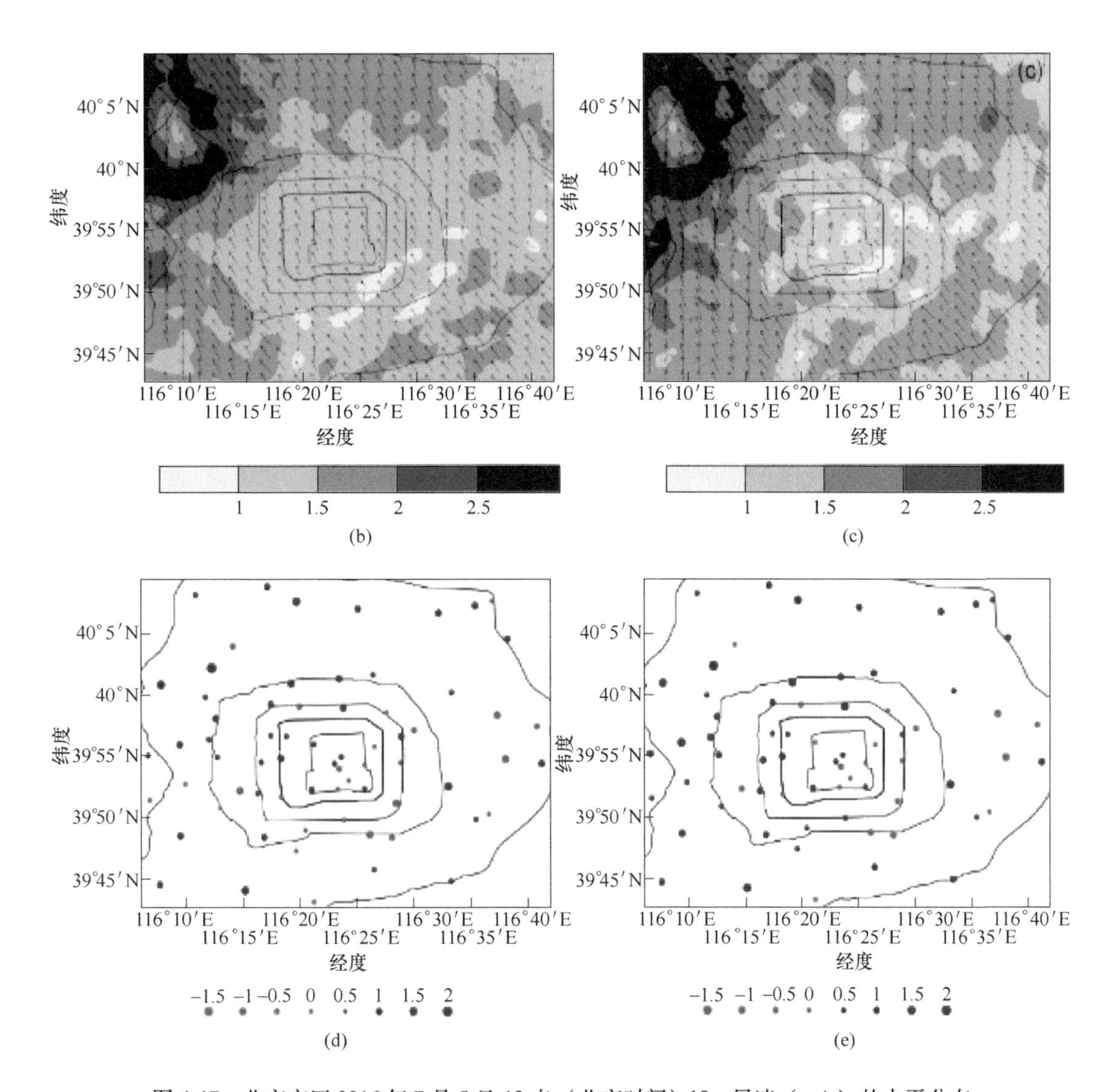

图 4-17　北京市区 2016 年 7 月 5 日 12 点（北京时间）10m 风速（m/s）的水平分布

（a）观测值；（b）BEP 算例；（c）BEP _ UCPs 算例；

（d）BEP 算例与观测差值；（e）BEP _ UCPs 算例与观测差值

将高分辨率城市形态学数据集引入中尺度数值模式，对夏季晴天个例的模拟性能显著提高：引入高分辨率城市冠层数据集，更加真实地体现了城市冠层几何形态特征，对建筑遮蔽、街渠辐射陷阱效应的考量更为准确，可以更好地模拟地表辐射、通量和能量交换过程，有效改进了模式对 2m 气温日变化和水平分布特征的模拟；融入城市下垫面非均匀性的影响，使模式对地表动力/热力粗糙度的计算都依赖于二维的城市冠层参数，并且还考虑了不同风向下建筑迎风面密度对近地面风场的影响，更接近实际地模拟出建筑（群落）对近地面风场的阻碍、摩擦和拖曳作用，有效改进模式对 10m 风速的模拟。

4.2　北京城市副中心数值模拟方案改进

4.2.1　模拟方案介绍

随着计算资源的发展和社会经济发展的需求，数值预报模式分辨率也在不断提高。许多数值天气预报中心的业务模式水平分辨率已经达到2～10km，预计未来将到达1km甚至更精细的分辨率。鉴于城市下垫面的高度复杂性，精细化的模式网格将更精确的描述城市下垫面特征，并更好地表征城市边界层的物理过程。理论而言，这将显著提高城市天气的数值预报能力。然而，模式实际预报性能的提高不仅需要高分辨率，还需要与之相匹配的物理过程参数化方案。当水平分辨率接近1km时，传统边界层参数化方案可能不再适用（Zhou et al.，2014；Ching et al.，2014），因此迫切需要发展适用于高分辨率模式的边界层参数化方案，提高城市边界层模拟的准确性。

传统边界层参数化方案中湍流尺度（l）远远小于模式网格分辨率（Δ），此时大气边界层内所有湍流运动均为次网格尺度，通过系综平均统计学方法模拟湍涡。当模式分辨率接近千米尺度时，一个网格内只包含大小不等的部分湍涡，样本太少不支持系综平均统计方法模拟湍涡，传统边界层方案已经不再适用。传统方案基于系综平均方法，缺乏尺度依赖性。在总通量不变的情况下，随着模式分辨率的增加可分辨部分增加，若基于系综平均计算的次网格通量不随分辨增加而减少，就会导致重复计算（Jung et al.，2014），产生模式误差。同时Wyngaard（2004）指出在高精度模式分辨率下边界层的水平湍流混合与垂直湍流混合同等重要。传统的边界层参数化方案只考虑垂直湍流混合（Lock et al.，2000；Hong et al.，2006；Shin et al.，2016），水平湍流混合通过K常数或者2D　Smagorinsky方案参数化（Skamarock，W. C.，2004），该方法在高分辨率模式中是否适用存在很大的不确定性。因此，当l与Δ尺度相当时，存在可分辨和不可分辨的含能湍流，且水平湍流混合和垂直湍流混合同样重要，基于系综平均方法只考虑垂直湍流的边界层方案无法正确描述湍流运动，该尺度称为边界层的模式灰区（Wyngaard et al.，2004）。

当模式分辨率提高到灰区尺度时，模式可能在边界层模拟中产生误差，导致预报准确率下降。例如，在理想对流边界层研究中发现，分辨率在0.1～4km之间时，传统边界层方案模拟的次网格湍流通量过大、湍流结构和对流启动时间异常。Shin和Hong（Xue et al.，2000）指出在灰区内次网格湍流热通量过强。Zhou等人发现与理论值相比，分辨率为0.4～4km时，对流边界层湍流动能过强，且直径过大。Honnert等人（Shin et al.，2014）揭示在0.0625～8km之间，可分辨的湍流动能并不随着分辨率的提高而增加，这一结果与实际理论相违背。在实际个例应用中同样发现了边界层模拟误差，Bornstein等人（Honnert et al.，2011）利用WRF（Weather Research and Forecasting）多层城市冠层耦合模式研究2010年美国纽约夏季一次热浪天气过程，发现在0.1～1km水平分辨率内，边界层出现2km的湍涡，这些湍涡的大小保持在6～9倍的水平网格距，他们指出这些涡旋是由边界层参数化方案在此分辨率的缺陷导致，而这些模拟的湍涡常常被认为是真实的边界层湍涡。

如何解决边界层的模式灰区问题越来越受到世界各国科学家的高度关注。Arakawa等人（Bornstein et al.，2012）提出解决灰区问题的两种思路：一种就是改进现有的参数化方案；另一种则是采用多尺度的模式框架。Shin and Dudhia（Arakawa et al.，2011）评估了 WRF 模式中 4 种非局地边界层方案（yonsei university，YSU、asymmetric convective model 2，ACM2、eddy diffusivity mass flux，EDMF、total energy mass flux ，TEMF）和一种局地边界层方案（level 2.5 mellor-yamada-nakanishi-niino，MYNN2.5）在次公里网格距下的表现，分析表明以上 5 种边界层方案均对尺度不敏感。刘梦娟等人（2018）基于理想试验对流边界层的大涡模拟试验，研究 WRF 模式中常用的 4 种边界层参数化方案 YSU、MYJ（mellor-yamada-janjic scheme）、MYNN2.5 和 MYNN3（level 3 mellor yamada nakanishi niino）在灰区的适用性，结果表明混合层内总热通量对所使用的参数化方案和水平分辨率均不敏感。

以上研究为发展适用于边界层的模式灰区参数化方案提供了科学参考和实践基础，同时将尺度依赖引入到边界层模式灰区参数化方案中的相关改进工作已经开展。Wyngaard（2004）提出使用张量代替标量表示涡流扩散的方法来改善湍流在模式灰区的模拟。Shin 等人（2013）和 Honnert 等人（2011）提出可分辨和不可分辨的边界层相关变量与分辨率的拟合函数，改善边界层模式灰区湍流参数化方案的尺度依赖。Boutle 等人（2014）通过线性加权平均适用于粗网格的一阶边界层参数化方案和适用于大涡模拟的精细三维 Smagorinsky（1963）方案的混合长度来参数化边界层模式灰区的湍流交换。Shin 等人（2014）参考 Shin and Hong 在 YSU 边界层参数化方案中引入局地和非局地项与模式分辨率相关的拟合函数，修正交换系数从而参数化灰区的湍流运动。Ito 等人（2015）参考 Honnert（2011）统计的混合长度与分辨率的关系，修正传统边界层参数化方案的混合长度，改进边界层模式灰区参数化方案的尺度依赖。以上研究工作以 25m 分辨率理想情况大涡模拟数据或者 Wangara 实验（Clarke et al.，1971）为参考数据。

综上所述，已有的边界层模式灰区参数化方案都是对传统边界层参数化方案的改进，只考虑垂直湍流混合，急需适用于从中尺度网格到千米级和更精细的模式分辨率既考虑尺度依赖又考虑水平湍流混合的城市边界层模式灰区参数化方案。且已有的边界层模式灰区参数化方案研究主要基于理想大涡模拟试验，未在真实天气个例中进行检验和应用。

目前 WRF 模式中只有 Bougeault-Lacarrére（以下简称 BouLac）和 MYJ 边界层参数化方案与多层城市冠层模式相耦合，BouLac 边界层参数化方案为非局地闭合方案，MYJ 边界层参数化方案为局地方案，而非局地项在高分辨率模式中具有十分重要的作用。因此本书对 BouLac 边界层参数化方案进行性能评估，在此基础上建立适用于全尺度的三维尺度依赖城市边界层参数化方案。为提高城市天气预报能力提供理论基础和技术支撑，对防灾减灾和社会经济发展有重要的意义。同时形成的技术方法对城市规划具有很好的应用前景和实用价值，对继续深入开展湍流参数化的灰区研究工作提供一定的科学基础和借鉴。

4.2.2 研究方法

4.2.2.1 边界层参数化方案的评估

利用大涡模拟开展高时空精度、湍流可分辨的理想大气边界层数值模拟试验（见表 4-4），将所得的滤波结果作为模式参照基准。对流边界层的驱动力主要来自浮力和风切变强迫，其中浮力驱动主要来自地表感热通量$\overline{(w'\theta')}_0$，风切变来自水平气压梯度力，即地转风（U_g），通过对二者不同的组合，构成 4 种具有代表性的理想个例，涵盖由风切变主导的强对流（$\overline{(w'\theta')}_0$低，U_g高）到浮力强迫的自由对流（$\overline{(w'\theta')}_0$高，U_g低）。

表 4-4　大涡模拟理想试验设计

案　例	$\overline{(w'\theta')}_0$/km · s^{-1}	U_g/m · s^{-1}	u_*/w_*
浮力驱动和有组织热对流（BT）	0.20	0	0.098
浮力驱动和风强迫（BF）	0.20	10	0.278
弱风强迫（SW）	0.05	10	0.417
强风强迫（SS）	0.05	15	0.539

注：u_*为地表摩擦速度；w_*为垂直速度尺度，分别表示大气边界层的动力和热力特征；u_*/w_*为边界层稳定性参数。

大涡模拟区域为 8km×8km×2km，水平分辨率为 25m，垂直分辨率为 50m，网格数为 320×320×40，雷诺衰减高度为 1500m。初始场位温廓线为：

$$\theta = \begin{cases} 300\text{K} & \text{当 } 0 < z \leqslant 925\text{m} \\ 300\text{K} + (z - 925) \times 0.0536\text{K/m} & \text{当 } 925 < z \leqslant 1075\text{m} \\ 308.05\text{K} + (z - 1075) \times 0.003\text{K/m} & \text{当 } z > 1075\text{m} \end{cases} \tag{4-6}$$

通过傅里叶滤波方法分别对 4 组大涡模拟数据滤波，每个试验分别得到 Δ 分辨率的边界层相关变量作为传统 BouLac 方案评估和发展新方案的优化调试参照基准。

利用 BouLac 边界层方案，开展 0.2~4km 分辨率区间内的理想大气边界层数值模拟试验。采用 WRF 模式，模式配置选择传统 BouLac 边界层方案和 2D deformation 水平扩散系数，开展上述 4 组试验理想试验模拟，每组试验拟采用 200m、400m、800m、1200m、1600m、2000m、2400m、2800m、3200m、3600m 和 4000m 共 11 种分辨率，初始场位温廓线和驱动条件与大涡模拟一致。诊断变量分别为湍流输送（热量、动量以及水汽）的可分辨部分和不可分辨部分；水平风速、位温及相关的二阶变量的垂直廓线；TKE 方程能量收支部分（浮力项、切变项、耗散项和湍流动能输送项）、湍流动能谱及相应量的概率分布等。通过以上结果分析传统 BouLac 边界层参数化方案的灰区范围，对其误差给出定量分析及其误差原因，认识该方案在灰区的不足。

4.2.2.2　边界层参数化方案的发展

A　尺度依赖研究

在传统 BouLac 方案基础上，融合该参数化方法和大涡模拟 TKE 方法，确定尺度依赖参数，建立 4 种不同边界层稳定度下分辨率与尺度依赖参数的关系（融合权重函数），最终将该权重函数拟合为关于边界层稳定度参数的函数，将传统方案的适用性从中尺度网格延升到千米级和更精细的模式分辨率（见图 4-18）。

边界层参数化方案中湍流输送公式为 $F_x = -K_x \frac{\partial x}{\partial z} + F^{NL}$（其中，$-K_x \frac{\partial x}{\partial z}$为湍流输送的局地项；$F^{NL}$为湍流输送的非局地逆梯度项）。在大涡模拟 TKE 方案和传统 BouLac 边界层参

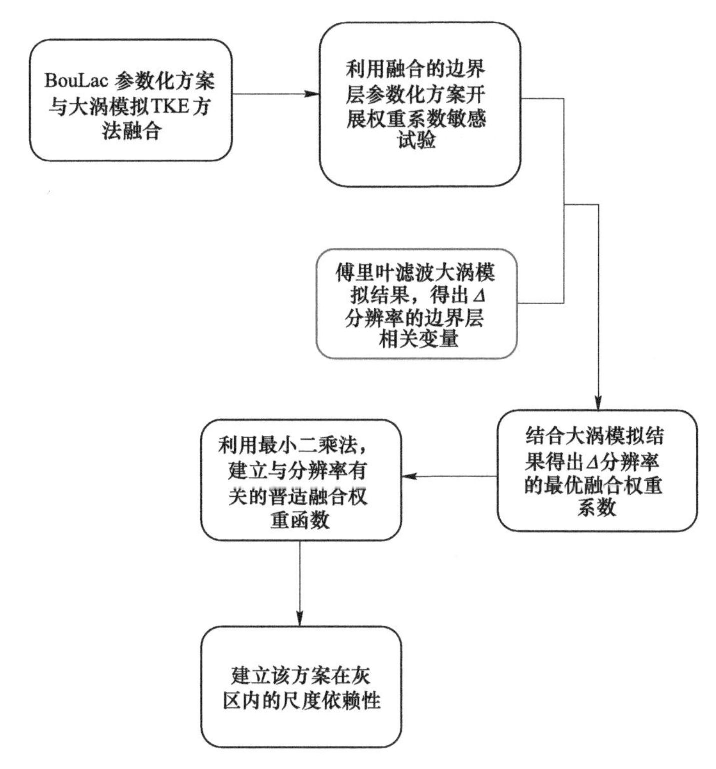

图 4-18 发展传统 BouLac 边界层参数化方案在模式灰区的尺度依赖示意图

数化方案中湍流扩散系数为 $K_x = c_k l_k e^{\frac{1}{2}}$（其中，$c_k$ 为常数；l_k 为混合尺度；e 为湍流动能），TKE 预报方程包含耗散项，参数化耗散项 $\varepsilon = c_\varepsilon e^{\frac{3}{2}}/l_\varepsilon$。

因此本书中灰区的尺度依赖参数为混合长 l_k、耗散长度 l_ε 及非局地项 F^{NL}。利用 WRF 模式，采用融合后灰区边界层参数化方案，开展理想试验模拟，设计 4 组分辨率为 200m、400m、800m、1200m、1600m、2000m、2400m、2800m、3200m、3600m 和 4000m 的理想试验（4 组试验的初始条件为 BT、BF、SS、SW）。将试验结果与对应分辨的大涡模拟滤波结果对比，对比要素主要为湍流热通量垂直廓线（可分辨部分、参数化部分和总的湍流热通量）、位温和 TKE 廓线、一阶和二阶变量廓线（U、V、W），线性平均 4 组试验的分辨率 Δ 的融合权重系数通过最小二乘法建立尺度依赖关键参数和分辨率的普适关系，即建立 W_{boulac}融合权重函数。定义 W_{boulac}为关于模式分辨率的融合权重函数，其取值范围为 0~1，当 W_{boulac}为零时，即表示采用的是大涡模拟 TKE 方案；当 W_{boulac}为 1 时，采用三维 BouLac 方案；当 $0<W_{boulac}<1$ 时，该融合方案适用于边界层模式灰区。编译 WRF 模式，验证代码的正确性，将上述方法引入到 WRF 模式中，当 $W_{boulac}=0$ 时，理想试验结果与同等设置下采用大涡模拟 TKE 模拟结果一致，即代码修改正确。

B 一维方案到三维方案的发展

传统 BouLac 参数化方案为 1.5 阶 TKE 闭合方案，其 TKE 方程见式（4-7），①为 TKE 湍流动能垂直输送项，②为垂直切变项，③为浮力项，④为耗散项，方程中缺失水平湍流混合项。

$$\frac{\partial e}{\partial t}=-\underbrace{\frac{1}{\rho}\frac{\partial}{\partial z}\rho\overline{w'e'}}_{①}-\underbrace{\overline{u'w'}\frac{\partial U}{\partial Z}-\overline{v'w'}\frac{\partial Z}{\partial Z}}_{②}+\beta\underbrace{\overline{w'\theta'}}_{③}-\underbrace{\varepsilon}_{④} \tag{4-7}$$

在模式灰区网格中，边界层水平湍流输送与垂直湍流输送同等重要，参考大涡模拟TKE湍流闭合方案中TKE预报方程，将传统BouLac边界层参数化方案由一维发展为三维方案，即在传统BouLac参数化方案TKE方程的右侧引入湍流水平输送项$-\overline{u'u'}\frac{\partial U}{\partial X}-\overline{u'v'}\frac{\partial U}{\partial Y}-\overline{v'u'}\frac{\partial V}{\partial X}-\overline{v'v'}\frac{\partial V}{\partial Y}-\overline{w'u'}\frac{\partial W}{\partial X}-\overline{w'v'}\frac{\partial W}{\partial y}$和TKE水平输送项$-\frac{1}{\rho}\frac{\partial}{\partial x}\rho\overline{u'e'}-\frac{1}{\rho}\frac{\partial}{\partial y}\rho\overline{v'e'}$。

4.2.2.3　新发展的三维尺度依赖城市边界层参数化方案的调试优化和检验

（1）将传统方案的适用性从中尺度网格延升到千米级和更精细的模式分辨率，从而建立全尺度适用的三维尺度依赖城市边界层参数化方案。在WRF模式中完成新方案代码的编译和验证，开展真实个例中新方案的调试优化。

基于北京地区2017年夏季晴天无云天气，结合依托单位现有的高密度观测网，通过对自动站、雷达、辐射、遥感和天气图等各种气象观测资料的分析，挑选典型晴天个例。基于WRF+BEP+BEM模式系统，采用北京市气象局数值业务预报系统Rapid-refresh Multi-Scale Analysis and Prediction System（RMAPS）睿图的预报数据作为数值试验的初始条件，通过新的方案开展灰区尺度内不同分辨率的数值模拟试验，对比观测资料，调试并优化新方案。

（2）利用传统BouLac方案，重复（1）中的数值模拟试验，通过新旧方案模拟结果的对比，结合观测验证三维尺度依赖的城市边界层参数化方案的可靠性和精度，分析北京城市边界层风场、温度和湿度等气象要素的时空演化特征，城市边界层动量、热量和水汽等输运特性，进而认识新方案是如何改良城市边界层模拟。

4.2.3　模拟实验

4.2.3.1　理想实验

利用WRF模式，采用融合后灰区边界层参数化方案，开展理想试验模拟，设计4组分辨率为150m、250m、350m、500m、750m、1000m、1600m、2000m和3000m的理想试验（4组试验的初始条件为BT、BF、SS、SW）。将试验结果与对应分辨的大涡模拟滤波结果对比（见表4-5），对比要素主要为湍流热通量垂直廓线（可分辨部分、参数化部分和总的湍流热通量）、位温和TKE廓线、一阶和二阶变量廓线（U、V、W），线性平均4组试验的分辨率Δ的融合权重系数，通过最小二乘法建立尺度依赖关键参数和分辨率的普适关系，即建立W_{boulac}融合权重函数。

表4-5　大涡模拟试验设计及各试验统计量

基准案例	$(\overline{w'\theta'})_{sfc}$/km·s^{-1}	U_g/ms^{-1}	u_*/ms^{-1}	k/ms^{-1}	$\frac{u_*}{w_*}$
BT	0.2	0	0.182	1.865	0.098
BF	0.2	10	0.518	1.865	0.278
SW	0.05	10	0.480	1.152	0.417
SS	0.05	15	0.621	1.152	0.539

为了能够更好地模拟湍流热通量，以大涡模拟湍流热通量的垂直廓线为基准，由0~1调整权重融合系数，当灰区方案模拟的湍流热通量与大涡模拟接近时，该数值为该分辨率下的最优。表4-6列举了4个个例在不同分辨率下的统计数据。在同一个分辨率下，机械对流中权重融合函数小于热对流，这与Shin的研究结果一致。当权重融合函数随着分辨率的增加而减小时，此时以3D-TKE方案为主。因此，权重融合函数为Δ_*和静力稳定度u_*/w_*的函数。

表4-6 4个个例在不同分辨率下对应的权重融合系数与对应的边界层对流稳定度

dx	BT			BF			SW			SS		
	W_{weight}	u_*/w_*	Δ_*	W_{weight}	u_*/w_*	Δ_*	W_{weight}	u_*/w_*	Δ_*	W_{weight}	u_*/w_*	Δ_*
3000	1.0	0.09	2.8	1.0	0.3	2.7	1.0	0.43	2.8	1.0	0.56	2.8
2000	1.0	0.09	1.9	1.0	0.3	1.9	0.7	0.43	1.9	0.65	0.56	1.9
1000	1.0	0.08	0.97	0.9	0.3	0.99	0.6	0.43	0.99	0.5	0.55	0.99
750	0.95	0.09	0.72	0.85	0.3	0.72	0.55	0.43	0.75	0.45	0.56	0.74
500	0.9	0.09	0.47	0.8	0.3	0.48	0.5	0.43	0.5	0.4	0.56	0.50
350	0.8	0.09	0.33	0.6	0.3	0.33	0.4	0.43	0.34	0.3	0.56	0.35
250	0.7	0.09	0.23	0.5	0.3	0.23	0.3	0.43	0.25	0.20	0.56	0.24
150	0.4	0.09	0.12	0.2	0.3	0.11	0.15	0.43	0.11	0	0.56	0.12

注：权重融合系数$\Delta_*=\mathrm{d}x/H_{pbl}$（模式分辨率/边界层高度）、对流稳定度$u_*/w_*$。

基于以上分析，拟合出权重融合函数：

$$W_{weight}(\Delta_{*uw}) = 1 + \frac{-0.936\,(\Delta_{*uw})^{\frac{7}{8}} - 0.015}{\Delta_{*uw}^2 + 0.769\,(\Delta_{*uw})^{\frac{7}{8}} + 0.015}$$

其中，$\Delta_{*uw}=\Delta_*/(u_*/w_*)$。

图4-19所示为权重系数随分辨率变化的曲线图，在同一模式分辨率、不同对流触发条件下，权重融合函数不同，说明灰区方案不仅是分辨率的函数，还应该是静力稳定度的函数。

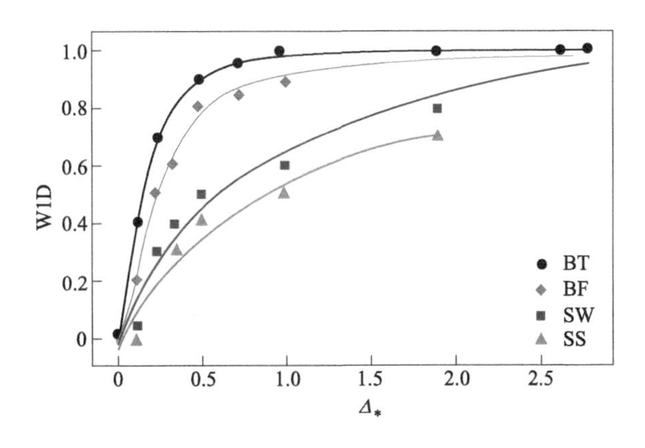

图4-19 权重系数曲线图

图 4-20 所示为湍流热通量的廓线图，黑色线为大涡模拟，视为基准数据，灰线为 BouLac 边界层参数化方案，红色线为适用于千米尺度的灰区方案，可知，在不同分辨率下，灰区方案都能较好地模拟出湍流热通量的垂直廓线，较 BouLac 边界层参数化方案有很大的改进。

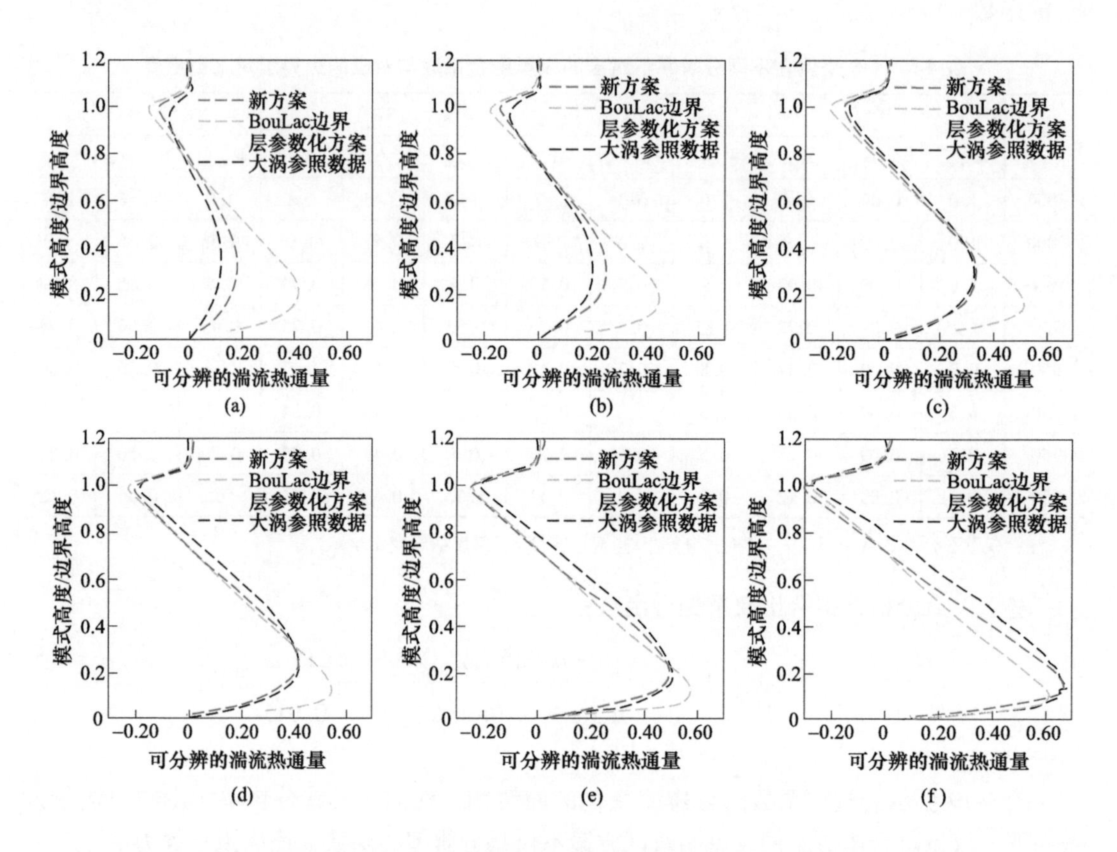

图 4-20　BT 个例中不同试验湍流热通量的廓线图

(a) 1000m；(b) 750m；(c) 520m；(d) 350m；(e) 250m；(f) 125m

4.2.3.2　真实个例

发展的灰区方案适用于干对流，因此选择 2015 年 7 月 6 日晴天个例，且该期间具有时空加密观测资料，能够较好地验证模拟效果。利用 WRFV3.9 开展 3 个模拟，分别为 BouLac 试验，即利用 BouLac 边界层参数化方案开展模拟；YSU 试验，即利用 YSU 边界层参数化方案；new 试验，利用发展的三维尺度依赖的灰区方案开展模拟。模式分辨率为 1km，预报时效为 30h。图 4-21 所示为 2015 年 7 月 6 日 8 点（北京时间）和 12 点（北京时间）时的位温，该日边界层高度约为 1500m。模式在早晨静稳情况下能够较好地模拟出位温廓线，在对流发展旺盛期时，12 点（北京时间）灰区方案有明显的改进，与观测更加接近，且能够较好地模拟出边界层顶的高度。

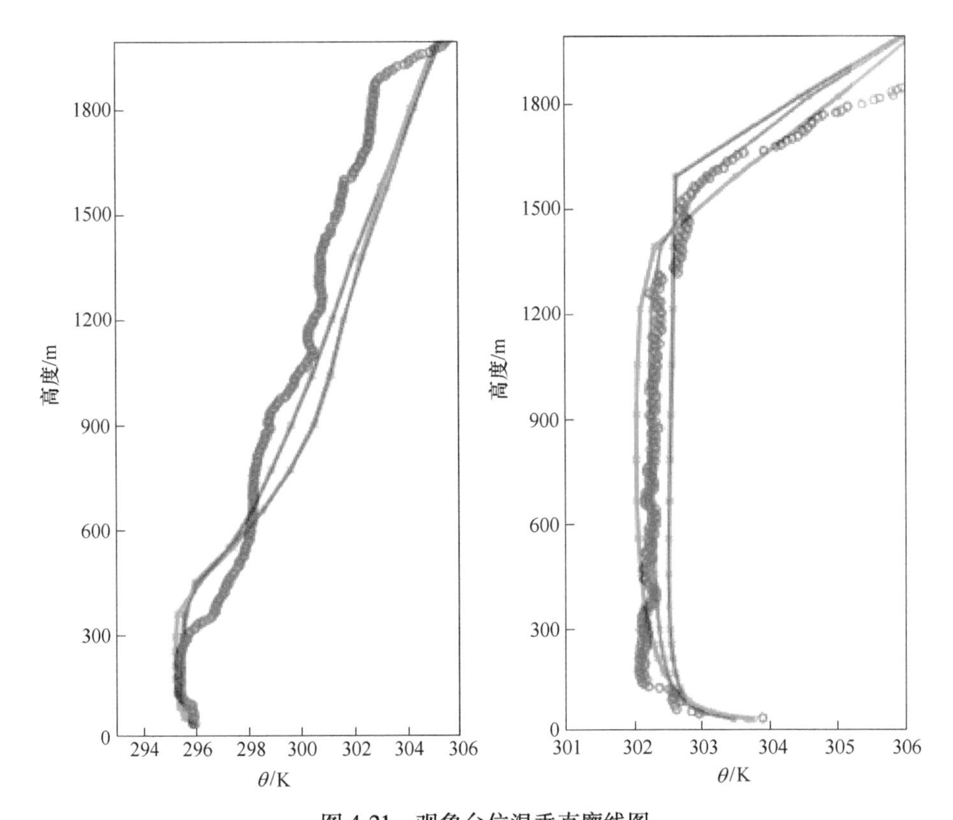

图 4-21　观象台位温垂直廓线图
（a）2015 年 7 月 6 日 8 点（北京时间）；（b）2015 年 7 月 6 日 12 点（北京时间）
红线—观测值；蓝线—BouLac 参数化方案；绿线—YSU 参数化方案；橘红线—灰区方案

4.3 小　　结

（1）基于建筑物矢量数据，发展了城市形态学特征参数计算方法，建立了适用于高分辨率数值模式的城市形态学数据集，城市形态学特征参数主要包括：算术平均建筑物高度及其标准差、底面积加权平均建筑物高度、不同高度处建筑物所占比例、建筑物覆盖率、建筑物迎风面密度、建筑物表面积指数、街渠高宽比、天穹可见度等。

（2）将 1km 水平分辨率的城市形态学数据集引入中尺度模式，全面、细致地描述城市冠层内建筑/植被几何形态的动力/热力特性，在模式中实现了由参数化方法表征下垫面特征向高精度格点化的转变。对建筑遮蔽、街渠辐射陷阱效应的考量更为准确，可以更好地模拟地表辐射、通量和能量交换过程，有效改进了模式对近地面气象要素时空分布特征的模拟。

（3）建立了适用于全尺度的三维尺度依赖城市边界层参数化方案，将传统方案的适用性从中尺度网格延升到千米级和更精细的模式分辨率（百米级），既考虑尺度依赖又考虑水平湍流混合的城市边界层模式灰区参数化方案，适用于百米级数值模拟。

5 基于热岛改善的绿地格局优化技术研究

众多研究表明，城市绿地对城市热岛改善具有重要的作用，尤其提高城市绿地的规模，可以有效降低城市热岛效应，但是城市绿地面积的增长是有限的。因此，越来越多的研究聚焦于探索如何布局城市绿地能够使改善城市热岛效益最大化。本章通过探索和总结应用了一系列研究方法优化城市绿地格局以改善城市热岛。

5.1 研究方法与思路

通州区为典型的大陆性季风气候，引导夏季风的绿化通风廊道有利于缓解城市热岛。本章提出“现状问题分析—多策略方案设定—多方案模拟评估分析—优化方案”的基本研究思路与方法，技术路线图如图 5-1 所示。

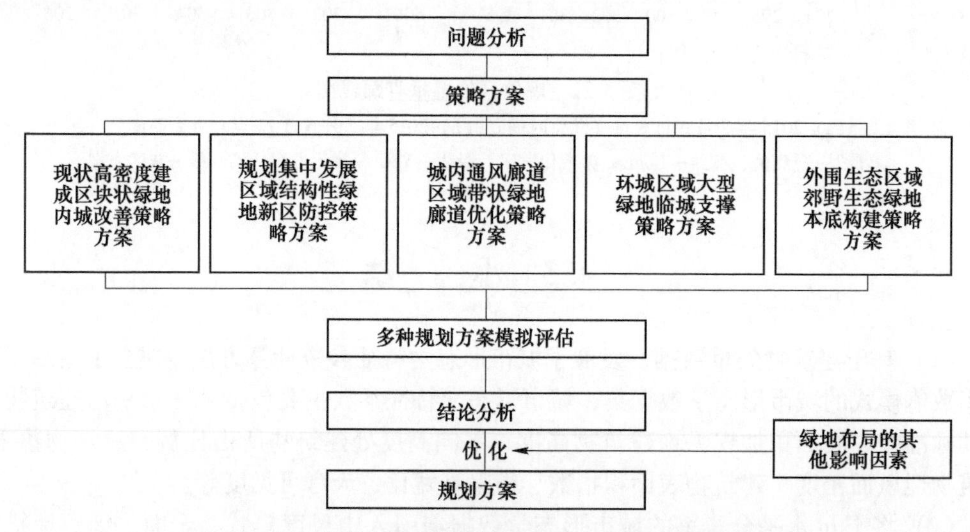

图 5-1　基于热岛改善的绿地格局优化技术研究技术路线图

（1）在充分调研、摸查通州区现状城市绿地空间布局、城市更新发展潜力等问题分析基础上，基于遥感影像数据处理分析，对城市热岛现状进行模拟，识别城市现状热度较高区域；

（2）针对副中心绿化集中发展的可能区域，分别对高密度建成区、待发展区域、通风廊道区域、环城区域、外围生态区域等类型，提出 5 种策略导向下的绿地布局方案；

（3）依托规划绿地布局空间特征，在借助于“3S”技术、数据处理等分析方法基础上，针对 5 种方案通过热岛模拟分析，进行模拟、分析与评估；

（4）识别与总结五大片区绿地布局的优势与不足，通过调整优化，整合形成以热岛改善为主导的绿地布局规划调整优选方案；

（5）结合生态空间保护、资源特色发掘、空间结构强化、景观风貌塑造、游憩服务供给等因素，提出了北京城市副中心绿地空间布局方案，以及通风廊道、绿源片区的规划建设管控建议。

5.2 通州区现状城市热岛分析

5.2.1 通州区现状城市绿地布局摸查

近十年来，由于平原造林工程、滨河森林公园建设工程的重大生态建设工程的实施，通州区林地规模大幅增长，但规模总量仍然相对不足。目前，林地面积占全区面积的31.92%，其中森林覆盖率27.32%，通州区平原森林破碎化明显，集中程度不高，缺少大规模集中分布的林地、湿地等生态空间。共有公园21个，总占地面积$718.63\times10^4 m^2$，占全区绿地面积总量的9.25%（全区现状绿地总量为$80.3km^2$）。

5.2.2 副中心城市更新发展潜力判断

新时代发展背景下，国家更注重生态文明、以人为本的发展理念，全面推进了京津冀协同发展、非首都功能疏解、雄安新区建设等城市发展建设。明确提出要坚持世界眼光、国际标准、中国特色、高点定位，以创造历史、追求艺术的精神进行北京城市副中心的规划设计建设，构建蓝绿交织、清新明亮、水城共融、多组团集约紧凑发展的生态城市布局，着力打造国际一流和谐宜居之都示范区、新型城镇化示范区、京津冀区域协同发展示范区，意味着通州区城市空间关系具有重大的重组与优化潜力。

5.2.3 副中心热岛集中与现状耦合分析

在对2014年7月某日TM卫星影像数据分析的基础上，结合第3章热现状分析基础上与城市现状进行耦合对比，发现城市热岛集中区域的分布与待更新村庄区域、棚户区、低端产业集聚区域的分布高度匹配（见图5-2）。其中，中心城区范围内共有7处，分别为八里桥建材市场、东方化工厂、南大街、张家湾镇、果园环岛东侧火车站区域、里二泗村、宋庄镇等。

5.2.4 城市发展对通州未来热岛情况的预判

从北京市总体规划可以明显看出（见图5-3），副中心将承接中心城区功能疏解，六环路以外地区将获得较大的发展机遇，承担新的城市主导功能。六环路以外区域主要布局三大城市功能板块：北部规划为宋庄文化创意产业集聚区，中部规划为行政办公区和城市绿心区，南部规划为张家湾古运河文化旅游区。

历版通州区规划对于六环路以外均有战略谋划，但是直至行政副中心确认搬迁至通州区前，六环路以外区域的空间格局尚未确定，基本处于战略留白状态。因此加强对六环路以外地区的热岛情况的预控，具有现实意义。

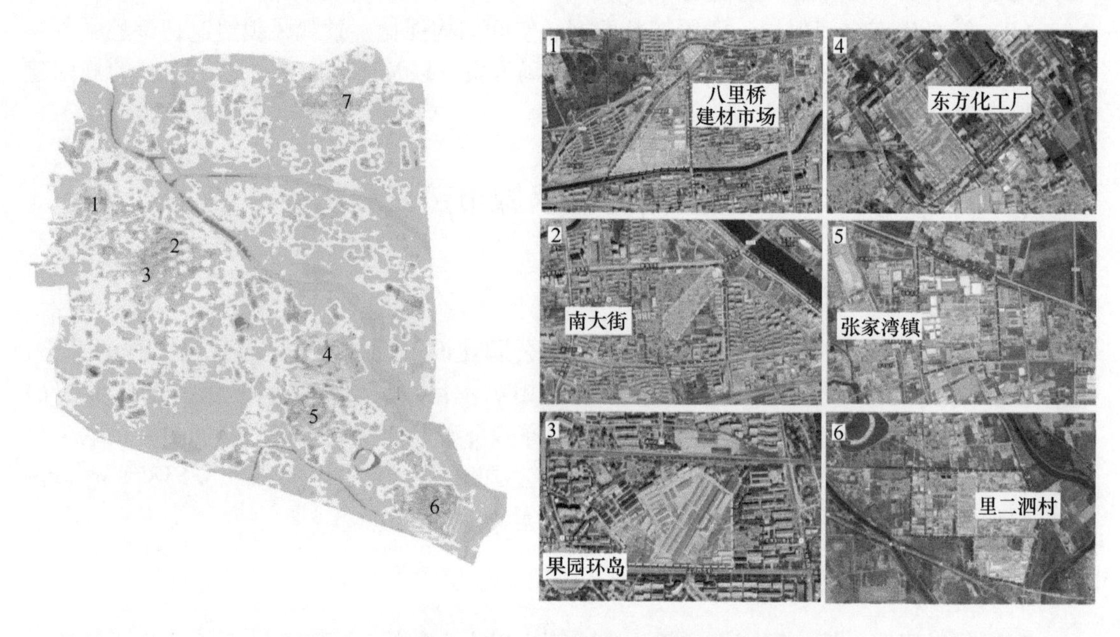

图 5-2　北京城市副中心热岛集中与现状耦合分析图

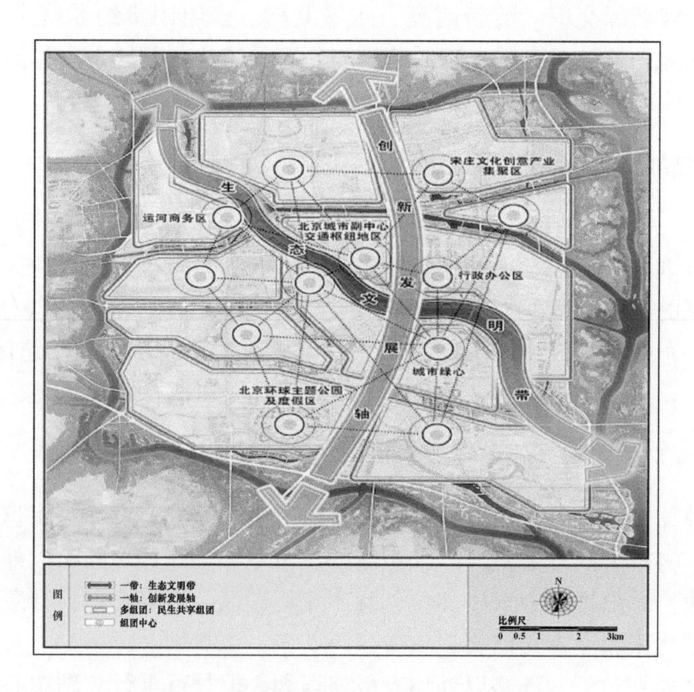

图 5-3　北京城市副中心空间结构规划图

（图 5-3 引自北京城市总体规划（2016~2035 年））

5.3 基于目标导向热岛改善模拟方案的提出

5.3.1 重要绿地空间斑块筛选

结合热岛的空间分布，以及对相关已知的重大园林绿化建设项目的了解，筛选出需要模拟分析的重要绿地空间斑块的布局方案，共包括20个绿地集中布局区域，如图5-4所示，其中20个绿地空间名称与基本属性情况见表5-1和表5-2。

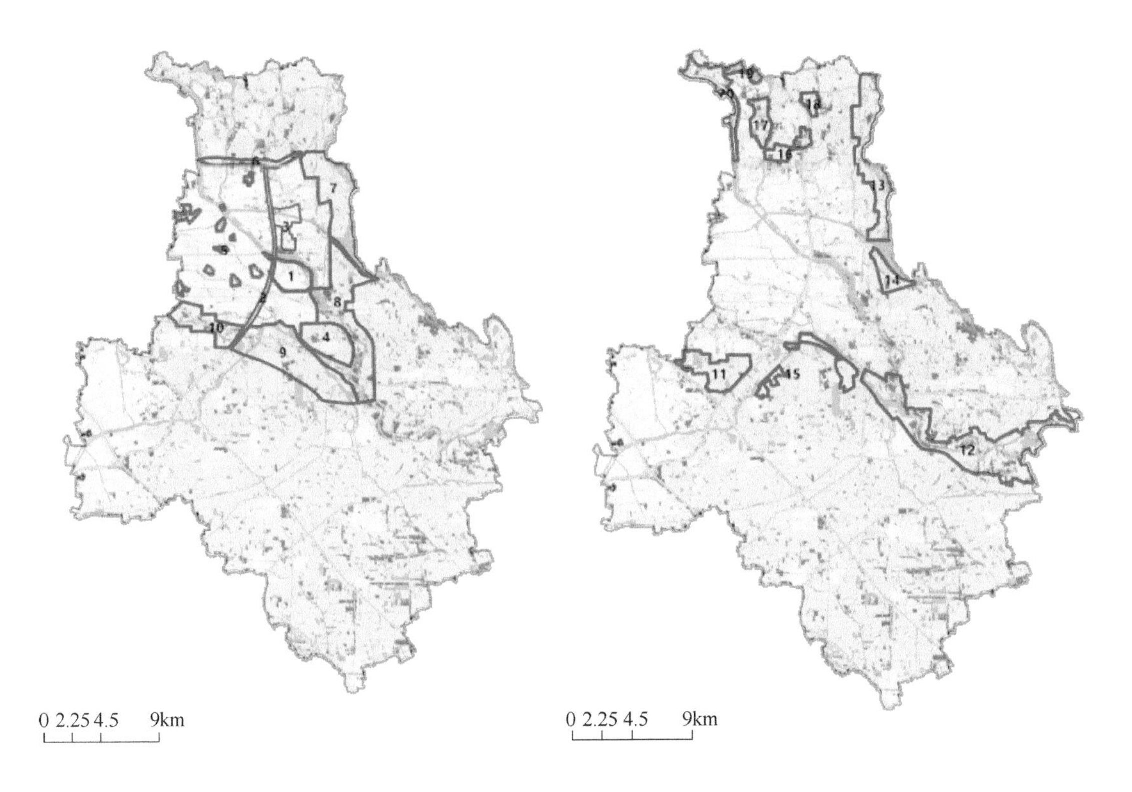

图5-4 北京城市副中心待模拟绿地空间分布图
（底图基于卫星影像的土地利用解释图、并结合有关现状资料综合绘制）

表5-1 北京城市副中心模拟绿地空间分析统计表

地块编号	绿地空间名称	规划或现状基本情况介绍
1	通州城市绿心	未来规划建设成为大型城市公园
2	六环路高线公园	未来规划建设成为大型结构性绿色廊道
3	行政办公区及古城遗址公园	未来规划成为花园式办公区、遗址公园、城市公园
4	张家湾地区	未来将开展大量村庄和违建的拆迁腾退，规划成为城市公园和郊野公园及低密度文化旅游区
5	六环路以内多个城市大型公园	未来建设成为城市公园
6	北部临城公园带	将开展部分村庄和违建的拆迁腾退，建设成为城市公园或郊野公园

续表 5-1

地块编号	绿地空间名称	规划或现状基本情况介绍
7	通燕公园化地区	未来将开展大量村庄和违建的拆迁腾退，建设成为城市公园化地区，是临界地区重点建设管控区域，主要功能为水源保护、生态隔离及休闲游憩
8	大运河沿线绿色地区	依托大运河森林及沿线的历史文化资源，未来将开展大量村庄和违建的拆迁腾退、建设成为城市公园化地区，是跨界绿洲的重要组成部分
9	六环路外南侧临城公园和绿色空间带	未来将开展部分村庄和违建的拆迁腾退，建设成为郊野公园，恢复湿地，全面推进平原造林
10	六环路内南侧临城公园带	未来将开展部分村庄和违建的拆迁腾退，部分建设成为环球影城（游乐园），拓宽高速公路绿带，推进平原造林
11	台湖湿地公园片区	在整体打造城市森林的基础上，植入主题性特色内容，形成主题鲜明的文化森林公园。全面推进平原造林，未来将开展部分村庄和违建的拆迁腾退
12	大运河湿地公园带	依托大运河森林及沿线的历史文化资源，未来建设成为湿地型郊野公园，全面推进平原造林
13	北部临界地区控制带	临界地区重点建设管控区域，未来将开展大量村庄和违建的拆迁腾退
14	国家级植物园通州部分	未来建设成国家级植物园
15	凉水河沿线湿地公园	未来建设成滨河带状公园
16	刘庄公园	依托京平高速，未来建设成为通州环城游憩环上的郊野公园
17	东郊森林公园	依托小中河，未来建设成为森林郊野公园
18	中坝河公园	依托中坝河，未来建设成为宋庄镇六环路东侧的森林公园
19	宋庄临水公园	依托小中河，未来建设成为宋庄镇北部的森林湿地公园
20	温榆河活力森林公园	北部依托温榆河及两侧各 200m 以上的绿化带及平原造林建设运动森林公园

表 5-2 通州区待模拟绿地空间的土地利用现状和规划情况分析表

编号	土地利用类型	现状面积/hm^2	规划面积/hm^2
1	建设用地—道路	77. 8	29. 4
	耕地	17. 4	1. 6
	林地	14. 4	75. 1
	水域	22. 1	4. 7
	园地	99. 8	15. 9
	建设用地	334. 1	91. 5
	公园绿地	24. 5	371. 8
	小计	590. 1	590. 1

续表 5-2

编号	土地利用类型	现状面积/hm^2	规划面积/hm^2
2	建设用地—道路	283.5	0.0
	耕地	24.7	0.0
	林地	10.6	0.0
	水域	6.4	0.0
	园地	2.0	0.0
	建设用地	5.8	0.0
	公园绿地	5.6	338.6
	小计	338.6	338.6
3	建设用地—道路	103.7	32.8
	耕地	98.0	12.6
	林地	21.3	13.8
	水域	51.1	70.8
	园地	16.7	13.6
	建设用地	139.1	58.8
	公园绿地	1.6	228.9
	小计	431.4	431.4
4	建设用地—道路	185.9	65.9
	耕地	384.0	26.1
	林地	62.2	562.4
	水域	34.2	27.9
	园地	60.7	9.7
	建设用地	165.9	40.8
	公园绿地	1.9	162.0
	小计	894.8	894.8
5	建设用地—道路	66.6	27.3
	耕地	40.6	2.8
	林地	48.6	10.1
	水域	31.3	32.1
	园地	1.7	3.7
	建设用地	211.9	41.2
	公园绿地	30.4	314.0
	小计	431.1	431.1
6	建设用地—道路	86.1	32.5
	耕地	113.7	19.5
	林地	38.8	72.1
	水域	41.7	101.0

续表 5-2

编号	土地利用类型	现状面积/hm²	规划面积/hm²
6	园地	35.3	31.2
	建设用地	1.3	4.8
	公园绿地	11.1	66.8
	小计	328.0	328.0
7	建设用地—道路	295.0	89.3
	耕地	627.8	135.8
	林地	56.7	135.0
	水域	474.0	629.7
	园地	236.4	247.6
	建设用地	47.2	13.3
	公园绿地	2.6	488.7
	小计	1739.6	1739.6
8	建设用地—道路	784.2	303.9
	耕地	1316.5	260.1
	林地	438.9	847.3
	水域	411.1	870.3
	园地	296.7	410.3
	建设用地	249.5	124.9
	公园绿地	16.7	696.9
	小计	3513.6	3513.6
9	建设用地—道路	516.3	226.9
	耕地	1127.0	387.3
	林地	94.6	113.9
	水域	493.4	569.8
	园地	146.3	575.5
	建设用地	55.0	88.4
	公园绿地	1.5	472.2
	小计	2434.1	2434.1
10	建设用地—道路	256.4	154.4
	耕地	276.6	41.8
	林地	86.0	103.4
	水域	118.7	172.1
	园地	20.4	164.2
	建设用地	97.3	130.6
	公园绿地	2.7	91.3
	小计	858.0	858.0

续表 5-2

编号	土地利用类型	现状面积/hm^2	规划面积/hm^2
11	建设用地—道路	124.4	0.9
	耕地	567.5	2.2
	林地	36.3	0.5
	水域	146.7	0.9
	园地	50.4	2.7
	建设用地	6.4	0.3
	公园绿地	2.4	926.6
	小计	934.1	934.1
12	建设用地—道路	735.4	163.7
	耕地	1312.7	36.0
	林地	654.7	24.3
	水域	634.6	1464.9
	园地	193.1	31.6
	建设用地	9.5	6.3
	公园绿地	1.4	1814.8
	小计	3541.5	3541.5
13	建设用地—道路	404.7	167.2
	耕地	579.6	26.2
	林地	105.9	14.0
	水域	372.1	615.6
	园地	229.3	12.7
	建设用地	5.8	1.0
	公园绿地	2.0	862.7
	小计	1699.4	1699.4
14	建设用地—道路	97.0	30.1
	耕地	191.3	4.8
	林地	22.3	3.5
	水域	46.2	84.9
	园地	38.6	1.8
	建设用地	2.0	0.7
	公园绿地	1.1	272.8
	小计	398.6	398.6
15	建设用地—道路	120.6	30.0
	耕地	339.4	8.2
	林地	16.5	0.7
	水域	55.3	51.7
	园地	35.5	3.7
	建设用地	25.3	1.5
	公园绿地	0.4	497.0
	小计	592.9	592.9

续表 5-2

编号	土地利用类型	现状面积/hm^2	规划面积/hm^2
16	建设用地—道路	80. 7	31. 3
	耕地	185. 4	4. 3
	林地	57. 0	3. 6
	水域	4. 9	4. 8
	园地	0. 4	2. 3
	建设用地	1. 2	0. 1
	公园绿地	0. 0	283. 1
	小计	329. 6	329. 6
17	建设用地—道路	89. 8	36. 2
	耕地	206. 5	4. 6
	林地	40. 4	1. 7
	水域	66. 0	26. 0
	园地	9. 0	0. 3
	建设用地	2. 1	0. 8
	公园绿地	12. 7	356. 9
	小计	426. 5	426. 5
18	建设用地—道路	47. 9	25. 6
	耕地	90. 9	2. 8
	林地	13. 3	0. 5
	水域	8. 3	4. 3
	园地	2. 8	1. 2
	建设用地	1. 1	0. 2
	公园绿地	0. 0	129. 7
	小计	164. 3	164. 3
19	建设用地—道路	17. 6	5. 1
	耕地	24. 1	2. 2
	林地	10. 9	1. 9
	水域	117. 5	66. 9
	园地	0. 7	0. 0
	建设用地	0. 8	0. 6
	公园绿地	0. 0	95. 0
	小计	171. 6	171. 6
20	建设用地—道路	145. 1	63. 7
	耕地	230. 7	16. 1
	林地	152. 1	67. 0
	水域	121. 8	191. 7
	园地	22. 1	3. 1
	建设用地	8. 0	1. 9
	公园绿地	3. 8	340. 1
	小计	683. 5	683. 5

绿地空间斑块的选择，遵循以下几个方面的原则：

（1）具有一定的可实施条件或可能性（根据综合渠道的信息判断）；

（2）规模达到一定水平，原则上单块不小于 $10\times10^4hm^2$（过小的绿地地块对于热岛模拟分析意义有限）；

（3）副中心内外绿地需要兼顾，但集中在通州区北部（南部地区过远距离对改善热岛效应意义不大）。

5.3.2　策略生态绿地布局方案

为兼顾分析研究的效率，并便于阐释和凝练结论，作者根据副中心热岛现状和风险的实际情况，将 20 个绿地集中分布区域与不同的绿地发展模式和理念结合，形成 5 种策略方案分批模拟。每种策略方案侧重于展示一种园林绿化的发展理念，这有利于清晰辨明单一理念条件下绿地空间建设对于热岛改善效果，更具有指导建设实践的现实意义。

研究过程中因长期跟踪副中心规划技术建设情况，发现副中心的绿地空间格局随着相关规划的编制逐步明朗，因此区域整体层面的城市建设和绿色空间的规划本底条件采用经多种渠道收集到的规划信息综合而成，作为本底基础，用以支撑 5 种策略方案的模拟基本条件。5 种方案本身采用维持现状（见图 5-5）和规划改善（见图 5-6）两种情况对比模拟。

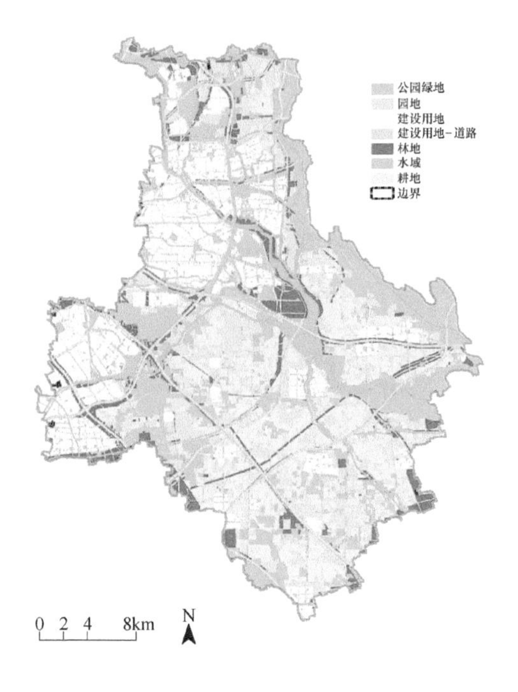

图 5-5　用于对比的本底基础综合方案图

（底图基于卫星影像的土地利用解释图，并结合有关规划资料综合绘制）

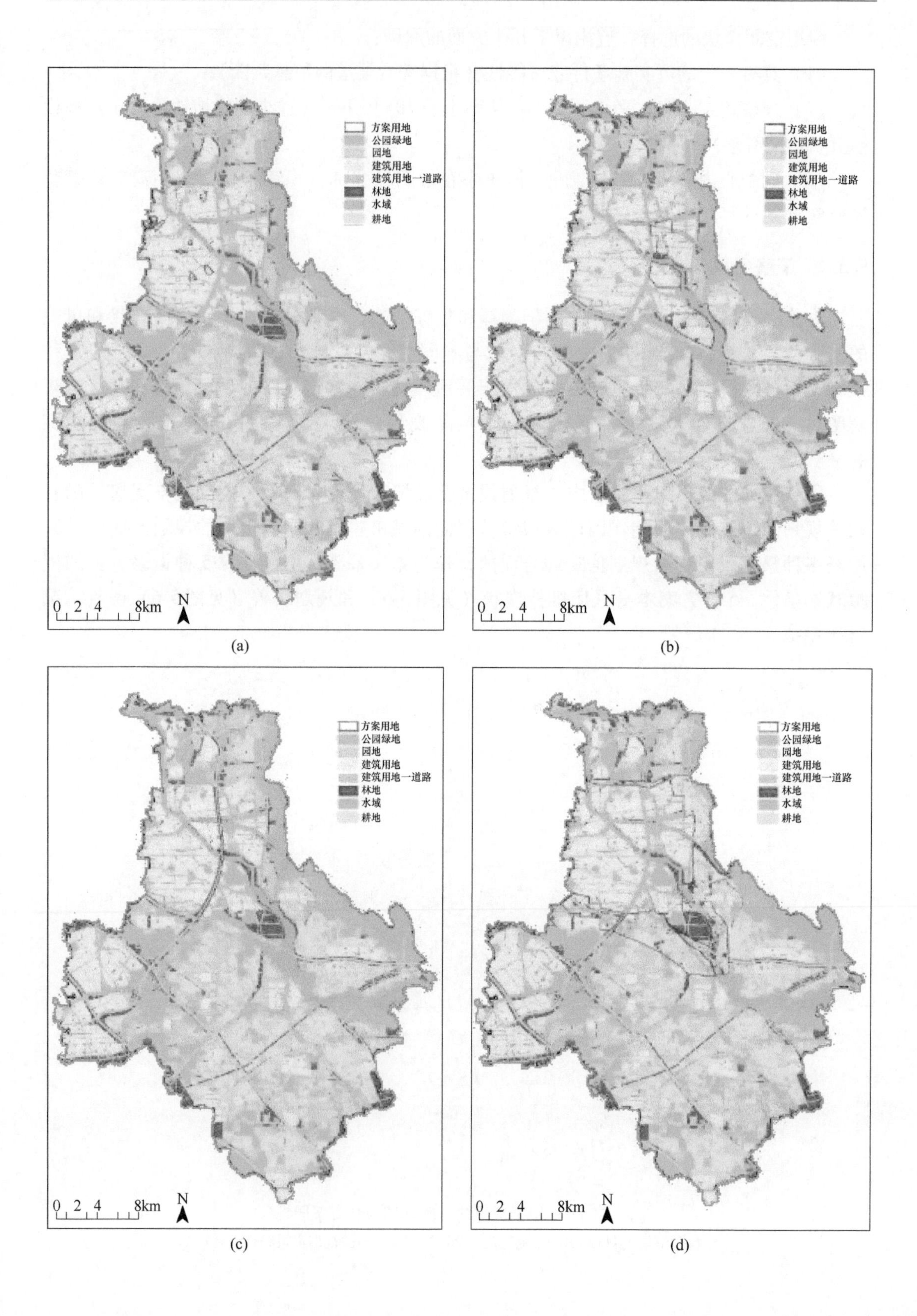
方案用地
公园绿地
园地
建筑用地
建筑用地一道路
林地
水域
耕地
0 2 4 8km
N
方案用地
公园绿地
园地
建筑用地
建筑用地一道路
林地
水域
耕地
0 2 4 8km
N
方案用地
公园绿地
园地
建筑用地
建筑用地一道路
林地
水域
耕地
0 2 4 8km
N
方案用地
公园绿地
园地
建筑用地
建筑用地一道路
林地
水域
耕地
0 2 4 8km
N

(a)　(b)

(c)　(d)

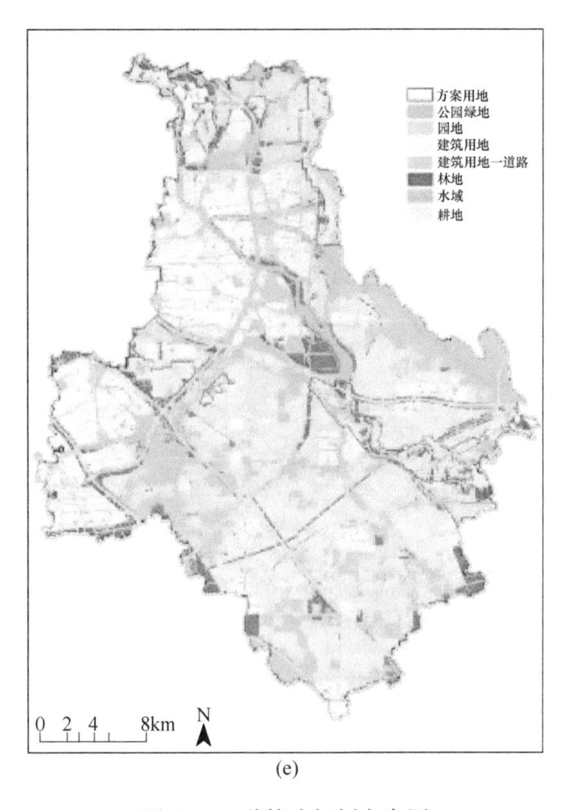

(e)

图 5-6 5 种策略规划方案图

（a）内城改善策略；（b）新区防控策略；（c）廊道优化策略；（d）临城支撑策略；（e）本底构建策略

（1）现状高密度建成区块状绿地内城改善策略。主要针对六环路以西、北京城市副中心老城片区，现状城市开发强度较大，高温热岛在片区中集中分布。选取热岛主要集中分布区域，筛选出具有落地性、可操作性的城市更新区域集中进行绿地布局，形成如图 5-6（a）策略方案一的绿地布局方案。

（2）规划集中发展区域结构性绿地新区防控策略。主要针对六环路以西、北京城市副中心新城片区，规划结构性绿地空间尚未稳定。选取未来城市重点发展组团，围绕城市发展主导功能，筛选出提升城市品质、优化城市格局的结构性大型城市绿地，形成策略方案二的主要绿地布局方案，如图 5-6（b）所示。

（3）城内通风廊道区域带状绿地廊道优化策略。主要针对影响城市通风的城市南北向大型城市河流廊道和主干交通廊道。选取出具有可操作性、尚未建成、仍需优化的六环路廊道（其他廊道基本成形或尺度较小难以模拟），形成策略方案三的主要绿廊布局方案，如图 5-6（c）所示。

（4）环城区域大型绿地临城支撑策略。主要针对紧邻北京城市副中心中心城区外围区域。结合区域现状用地情况，强化可操作性和落地性，选取以耕地、林地、水域等生态空间为主的区域大型绿地，形成策略方案四的主要区域生态绿地布局方案，如图 5-6（d）所示。

（5）外围生态区域郊野生态绿地本底构建策略。主要针对北京城市副中心距离中心城区相对较远片区。选取区域以河流、坑塘、淀泊等为主的湿地生态空间区域，形成策略方案五的主要生态绿地布局方案，如图 5-6（e）所示。

5 种策略方案基本属性情况见表 5-3 和表 5-4。

表 5-3　策略方案基本情况一览表

编号	策略方案名称	分布区域	涉及斑块	基本情况		
				总面积/hm^2	现状生态空间比例/%	规划生态空间比例/%
1	内城改善策略	六环路以西片区	5	431.08	35.39	84.11
2	新区防控策略	六环路以东片区	1、3、4	1916.24	47.48	83.34
3	廊道优化策略	六环路	2	388.57	25.54	100
4	临城支撑策略	紧邻中心城区区域	6、7、8、9、10	8873.23	73.08	86.82
5	本底构建策略	距离中心城区较远区域	11、12、13、14、15、16、17、18、19、20	8942.04	78.47	93.66

表 5-4　策略方案用地情况一览表

方案	项　目	现状/hm^2	规划/hm^2
方案一	建设用地—道路	66.61	27.26
	耕地	40.57	2.80
	林地	48.58	10.06
	水域	31.33	32.07
	园地	1.68	3.68
	建设用地	211.91	41.22
	公园绿地	30.40	313.99
	总计	431.08	431.08
方案二	建设用地—道路	367.44	128.18
	耕地	499.33	40.37
	林地	97.88	651.22
	水域	107.42	103.37
	园地	177.25	39.23
	建设用地	638.99	191.14
	公园绿地	27.94	762.72
	总计	1916.24	1916.24
方案三	建设用地—道路	283.50	0
	耕地	24.67	0
	林地	10.61	0
	水域	6.36	0
	园地	1.97	0

续表 5-4

方案	项　目	现状/hm^2	规划/hm^2
方案三	建设用地	5.84	0
	公园绿地	5.63	388.57
	总计	388.57	388.57
方案四	建设用地—道路	1937.99	807.01
	耕地	3461.53	844.57
	林地	714.98	1271.73
	水域	1538.83	2343.00
	园地	735.02	1428.93
	建设用地	450.28	362.12
	公园绿地	34.59	1815.88
	总计	8873.23	8873.23
方案五	建设用地—道路	1863.21	553.90
	耕地	3728.12	107.32
	林地	1109.27	117.73
	水域	1573.42	2511.77
	园地	582.01	59.41
	建设用地	62.13	13.32
	公园绿地	23.88	5578.59
	总计	8942.04	8942.04

5.4　策略方案的模拟及分析

5.4.1　数值模拟方案设计

采用 WRFV3.9 数值预报模式进行数值模拟，模式以通州为中心（经度 116.737°，纬度 39.805°），三重嵌套，网格分辨率为 3km、1km 和 333m，图 5-7 所示为城市尺度模拟区域。模式中短波辐射方案为 Dudhia，长波辐射方案为 RRMT，边界层参数化方案为 Bougeault-Lacarrere，微物理过程为 Moment 6-Class Microphysics scheme，陆面过程为 Noah land-surface model 与 SLUCM 耦合。

为了聚焦规划方案对于局地增风、增湿、减热的改善效果，选取夏季典型晴天作为代表性天气进行数值模拟与分析。选择 2016 年 8 月 8 日晴天个例，北京位于 500hPa 高压的前部（见图 5-8），属于静稳天气类型，最高温度为 32℃，最低为 22℃，平均风速为 0.6~1m/s，该天气类型能够更合理地展现地表类型的改变对城市气象要素的影响。因此模式起报时间为 2016 年 8 月 8 日 8 点（北京时间）~8 月 9 日 8 点（北京时间），预报时效为 24h。

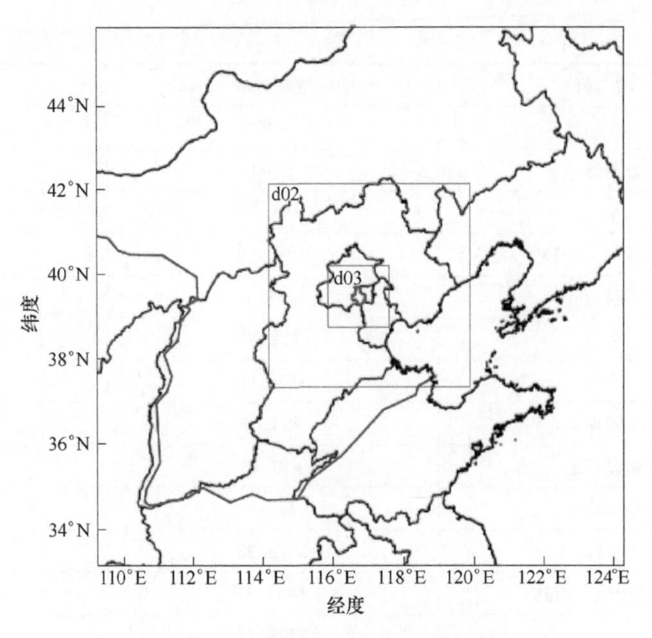

图 5-7　WRF 数值预报模式模拟范围

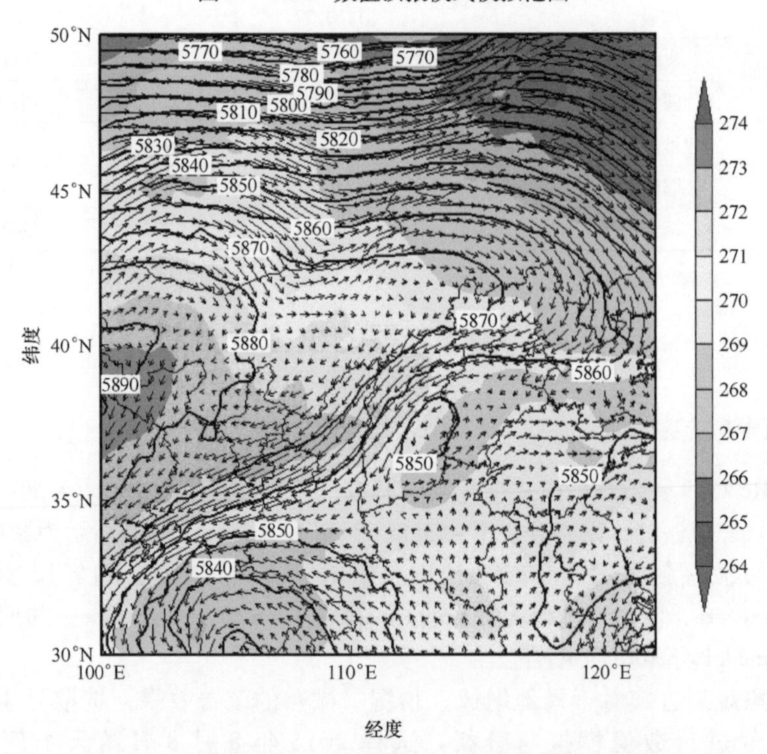

图 5-8　500hPa 高度场（等值线）、温度场（阴影）和风场

5.4.2　数值模拟与观测对比分析

利用北京地区高时空密度的观测数据，对图 5-6 的模拟效果进行验证，气象要素包括北京市气温、湿度、风速、地温观测资料。

图 5-9 所示为数值预报模式模拟的 2m 温度和 10m 风速的时间序列图。由图可知，虽然模式模拟的 2m 温度在夜间偏低 1℃，模拟的 10m 风速在白天偏高，但总体来看模式能够很好地模拟出 2m 温度和 10m 风速的时间变化趋势，对应的均方根误差分别为 1.8 和 1.3（计算公式见式（5-1）），以上分析表明高分辨率数值预报模式具有较好的预报性能。

$$\mathrm{rmse} = \sqrt{\sum_{i=1}^{n} \frac{(\mathrm{mod}_i - \mathrm{obs}_i)^2}{n}} \tag{5-1}$$

式中，mod_i 为现状模拟结果；obs_i 为自动站观测结果。

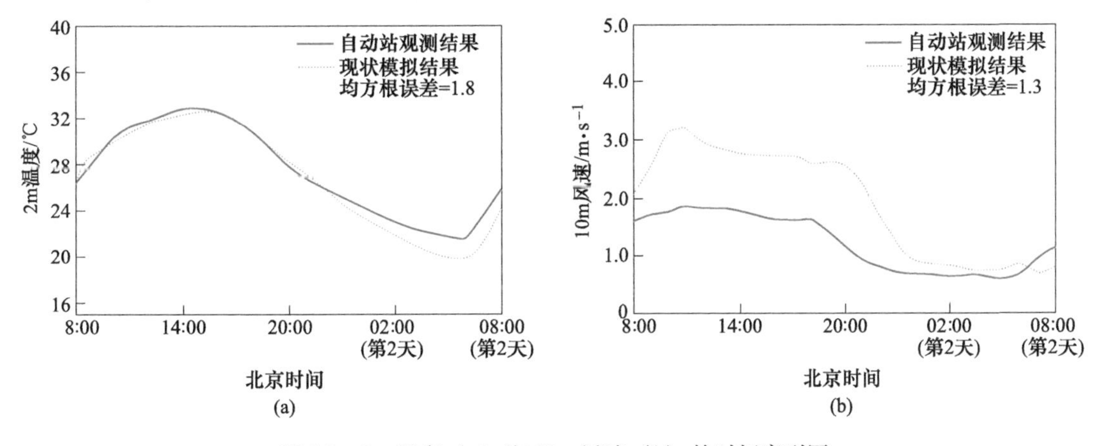

图 5-9 2m 温度（a）和 10m 风速（b）的时间序列图

5.4.3 模拟分析

运用优化改进后的模式系统，开展现状和 5 种规划方案的模拟，分别是现状（见图 5-5）、方案 1（见图 5-6（a））、方案 2（见图 5-6（b））、方案 3（见图 5-6（c））、方案 4（见图 5-6（d））、方案 5（见图 5-6（e））。

5.4.3.1 规划方案 1——内城改善策略

六环路以内多个城市大型公园，未来建设成为城市公园。图 5-10 所示为通州现状和规划方案 1 数值模式中的地表类型，通州地区主要为城市用地，将方案 1 中相应规划用地定义为城市公园。由图 5-10（b）可以看到大型城市群中嵌入多个城市公园。

图 5-11 和图 5-12 所示为地表类型改变导致的地表温度和气温的变化，由图可见，地表温度和气温的空间分布基本一致：温度高值中心位于通州主城区，距主城区的距离增大，温度值逐渐减小；温度低值中心位于郊区。地表温度分布的局地性更强，空间分布变化较大，改变地表类型后地表温度明显下降。

规划方案 1 位于通州主城区，嵌入多个城市公园，因此地表的储热和粗糙度降低。地表温度主要由地表类型决定，因此嵌入多个大型公园后，地表温度明显降低（7~8℃），其分布与规划绿地公园大小基本一致（见图 5-11）。

2m 气温不仅受地表类型的影响，还受到风场的约束，由图 5-12 可知，改变现有地表类型后，在热岛强度和范围较大时刻，该区域温度得到明显的降温，降温幅度达 2.5℃，且影响该区域的下游方向，降温幅度约为 0.4~0.6℃，在热岛强度和范围较弱的时刻，城市公园影响强度较弱，范围较大。一般城市公园越大，其对城市气象要素影响范围越广，降温效果越明显。

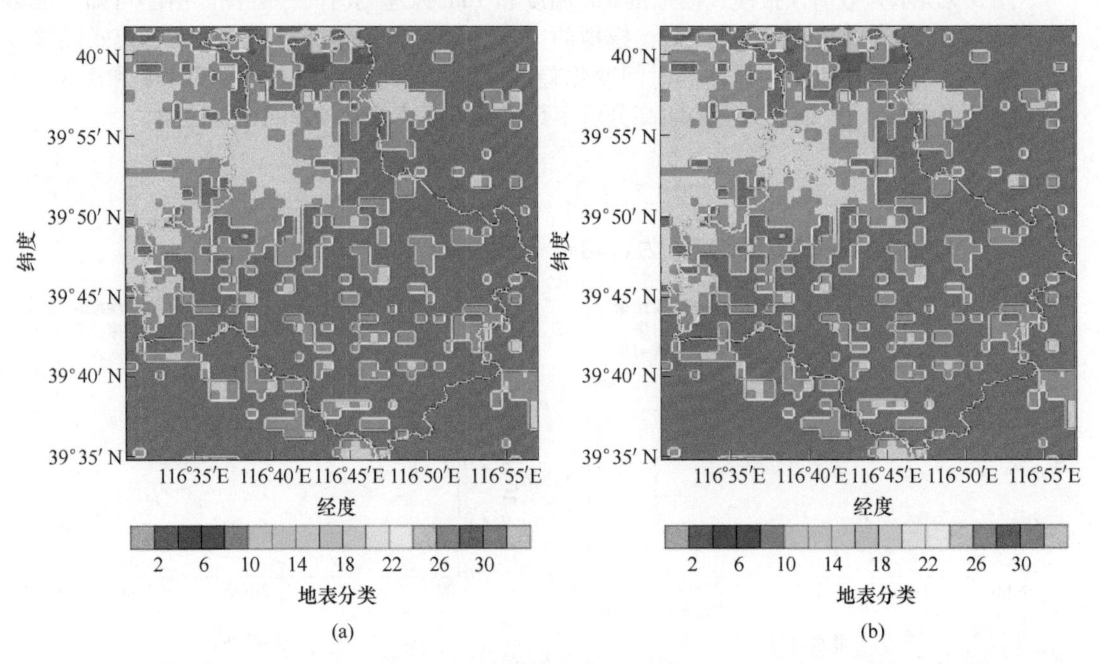

图 5-10　数值模拟区域地表类型

（a）现状；（b）规划方案 1

地表分类：1—城市；2—旱地；3—农田；4—牧地农田混合；5—草地和农田；6—农田林地；7—草原；8—灌木；9—混合灌丛/草地；10—热带草原；11—落叶林；12—针叶林；13—常绿阔叶林；14—常绿针叶林；15—混合林；16—水体；31—低密度城市；32—中密度城市；33—高密度城市

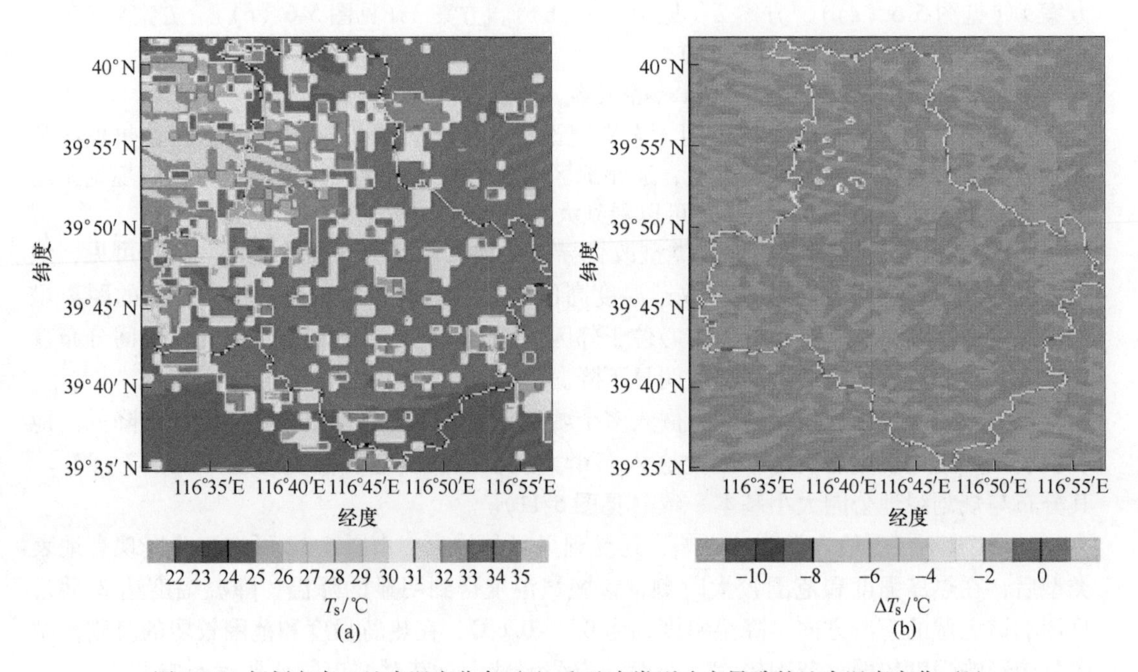

图 5-11　规划方案 1 地表温度分布（a）和地表类型改变导致的地表温度变化（b）

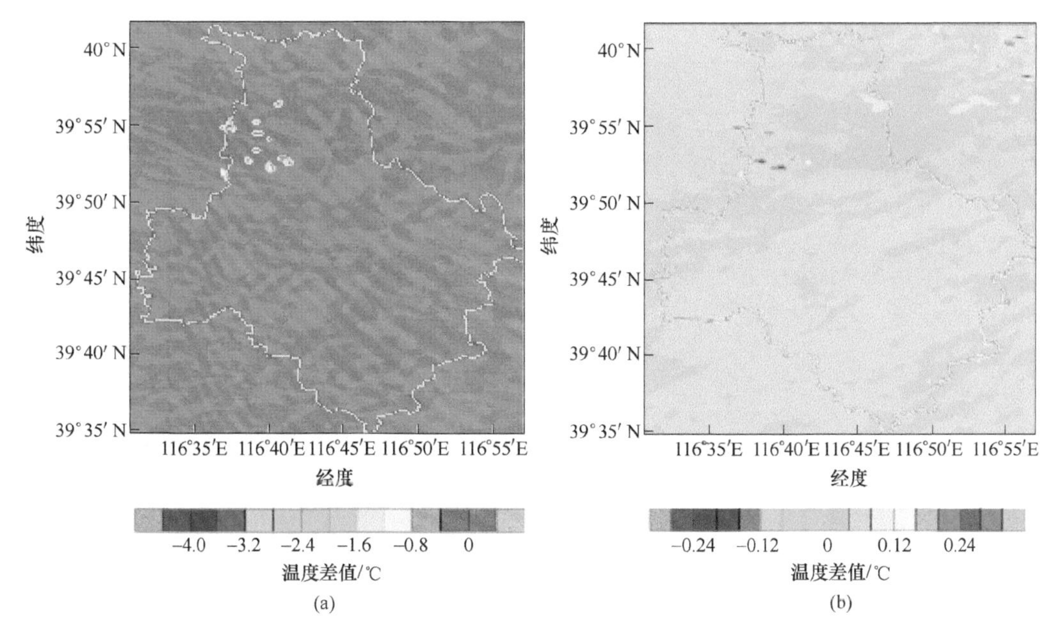

图 5-12 规划方案 1 与现状相比气温分布的变化

（a）强热岛时刻；（b）弱热岛时刻

图 5-13 所示为规划方案 1 近地层相对湿度分布及地表类型改变导致的相对湿度的变化图。该方案能够有效缓解城市干岛现象，使城市中相对湿度较现状增加 14%，其影响范围与气温的分布较为一致，主要影响该区域的下游方向。

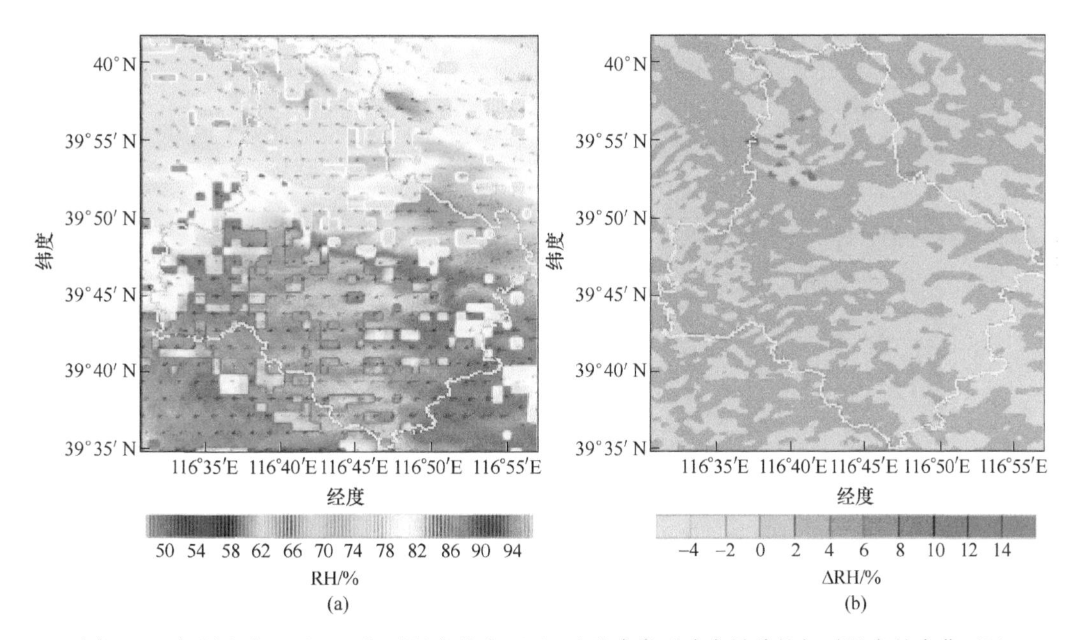

图 5-13 规划方案 1 近地面相对湿度分布（a）及地表类型改变导致的相对湿度的变化（b）

图 5-14 所示为规划方案 1 近地层风速分布及地表类型改变导致的城区风速变化图。方案 1 的地表类型改变后，城区风速增加，在通州城区增加多个城市公园，粗糙度较小，增

加风速，在公园处增加幅度最大，约为 0. 8m/s，城区大范围风速增加 0. 2m/s。

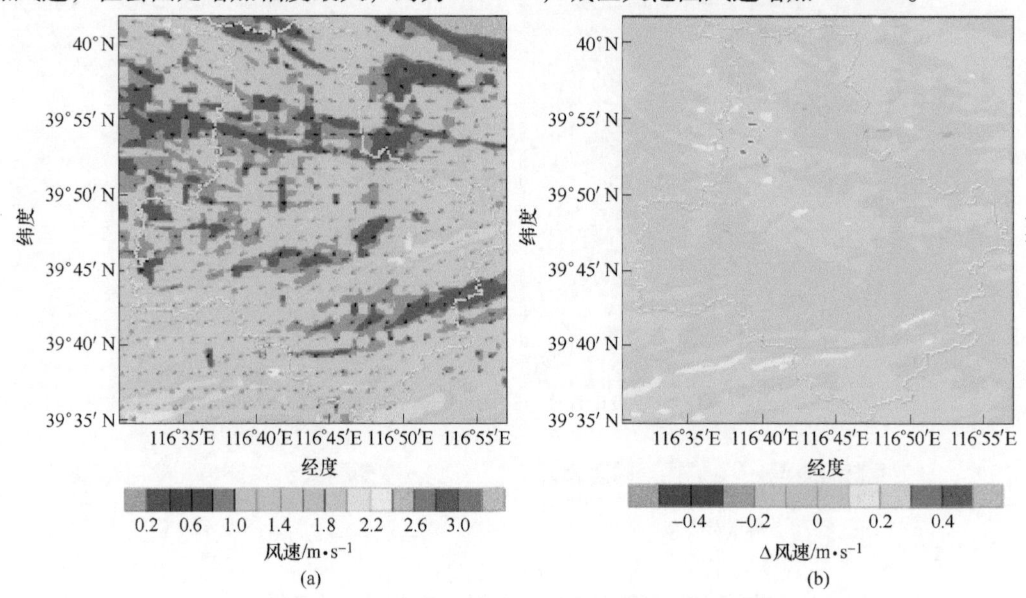

图 5-14　规划方案 1 近地面风速分布（a）及地表类型改变导致的风速变化（b）

5. 4. 3. 2　规划方案 2——廊道优化策略

图 5-15 所示为通州区现状和规划方案 2 数值模式中的地表类型，廊道优化策略规划六环路绿地建设成为大型结构性绿色廊道。如图 5-15（b）所示，将方案 2 中相应规划用地定义为绿色廊道。

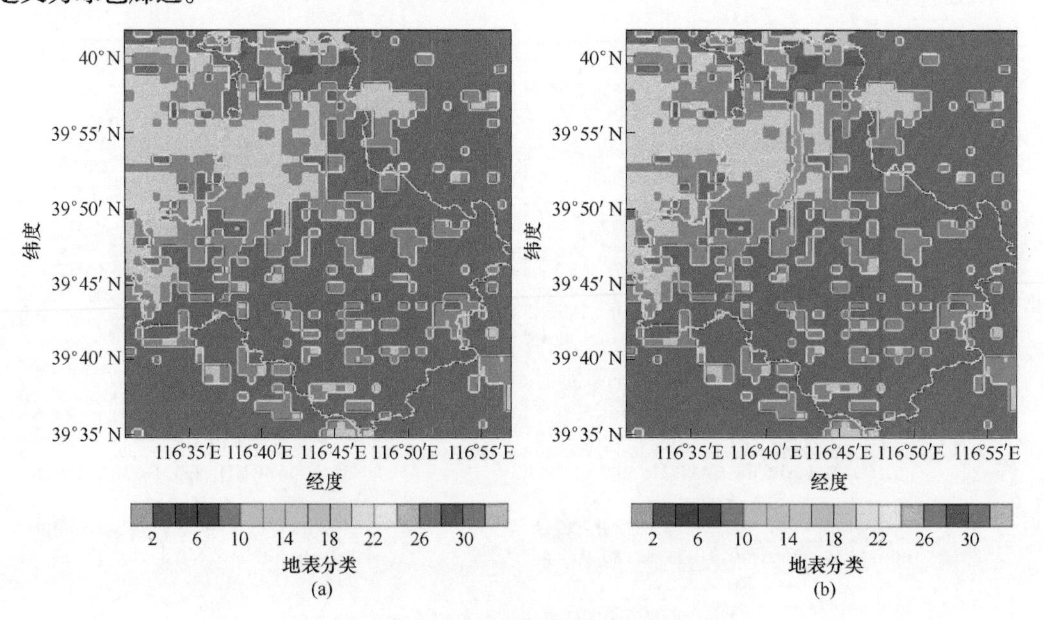

图 5-15　数值模拟区域地表类型

（a）现状；（b）规划方案 2

地表分类：1—城市；2—旱地；3—农田；4—牧地农田混合；5—草地和农田；6—农田林地；7—草原；8—灌木；9—混合灌丛/草地；10—热带草原；11—落叶林；12—针叶林；13—常绿阔叶林；14—常绿针叶林；15—混合林；16—水体；31—低密度城市；32—中密度城市；33—高密度城市

图5-16所示为规划方案2地表温度分布和地表类型改变导致的地表温度的变化。规划方案2为六环路入地，用地类型由建筑用地改为绿地，因此地表的储热和粗糙度降低。地表温度主要由地表类型决定，变为绿廊后温度降低9~10℃，其影响范围与绿廊大小基本一致。

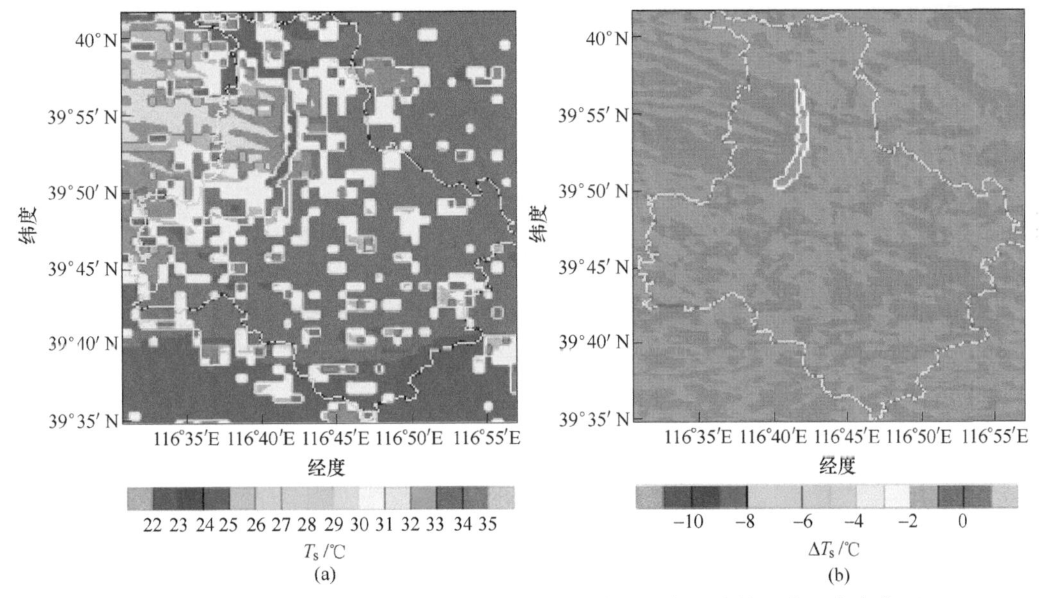

图5-16　规划方案2地表温度分布（a）和地表类型改变导致的地表温度变化（b）

图5-17所示为规划方案2在强热岛和弱热岛时刻，与现状相比气温分布的变化。由图5-17（a）可知，在城市热岛范围和强度较大时，能够使该区域温度气温降低3~4℃，此时通州城区大范围为高温区，其对周围环境影响有限。由图5-17（b）可知，绿色廊道区域降温为0.4℃，其影响范围较大，对其下游大范围区域起到降温作用，为0.1~0.3℃。

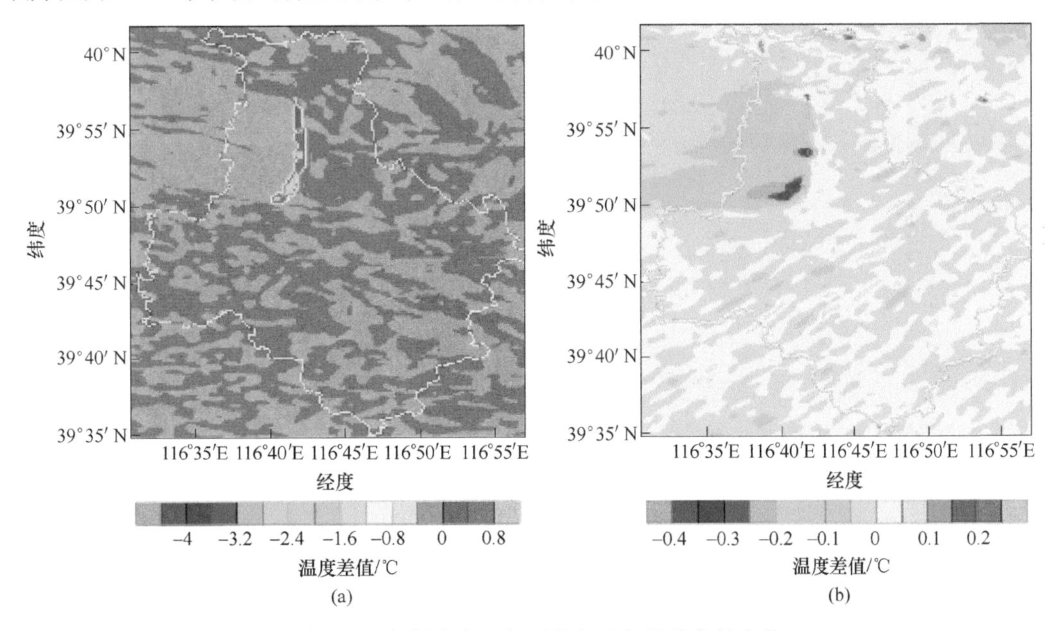

图5-17　规划方案2与现状相比气温分布的变化

（a）强热岛时刻；（b）弱热岛时刻

图 5-18 所示为规划方案 2 近地层相对湿度的变化图。该方案能够有效缓解城市干岛现象，在强城市热岛时刻使城市中相对湿度较现状增加 14%，其影响范围与气温的分布较为一致。弱热岛时刻，该区域增湿约为 2. 4%，其影响范围较大，能够对其下游大范围地区产生增湿作用。

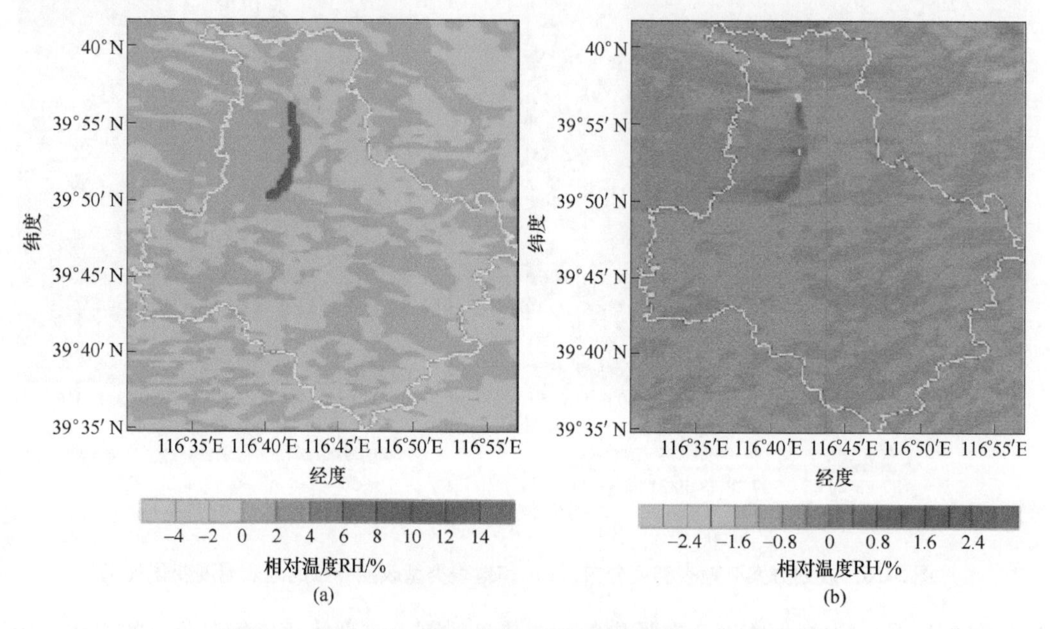

图 5-18　规划方案 2 与现状相比近地面相对湿度分布的变化

（a）强热岛时刻；（b）弱热岛时刻

图 5-19 所示为规划方案 2 近地层风速分布及地表类型改变导致的城区风速变化图。方

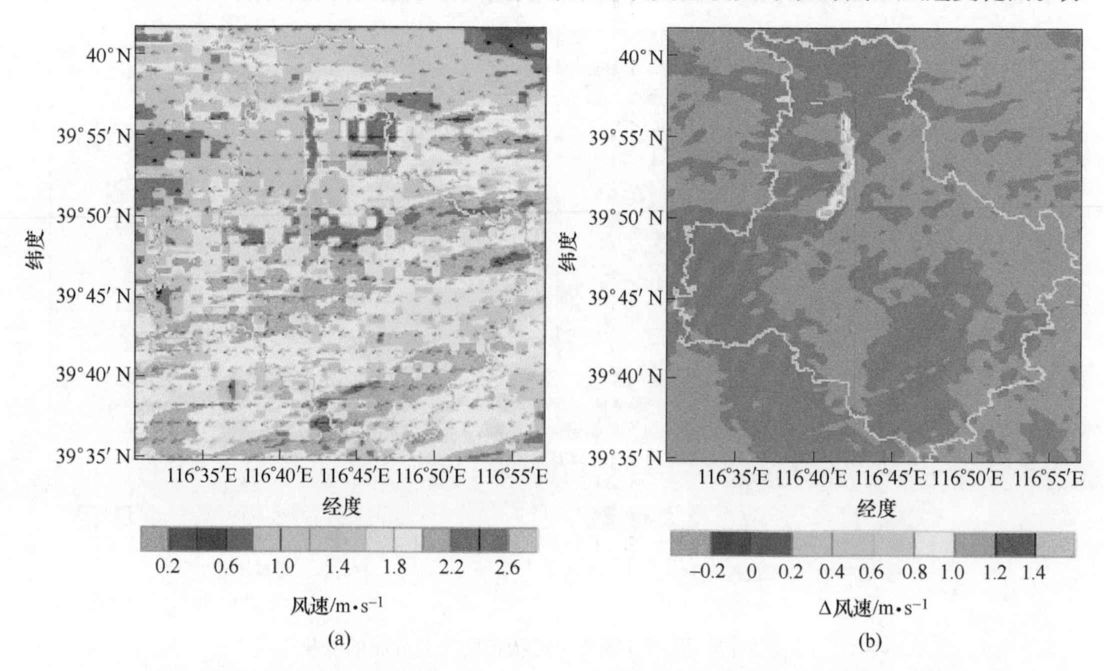

图 5-19　规划方案 2 近地面风速分布（a）及地表类型改变导致的风速变化（b）

案 2 地表类型改变后，绿廊区域风速增加，该区域风速增加最大达 1.4m/s，这是由于六环路入地后，粗糙度较小，风速增加。

5.4.3.3 规划方案 3——新区防控策略

图 5-20 所示为通州现状和规划方案 3 数值模式中的地表类型，新区防控策略规划在通州城区内建设 3 个城市公园。该区域目前主要由建筑用地和少部分绿地组成，未来规划建成城市公园，如图 5-20（b）所示，将方案 3 中相应规划用地定义为城市公园。

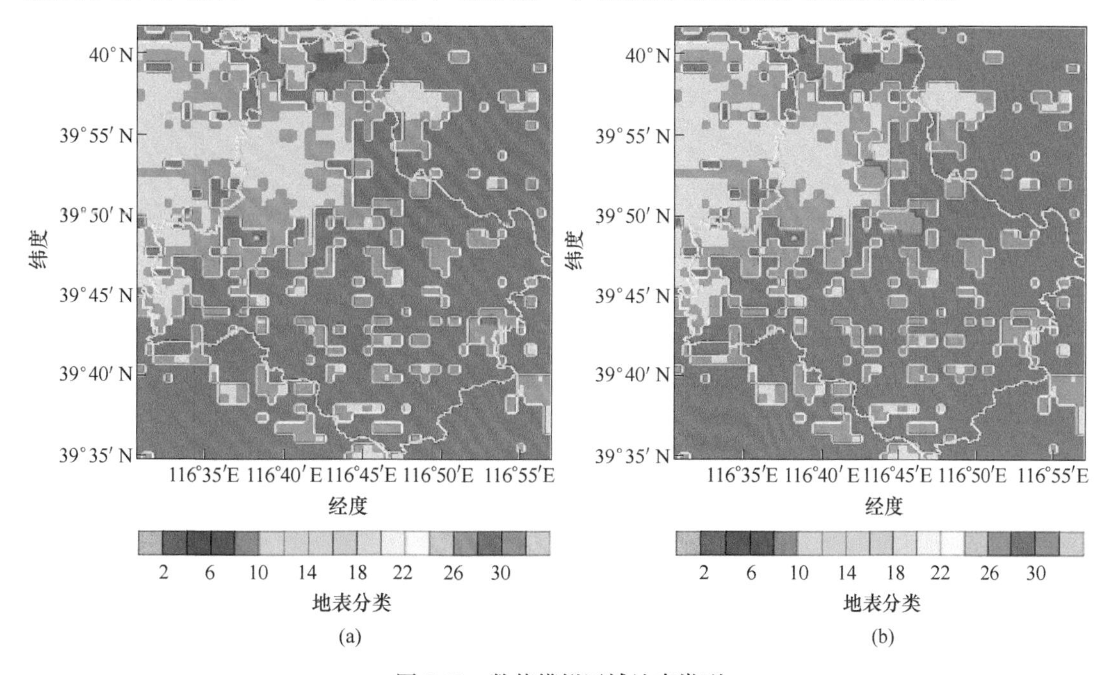

图 5-20 数值模拟区域地表类型

（a）现状；（b）规划方案 3

地表分类：1—城市；2—旱地；3—农田；4—牧地农田混合；5—草地和农田；6—农田林地；7—草原；8—灌木；9—混合灌丛/草地；10—热带草原；11—落叶林；12—针叶林；13—常绿阔叶林；14—常绿针叶林；15—混合林；16—水体；31—低密度城市；32—中密度城市；33—高密度城市

图 5-21 所示为规划方案 3 地表温度分布和地表类型改变导致的地表温度的变化。由图可知，地表类型改变后，地表温度明显下降，为 7~9℃。由于地表温度主要受地表类型的影响，因此方案 3 城市公园基本没有对周围的地表温度造成降温作用。

2m 气温不仅受地表类型的影响，还受到风场的约束，气温的空间分布相对比较平滑。图 5-22 所示为规划方案 3 在热岛强度和范围较大时刻，与现状相比气温分布的变化。当通州城区为大范围的强热岛情况下，该区域降温幅度达 4℃ 左右，有效缓解局地城市热岛现象。当通州城区为弱热岛条件下，该区域局地降温为 2℃ 左右，近地层为偏东风，对其下游地区也产生了 0.5℃ 左右的降温作用，且影响范围较大，在建筑物密集地区嵌入三块绿地公园，能够很好地缓解城市热岛作用。

图 5-23 所示为规划方案 3 近地层相对湿度分布（a）以及地表类型改变导致的相对湿度的变化图。该方案公园区域相对湿度较现状增加 14%，其影响范围与气温的分布较为一致，主要影响该区域的下游方向，同样在热岛强度较弱时，该公园对下游方向产生较大的增湿作用。

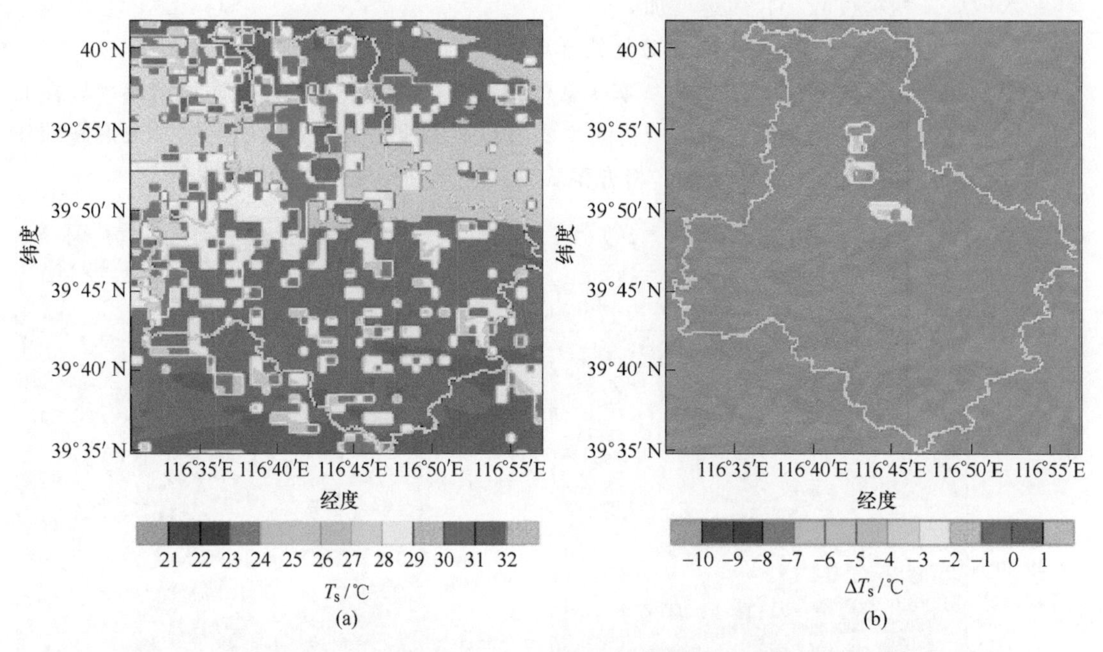

图 5-21　规划方案 3 地表温度分布（a）和地表类型改变导致的地表温度变化（b）

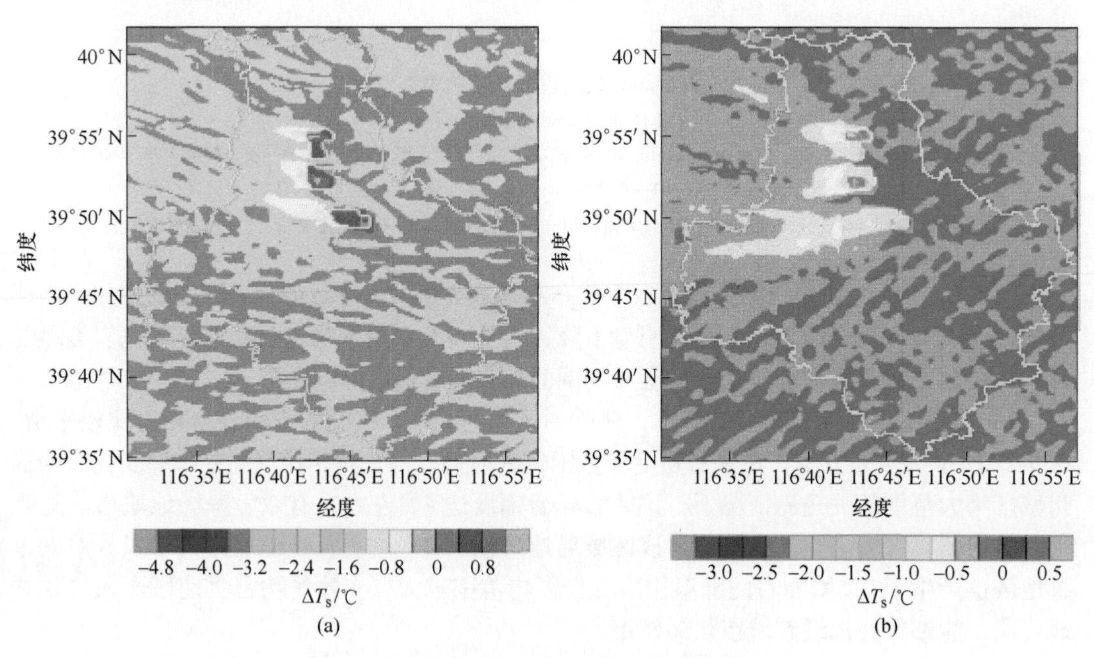

图 5-22　规划方案 3 与现状相比气温分布的变化

（a）强热岛时刻；（b）弱热岛时刻

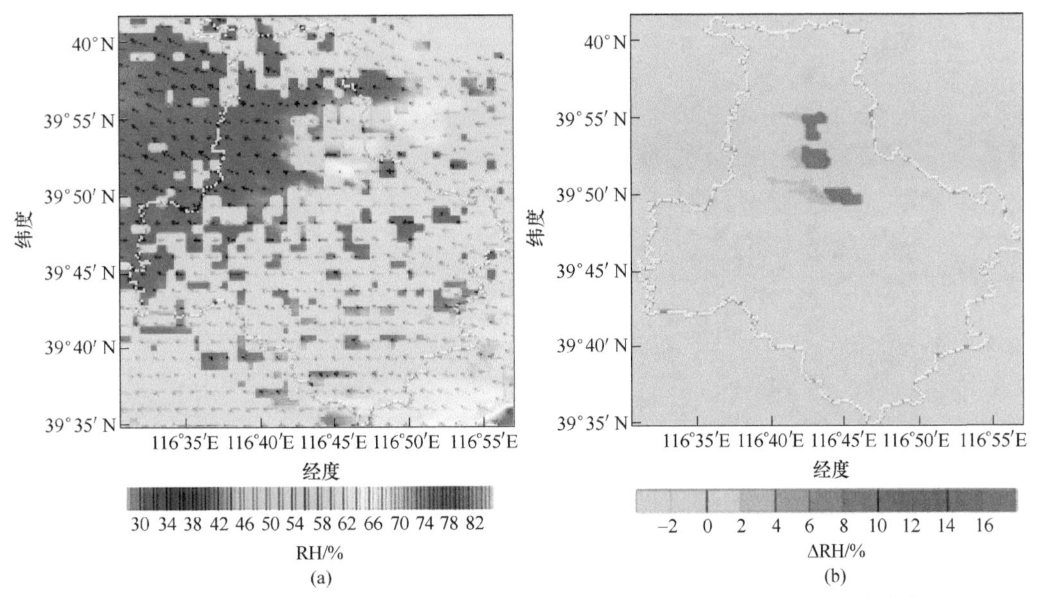

图 5-23 规划方案 3 近地面相对湿度分布（a）及地表类型改变导致的相对湿度变化（b）

图 5-24 所示为规划方案 3 近地层风速分布及地表类型改变导致的城区风速变化图。方案 3 地表类型改变后，绿心区域风速增加，绿心内风速增加约为 1m/s，这是因为绿心周围建筑物改为公园，粗糙度较小，增加风速，并没有明显增加周围的风速。

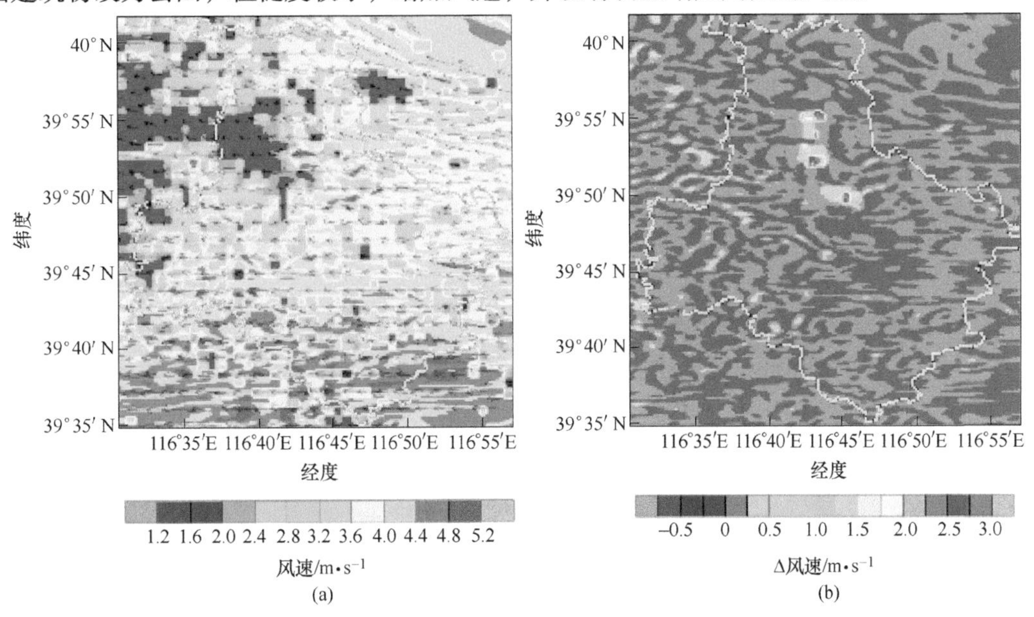

图 5-24 规划方案 3 近地面风速分布（a）及地表类型改变导致的风速变化（b）

5.4.3.4 规划方案 4——临城支撑策略

图 5-25 所示为通州现状和规划方案 4 数值模式中的地表类型，临城支撑策略规划在通州城区东、南、北三个方向，建设大范围相连接的绿化用地。如图 5-25（b）所示，方案 4 在通州城区的东侧、南侧和北侧被绿化带包围。

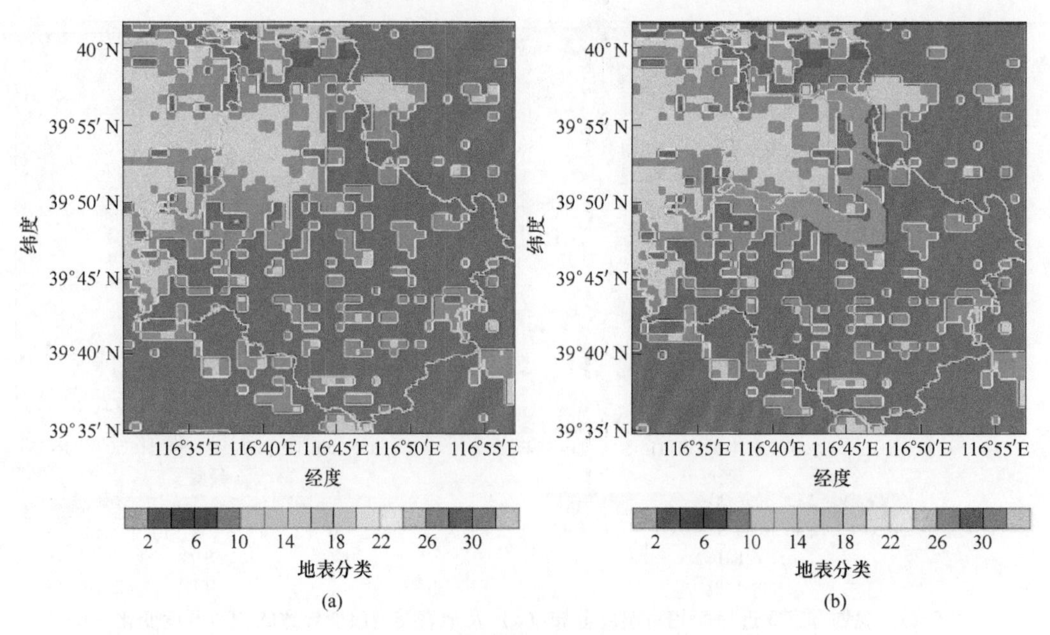

图 5-25　数值模拟区域地表类型

（a）现状；（b）规划方案 4

地表分类：1—城市；2—旱地；3—农田；4—牧地农田混合；5—草地和农田；6—农田林地；7—草原；8—灌木；9—混合灌丛/草地；10—热带草原；11—落叶林；12—针叶林；13—常绿阔叶林；14—常绿针叶林；15—混合林；16—水体；31—低密度城市；32—中密度城市；33—高密度城市

图 5-26 所示为规划方案 4 地表温度分布和地表类型改变导致的地表温度变化。由图可知，将建筑用地改为绿化用地后，地表的储热和粗糙度降低。地表温度主要由地表类型决定，因此当通州城区北侧、东侧和南侧改为公园后，地表温度明显降低 7℃，但是其分布与规划绿地公园大小基本一致。

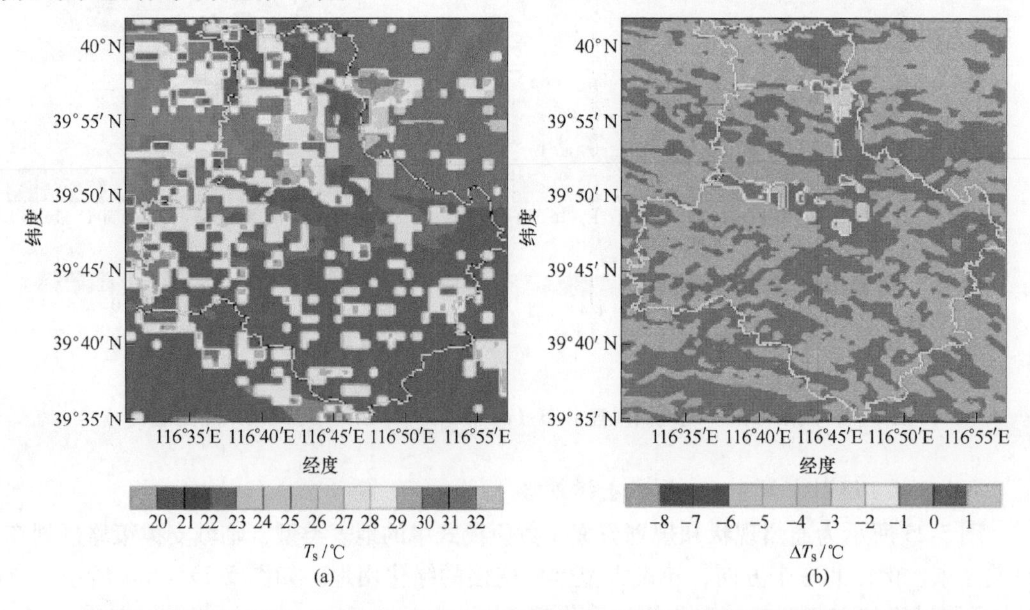

图 5-26　规划方案 4 地表温度分布（a）和地表类型改变导致的地表温度变化（b）

2m 气温不仅受地表类型的影响，还受到风场的约束。图 5-27 所示为规划方案 4 在热岛强度和范围较大时刻，与现状相比气温分布的变化。当通州城区在热岛强度和范围较大时刻，该区域温度得到明显的降温，降温幅度达 4℃；在热岛强度和范围较弱的时刻，绿化公园影响强度较弱，且只有通州城区南侧较大的绿化带，对其下游方向较大范围内产生 0.5~1℃的降温作用。因此在城市主城区内嵌入多个分散型大公园（规划方案 3）和较大范围相连的绿化用地（规划方案 4）能够较大程度缓解城市热岛现象。

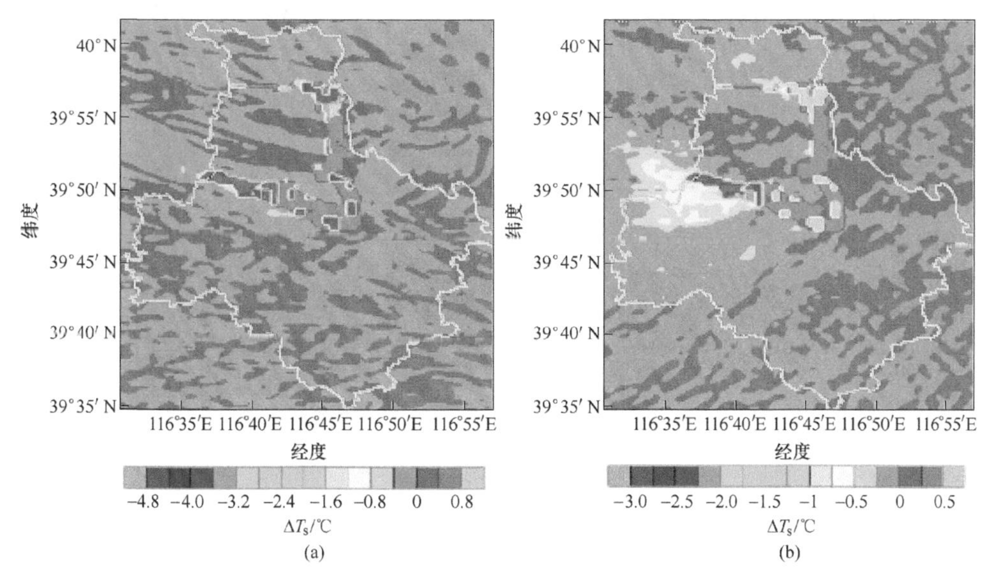

图 5-27 规划方案 4 与现状相比气温分布的变化

（a）强热岛时刻；（b）弱热岛时刻

图 5-28 所示为规划方案 4 近地层相对湿度分布及地表类型改变导致的相对湿度变化

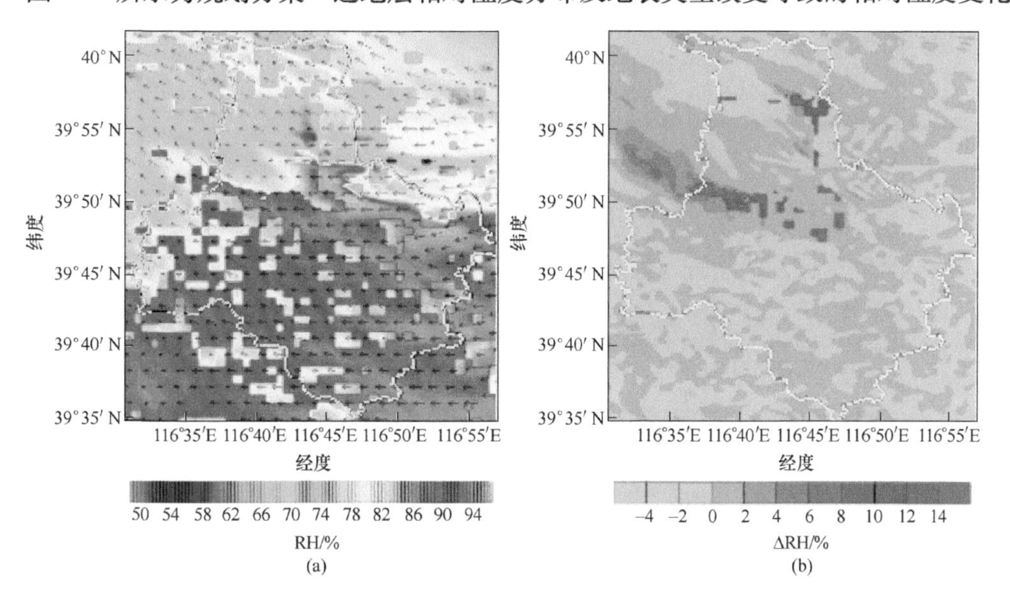

图 5-28 规划方案 4 与现状相比相对湿度分布的变化

（a）近地层相对湿度；（b）改变地表类型后的相对湿度

图。该方案能够有效缓解城市干岛现象，使城市中相对湿度较现状增加 14%，其影响范围与气温的分布较为一致，同时对其下游产生较大的增湿作用，影响范围较广。

图 5-29 所示为规划方案 4 近地层风速分布及地表类型改变导致的城区风速变化图。方案 4 地表类型改变后，在通州城区增加绿化用地，粗糙度较小，增加风速约为 0. 4m/s。

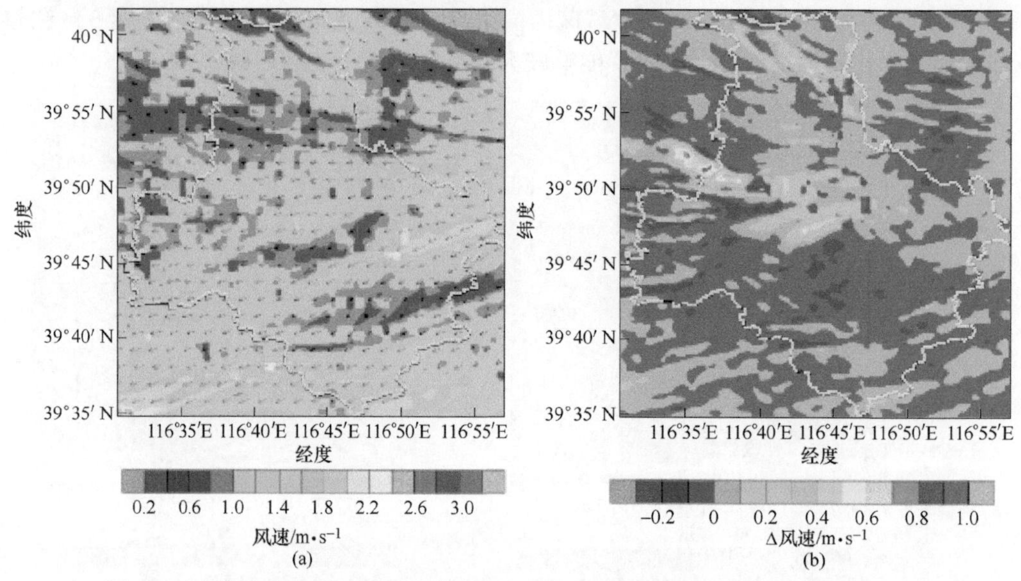

图 5-29 规划方案 4 近地面风速分布（a）及地表类型改变导致的风速变化（b）

5. 4. 3. 5 规划方案 5——本底构建策略

图 5-30 所示为通州现状和规划方案 5 数值模式中的地表类型，本底构建策略将通州大

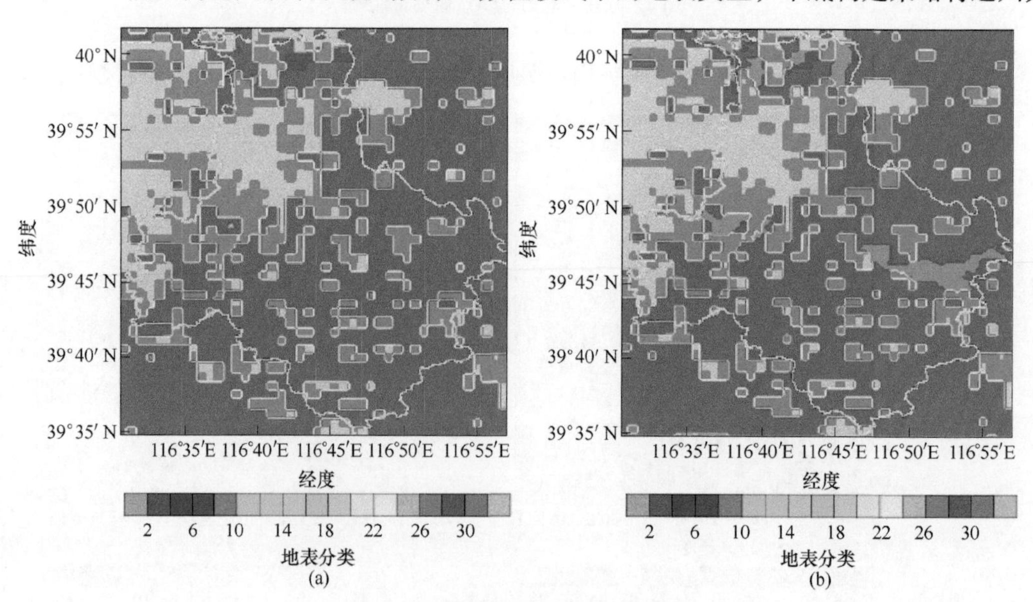

图 5-30 数值模拟区域地表类型

（a）现状；（b）规划方案 5

地表分类：1—城市；2—旱地；3—农田；4—牧地农田混合；5—草地和农田；6—农田林地；7—草原；8—灌木；9—混合灌丛/草地；10—热带草原；11—落叶林；12—针叶林；13—常绿阔叶林；14—常绿针叶林；15—混合林；16—水体；31—低密度城市；32—中密度城市；33—高密度城市

运河沿线耕地规划为城市公园。如图 5-30（b）所示，将方案 5 中相应规划用地定义为公园草地。

图 5-31 所示为规划方案 5 地表温度分布和地表类型改变导致的地表温度的变化。由图可知，将耕地改为公园草地后，地表的反射率储热能力等没有明显差距，因此地表温度只降低 0.2~0.34℃。

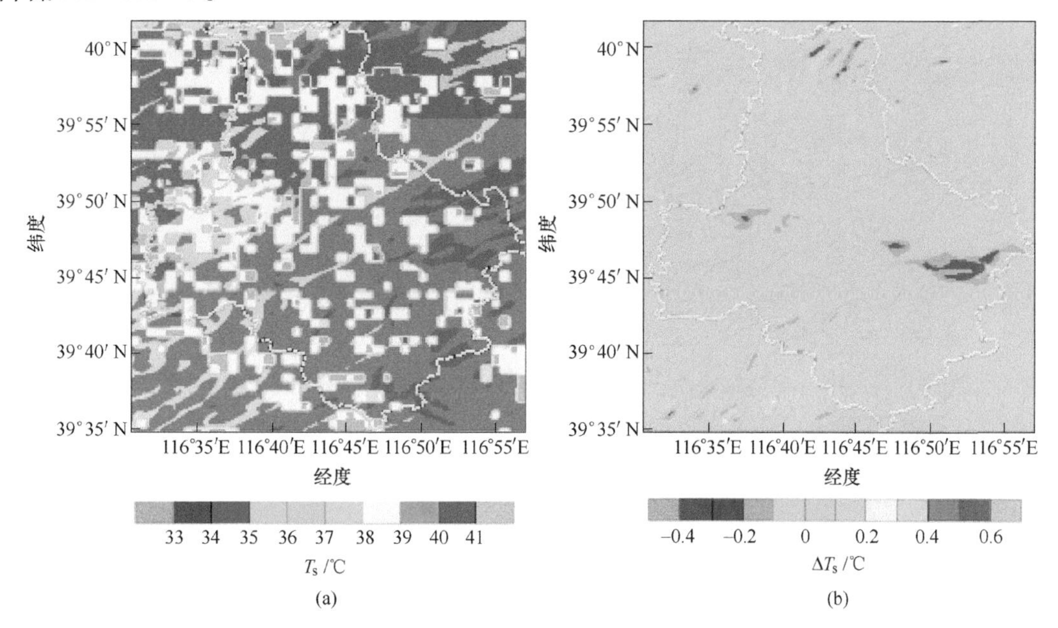

图 5-31　规划方案 5 地表温度分布（a）和地表类型改变导致的地表温度变化（b）

图 5-32 所示为规划方案 5 气温分布及地表类型改变导致的气温变化。由图可知，将耕地变为公园草地后，该区域气温降低 0.06~0.08℃，降温幅度较小，且影响范围只限于局地。

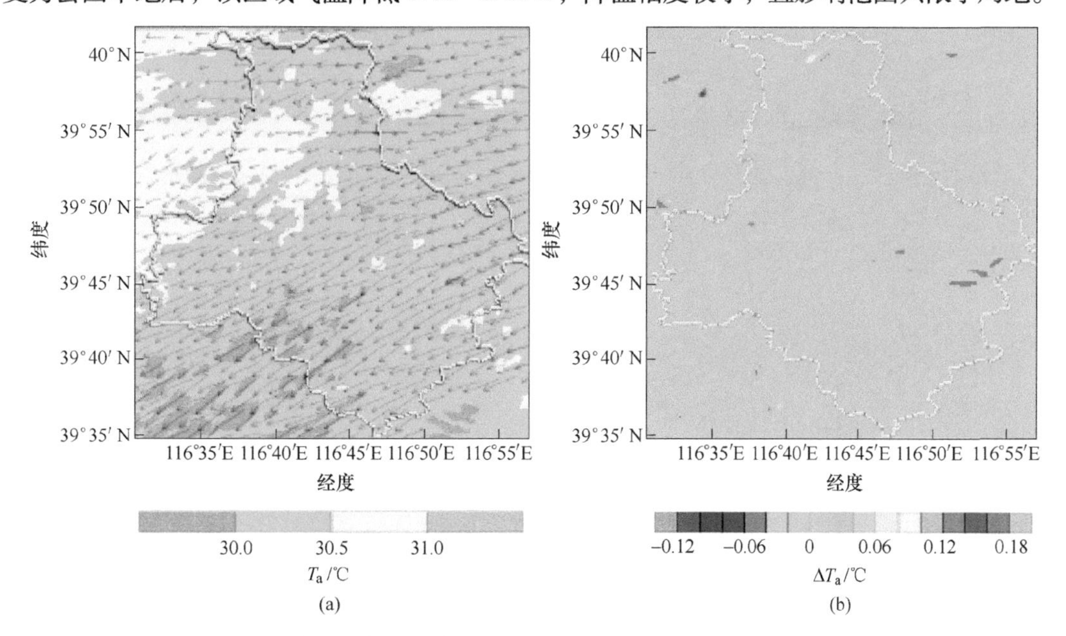

图 5-32　规划方案 5 气温分布（a）和地表类型改变导致的气温的变化（b）

图 5-33 所示为规划方案 5 近地层相对湿度分布及地表类型改变导致的相对湿度的变化。该方案增湿效果并不显著，相对湿度增加 0.6%。

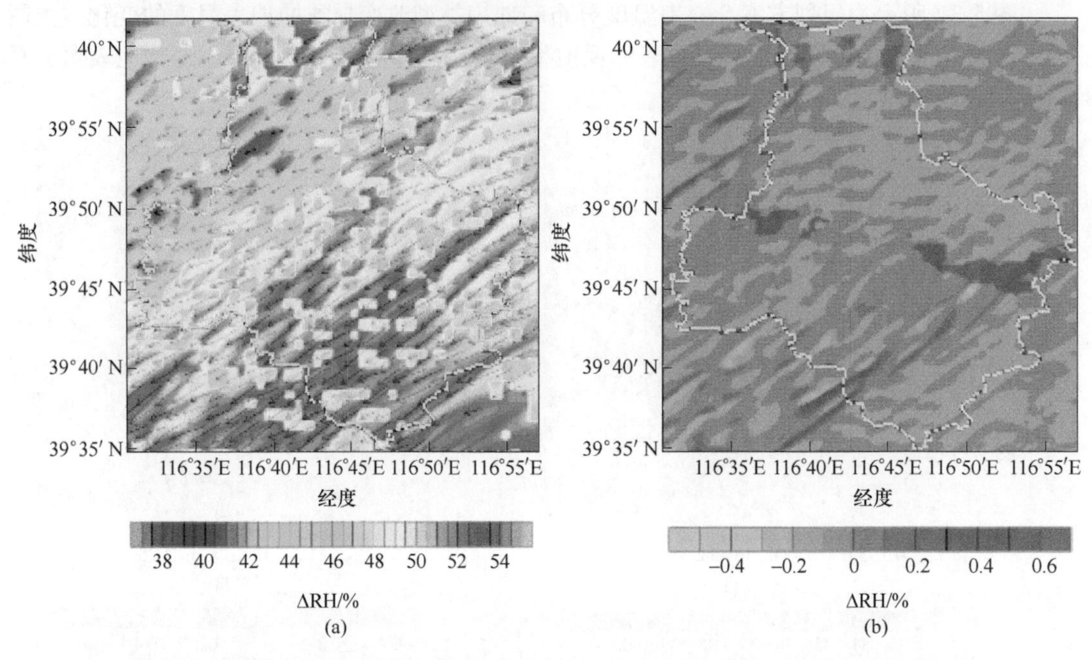

图 5-33　规划方案 5 近地面相对湿度分布（a）及地表类型改变导致的相对湿度变化（b）

图 5-34 所示为规划方案 5 近地层风速分布及地表类型改变导致的城区风速变化。方案 5 地表类型改变后，粗糙度变化较小，增加风速为 0.08～0.1m/s。总体而言，规划方案 5 对近地层气象要素影响较小。

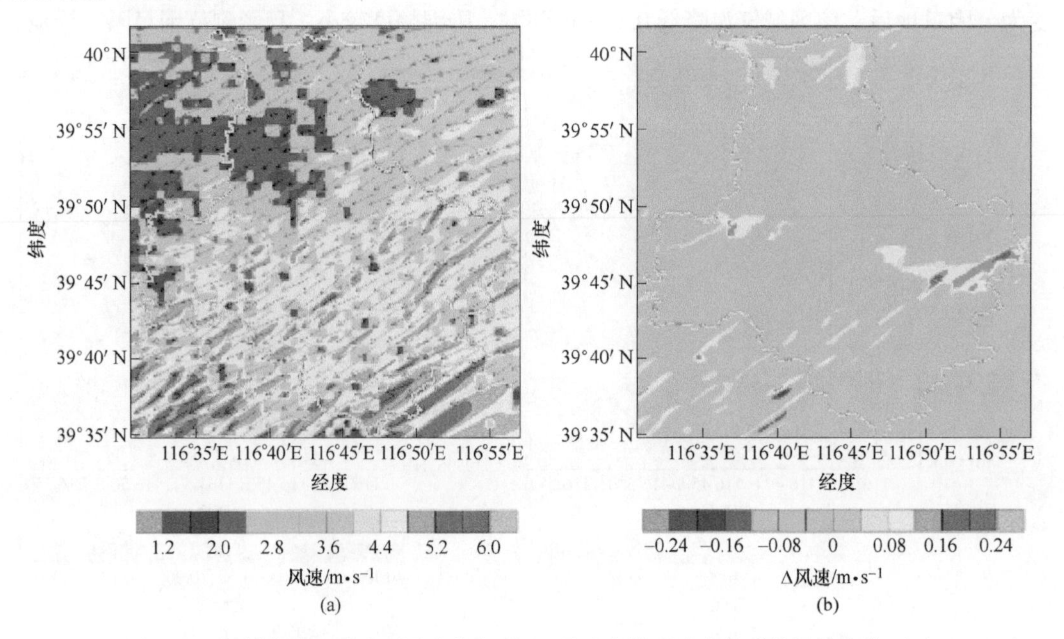

图 5-34　规划方案 5 近地面风速分布（a）及地表类型改变导致的风速变化（b）

5.4.4　模拟结论

（1）内城改善策略：针对六环路以内高密度城市建设区的现状热岛集中区域，增加绿地布局，对改善热岛非常明显。

（2）新区防控策略：针对六环路以外城市规划重点发展区域，推进绿色空间布局，对于控制新增建设区域热岛控制效果明显。

（3）廊道优化策略：在城市重要通风廊道（六环路）及冷源区域，推进绿色空间预留，对热岛改善具有重要作用。

（4）临城支撑策略：在紧邻副中心的城区外围区域，推进环城绿带建设，局部改善了热岛。

（5）本底构建策略：在距离副中心具有一定范围的外围区域，推进区域生态绿地建设，对副中心热岛改善影响不大。

5.5　基于热岛改善的绿地优化布局方案

5.5.1　基于高密度建成区热岛改善的城区点块状绿色空间布局建议

结合城市低效用地腾退、更新，进一步校核热岛集中分布区域的现状用地情况。筛选可布局的城市公园绿地地块，作为冷源绿地，在热岛集中分布区域布局单块面积不小于 $10\times10^4m^2$ 的冷源绿地斑块，共计 8 处，如图 5-35 和表 5-5 所示。南大街、果园环岛地区难度较大，远期择机实施，可适当控制规模。

图 5-35　高密度建成区绿地空间布局建议图

1—永顺城市公园；2—通州文化公园；3—通州站铁路公园；4—碧水公园；5—梨园公园；6—市民体育公园；7—云景公园；8—梨园文化休闲公园

表 5-5　高密度建成区绿地地块布局一览表

序号	绿地名称	规模/m^2	备　注
1	永顺城市公园	99.88×10^4	城市森林公园
2	通州文化公园	15.67×10^4	老城文化公园
3	通州站铁路公园	19.37×10^4	铁路文化公园
4	碧水公园	51.02×10^4	科普湿地公园
5	梨园公园	43.04×10^4	城市综合公园
6	市民体育公园	28.63×10^4	体育运动公园
7	云景公园	25.75×10^4	儿童公园
8	梨园文化休闲公园	20.31×10^4	城市综合公园

5.5.2　基于规划新区热岛预防的结构性绿色空间布局建议

结合城市新区建设与城市主导功能布局，进一步优化区域结构性绿地空间。筛选可预防新区热岛、满足城市发展需求、利于城市环境品质提升的结构性大型城市绿地 5 处，如图 5-36 和表 5-6。未来结合行政办公区城市发展建设，逐步推动绿色空间营造。

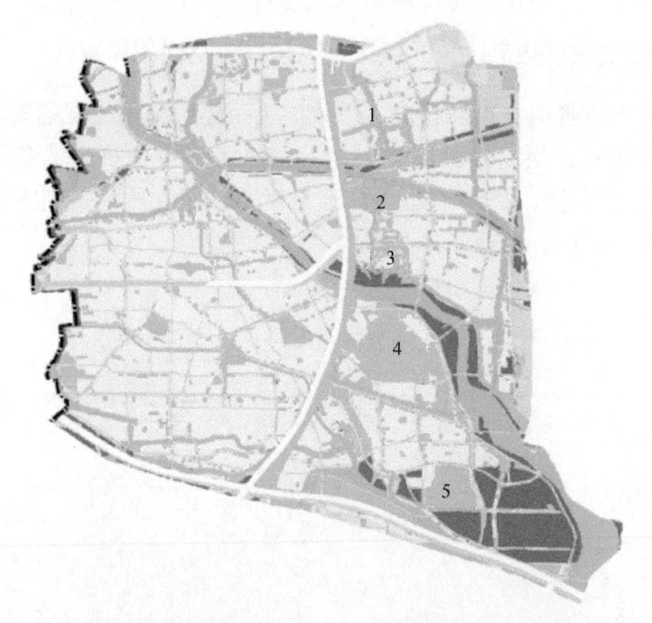

图 5-36　规划新区结构性大型绿地空间布局建议图

1—宋庄艺术文化公园；2—路县故城遗址公园；3—行政办公区绿地；4—城市绿心；5—张家湾体育公园

表 5-6　规划新区结构性大型绿地地块布局一览表

序号	绿地名称	规模/hm^2	备　注
1	宋庄艺术文化公园	67.46	文化艺术公园
2	路县故城遗址公园	131.03	历史遗址公园
3	行政办公区绿地	210	配套大型绿地
4	城市绿心	345.76	大型综合公园
5	张家湾体育公园	129.53	体育运动公园

5.5.3 基于整体通风改善的通风廊道布局建议

5.5.3.1 区域主导风向分析及通风廊道布局原则要求

A 区域主导风向分析

通州区位于北京东南部，地理坐标北纬39°36′~40°02′，东经116°32′~116°56′，为典型的大陆性季风气候，冬季风的主导风向为西北方向和西北偏北方向。受冬和夏季风影响，形成春季干旱多风、夏季炎热多雨、秋季天高气爽、冬季寒冷干燥的气候特征。

B 通风廊道的布局原则与要求

a 主通风廊道

（1）与软轻风的主导风向基本平行，在现有用地覆盖无法完全满足的情况下两者夹角应小于30°；

（2）宽度不小于200m，长度大于5000m为宜，如能形成以贯穿整个城市的廊道为最优；

（3）应沿着通风潜力较大的狭长地区构建，连通绿源与城市中心，打通重点弱通风量分布区，达到阻隔城市热岛连片、集中发展的目的；

（4）可依托城市现有主要交通干道、天然河道、绿化带和已有高压走廊等作为廊道的载体。

b 次级通风廊道

（1）与软轻风的次主导风向平行，在现有用地覆盖无法完全满足的情况下，两者夹角小于30°；

（2）宽度不小于50m，同时，廊道内障碍物垂直于气流流动方向的宽度应尽量小于廊道宽度的10%，长度大于1000m为宜；

（3）应沿着通风潜力较大的地区构建，要使其连通绿源与建成密集区，尽量弥补城市主通风廊道在现有用地覆盖下无法保证的“断头”廊道区域，特别是局地弱通风量区域，应利于与城市主通风廊道相连成网络；

（4）依托现有街道、公园、河渠和建筑线后移地带等作为廊道的载体。

5.5.3.2 通风廊道系统布局规划方案优化

按照通风廊道布局的原则和技术要求，即与主导风向和次主导风向基本平行，两者夹角应小于30°，本节提出规划主次两级绿化通风廊道体系。即夏季风条件下以六环路和高压走廊为主体规划的主通风廊道3条，以道路为主体规划的次级通风廊道12条，如图5-37所示。

5.5.4 基于外围生态空间控制的城市上风向冷源绿地布局基础要求

5.5.4.1 冷源绿地内涵及布局原则

冷源绿地定义：指郊区或市区中一定面积能产生新鲜冷湿空气的水体、林地、农田及城市绿地。冷源绿地等级划分见表5-7。

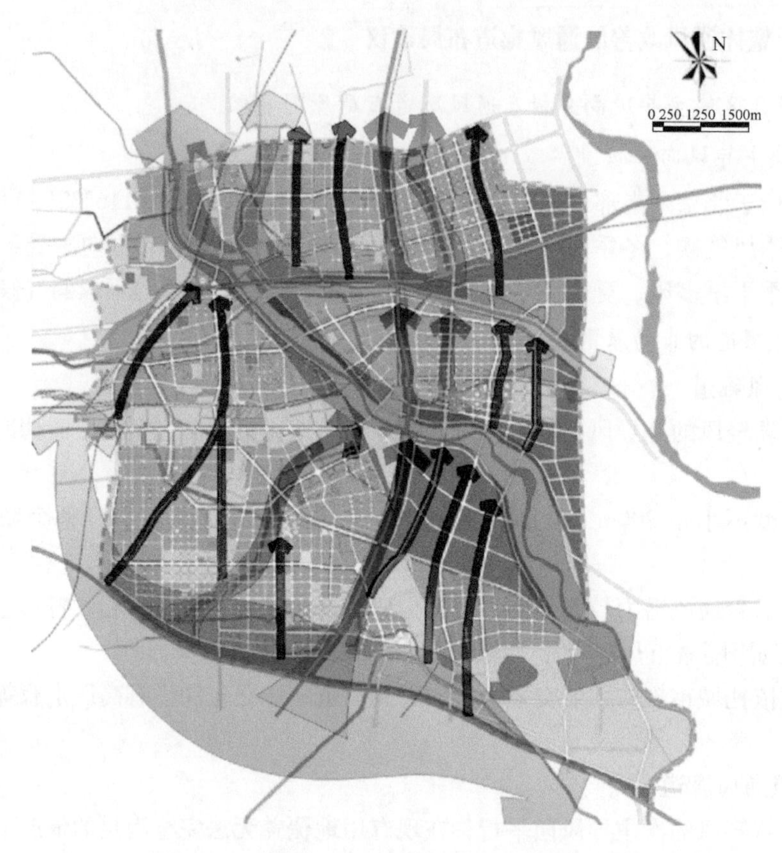

图 5-37　夏季风条件下通风廊道空间布局示意图

表 5-7　冷源绿地等级划分

类型	一级	二级	三级	四级
土地利用类型	水体	林地	林地	农田或林地
面积/m^2	—	≥20000	16000~20000	农田不小于 16000 或林地在 12000~16000
含义	强绿源	较强绿源	一般绿源	弱绿源

冷源绿地布局要遵循 3 个基本原则与要求：

（1）位于城区冬夏季风的上风方向；

（2）与冬夏季风的主要通风廊道相衔接；

（3）以水体、林地、农田等土地利用方式为主。

5.5.4.2　城市冷源绿地优化布局

按照冷源绿地区域布局的原则和技术要求，本节提出在夏季风上风方向规划 3 条绿源绿带。主要位于中心城区南侧，控制范围为京哈高速周边及南侧以北 3km 范围；另外 2 条夏季风绿源绿带分别位于小中河—减河沿线、温榆河—大运河沿线区域，如图 5-38 所示。

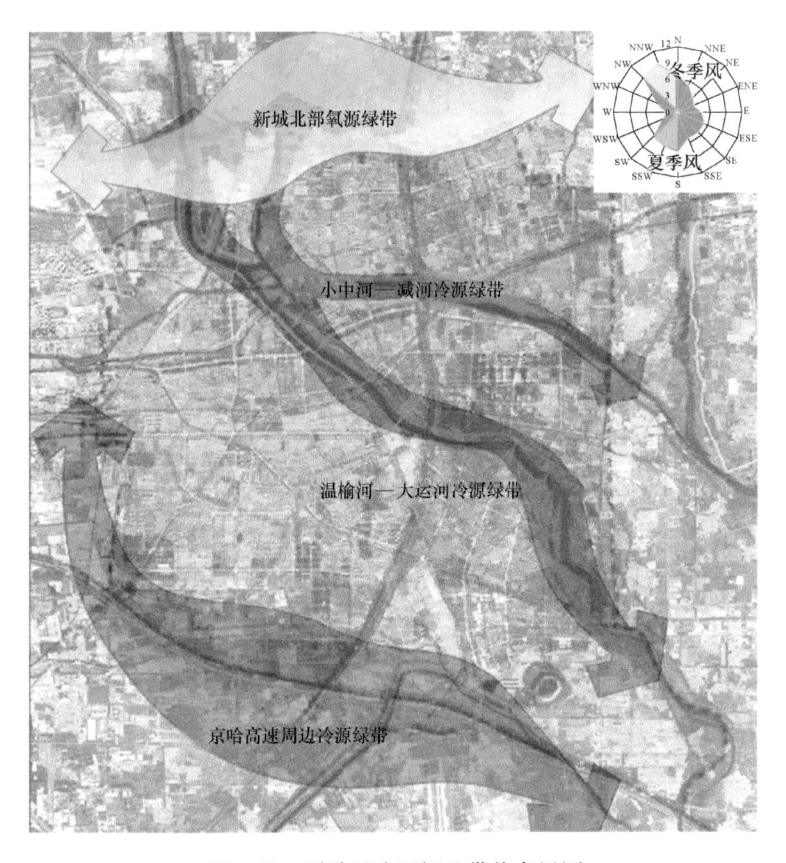

图 5-38 夏季风冷源绿地带状布局图

5.6 绿地优化布局总体方案及建议

5.6.1 基于热岛分析的布局优化结论汇总

基于提出的热岛改善的绿地优化布局方案（见图 5-39），该方案经过整体模拟，热岛有明显的改善情况，提出以下建议：

（1）结合副中心六环路以内地区的现状集中建设区的城市功能疏解和城市空间重构，补偿性的规划建设一批大中型绿地，以改善老旧城区热岛效应；

（2）针对六环路以外城市规划重点发展区域，结合城市规划布局，加快推进绿色空间布局和建设，以有效遏制城市新区的热岛效应；

（3）推进城市重要通风廊道及冷源区域的建设用地减量、绿色空间预留与建设，推进六环路入地，以改善副中心通风条件，进而改善热岛；

（4）推进副中心环城公园带建设和环城区域平原造林工程，推进环城区域建设用地控制减量，从大环境角度助力区域热岛降低；

（5）在距离副中心具有一定范围的外围区域，推进区域生态绿地建设，可以改善区域的整体生态环境，供给更加丰富的优质服务产品。

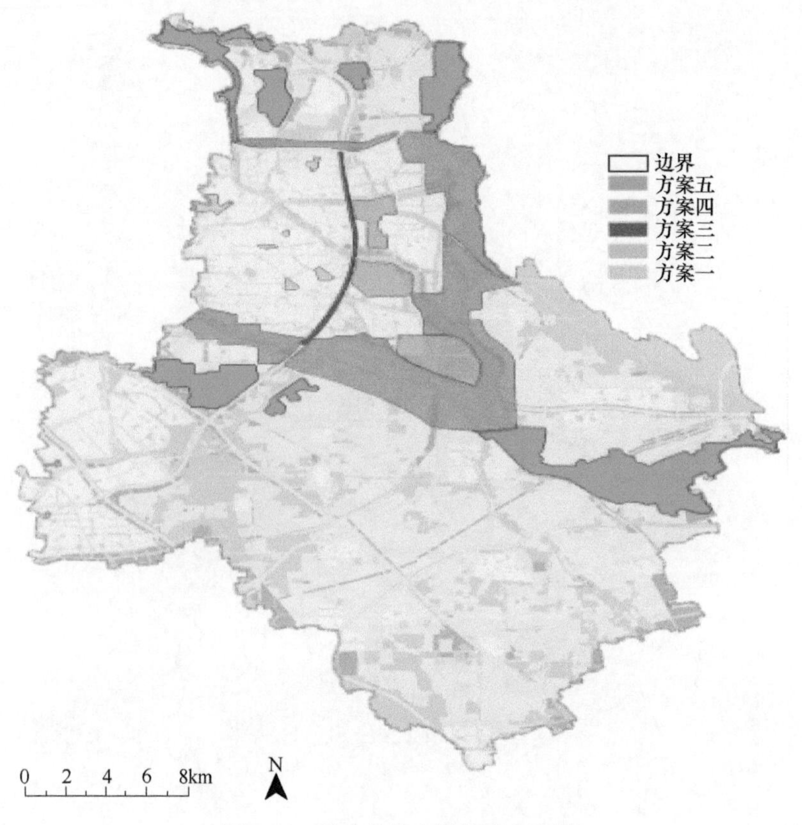

图 5-39　绿地优化布局总体方案图

5.6.2　确定绿地布局的其他考虑因素

绿地布局受到了多重因素的影响，基于城市发展需要的热岛环境改善仅是其中的一个方面。本节结合绿地布局的综合因素，从生态、游憩、景观功能的综合角度进行了系统分析。

5.6.2.1　生态功能分区的确定

结合绿楔规划、二道绿隔规划等北京市层面对通州不同区域的生态功能定位和空间管制要求，兼顾资源特色，将全区（不含新城和亦庄）划分为 4 类生态功能区，如图 5-40 所示，并分别明确规划管控要求和绿化建设指引，在保证林地规模总量的同时，保障各生态功能区生态林地建设的规模比例，避免因租地成本因素等原因导致林地建设过多分布于外围地区。

5.6.2.2　郊野游憩体系构建

结合北京城市副中心郊野游憩发展需求与区域自然资源特色，遵循“三大集群、特色差异发展”的原则，在北京城市副中心区域范围内布局三大郊野游憩集群：近郊发展集群、东部发展集群和南部发展集群，如图 5-41 所示。

5.6.2.3　中心城区风貌景观格局构建

结合通州城区自然资源条件特征和现状城市空间格局特征及行政办公区相关规划构

图 5-40 基于热岛改善的副中心绿地优化布局地块方案汇总图

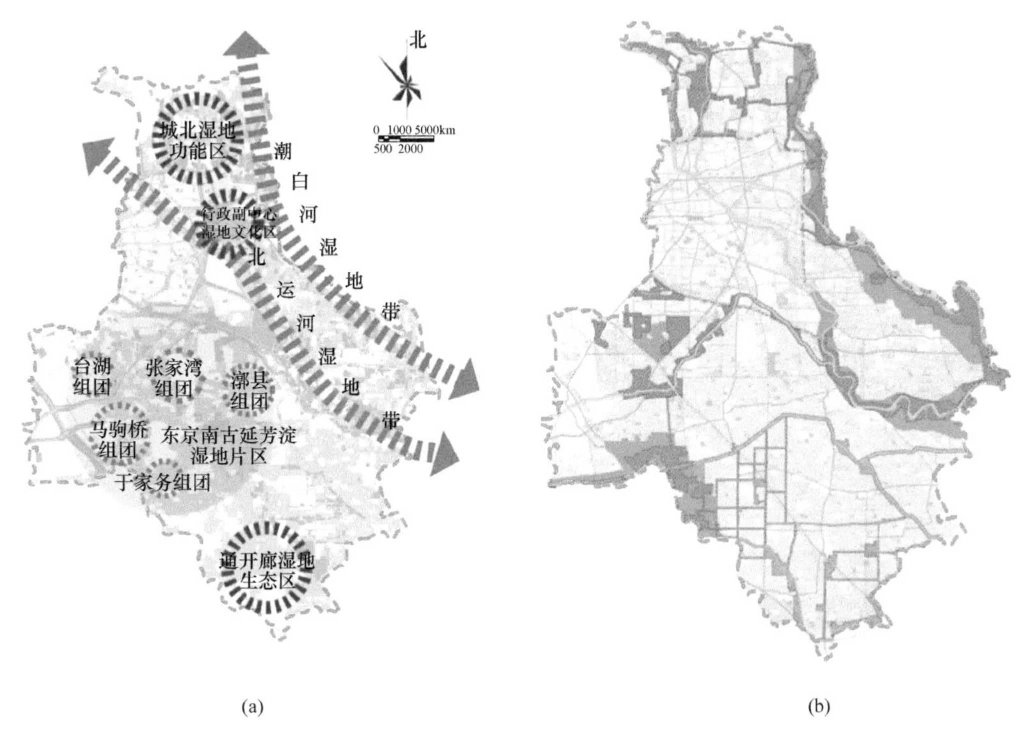

图 5-41 副中心绿色生态空间主导生态功能分区图

（a）生态湿地体系分布构想图；（b）郊野游憩体系分布构想图

想，提出“轴脉引领”的绿地空间拓展战略，即“绿轴引领”策略和“蓝脉引领”策略，形成“四轴引领、八段双心”的景观格局，如图5-42所示。

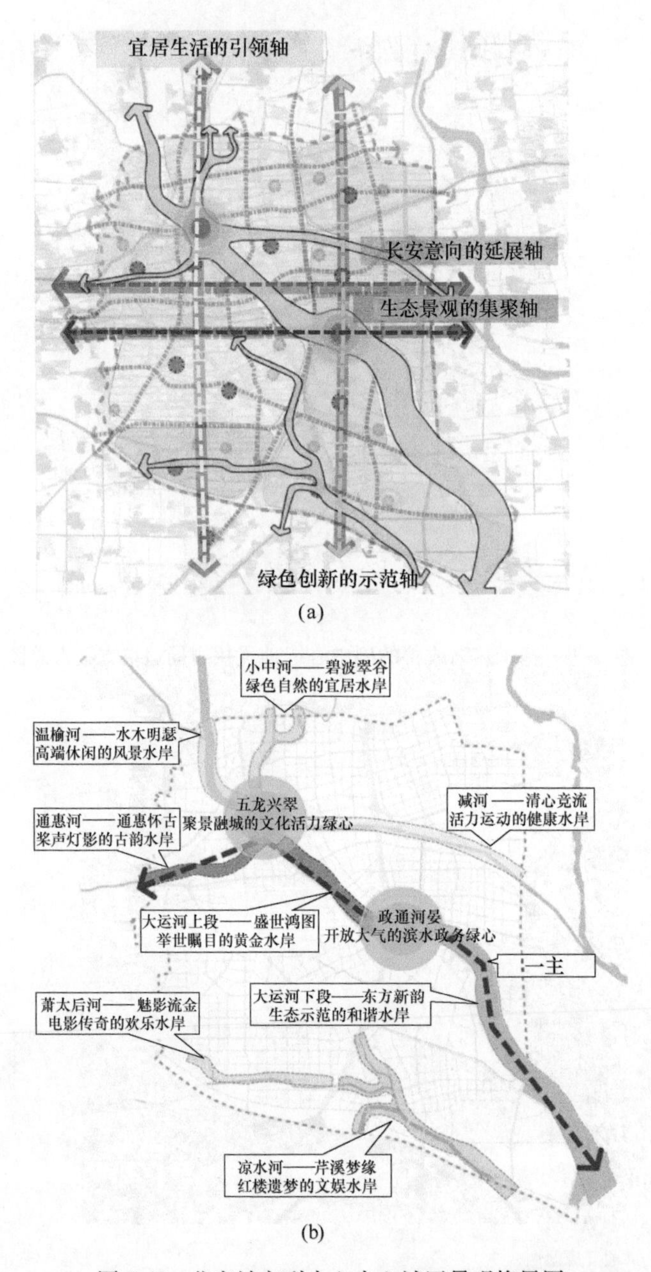

(a)

(b)

图5-42　北京城市副中心中心城区景观格局图

5.6.2.4　中心城区日常游憩体系构建

居民日常游憩行为对公园绿地的规模、可达性和功能配置的差异性非常敏感，在建设用地紧张的背景下，构建分级分类、推窗见绿、出门进园的日常游憩体系，满足居民对公园绿地可达性和规模等级的多元化需求。

综上所述，提出绿地系统优化的综合方案图如图 5-43 所示。

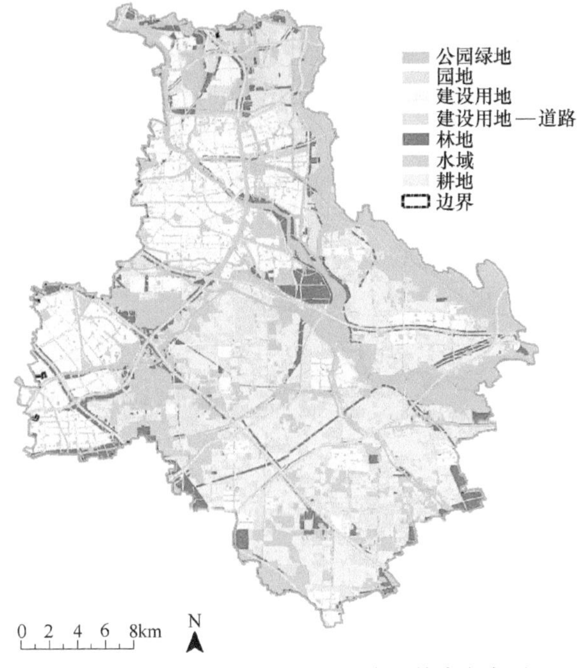

图 5-43　北京城市副中心绿地布局综合方案图

（底图基于卫星影像的土地利用解释图，并结合有关规划资料综合绘制）

5.7　基于热岛改善的绿地布局管控研究

5.7.1　冷源绿地斑块规建管控建议

建议结合城市更新，在上述 5 处热岛集中分布区域布局城市公园绿地作为冷源绿地斑块，缓解城市热岛，每处绿地的建设规模不宜小于 $10hm^2$。对于南大街、果园环岛地区等近期实施难度较大的区域，远期择机实施，可适当降低绿地规模，如图 5-44 所示。

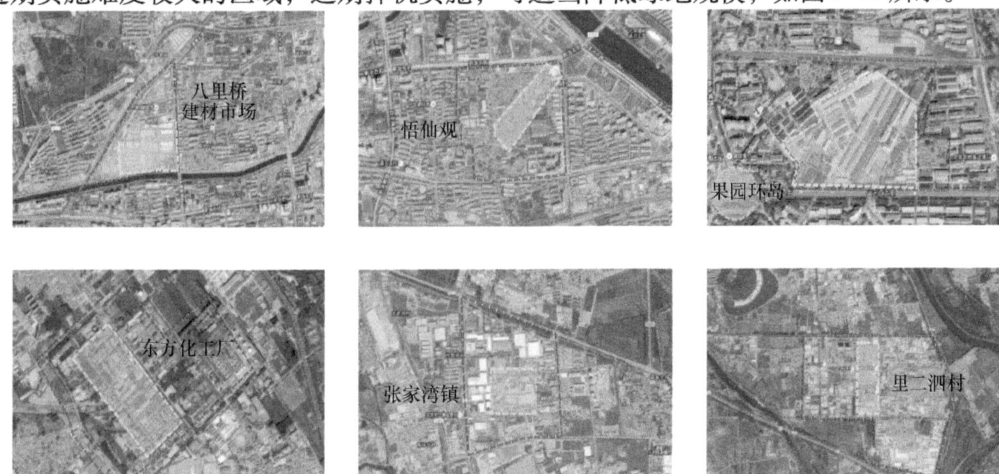

图 5-44　新增冷源斑块

5.7.2　通风廊道规划建设管控建议

确定为绿化通风廊道的道路、高压走廊、河流沿线应保持必要的开敞宽度。绿化通风廊道宽度包括道路红线宽度（或高压走廊及其安全防护距离的宽度、河道及其蓝线宽度）、路侧防护绿地（或带状公园）宽度以及两侧建设用地的建筑后退红线距离。对廊道宽度的控制采用区间控制的方式，立足于现状各条廊道上完成更新发展，形成较为稳定的城市形态的区段，确定廊道下限宽度；立足于廊道周边区域的相关规划构想，综合考虑城市通风需要，提出上限控制建议，为总体规划和控制性详细规划的修编提供建议。最终确定为绿化通风廊道的区域应在城乡规划管理中明确范围，不得侵占。本书提出的绿化通风廊道的宽度控制要求见表5-8。

表 5-8　夏季风条件下通风廊道绿化控制建议

名称	序号	通风廊道名称		廊道（含路）宽度/m
主通风廊道	1	六环路		300～500
	2	高压走廊梨园段		200～300
	3	六环路		300～500
	4	高压走廊潞城段		200～300
	5	六环路		300～500
	6	高压走廊宋庄段		200～500
次通风廊道	1	洼子村南路		50～80
	2	云景东路		50～80
	3	九棵树路—新华路	九棵树路段	50～100
			新华路段	40～60
	4	京承铁路		50～100
	5	六环路东侧路		50～80
	6	宋梁路		80～100
	7	张凤路		40～60
	8	宋梁路		80～100
	9	宋梁路东侧路		50～80
	10	宋梁路		80～100
	11	潞邑西路		40～60
	12	焦刘路		30～50

确定为绿化通风廊道的道路、高压走廊、河流沿线应保持必要绿化率。以道路为主体的绿化通风廊道，道路绿地率指标应在满足《城市道路绿化规划规范》（CJJ75—1997）的基础上适当上调，加强路侧防护绿地（或带状公园）、建筑后退红线区域的绿化建设，应采用冠大阴浓、绿量充足的绿化树种，如：悬铃木、元宝枫、国槐、白蜡等。以河流和高压走廊为主体的绿化通风廊道，要在符合安全要求的基础上，尽可能加强绿化建设。

根据绿化通风廊道的宽度控制要求，结合城市更新拓展，清退低端产业、采取棚改搬迁措施，拓展道路两侧绿带宽度，满足绿带宽度要求，保证通风廊道畅通。

（1）六环路中段。在六环路入地暂时无法实施的条件下，路两侧绿带外围应按公园和林地满足控制要求，整理现状土地，并于东侧留出200m宽的绿化带，如图5-45所示。

图5-45 绿化通风廊道建设管控示意图

（2）六环路南段。腾退拆迁，在六环路入地暂时无法实施的条件下，宜于两侧各留200m宽度的绿地空间，充分利用道路两侧现有绿地，整合土地，在两侧各50m宽的防护林带的基础，再增加150m，保证不低于400m的宽度底线要求，如图5-46所示。

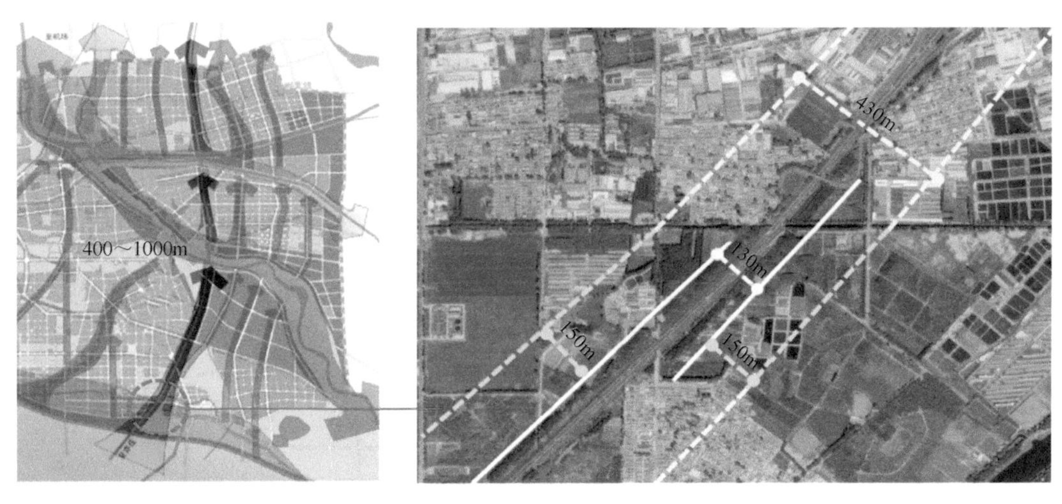

图5-46 绿化通风廊道建设管控示意图

（底图基于卫星影像的土地利用解释图，并结合有关规划资料综合绘制）

（3）九棵树路中段。结合腾退搬迁，增加30m宽的路侧绿地，如图5-47所示，在现状基础上实施绿化改造，增加绿量。

（4）九棵树路南段。结合居住区绿地，保证道路两边绿地宽度，满足总宽100m的要求。充分利用道路两侧现有绿地，整合土地，保证100m的宽度要求。结合腾退搬迁，增

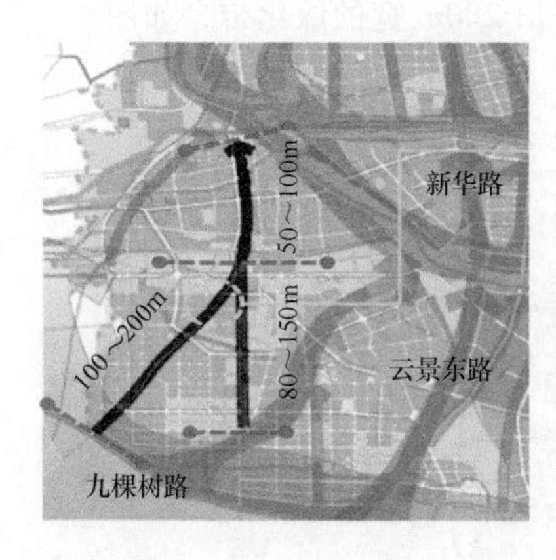

图 5-47 绿化通风廊道建设管控示意图

加路侧绿地宽度，保证两侧绿地分别达到 70m 宽度，如图 5-48 所示。

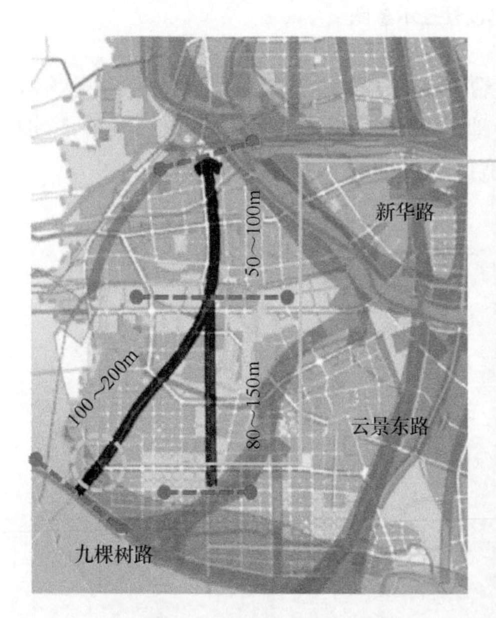

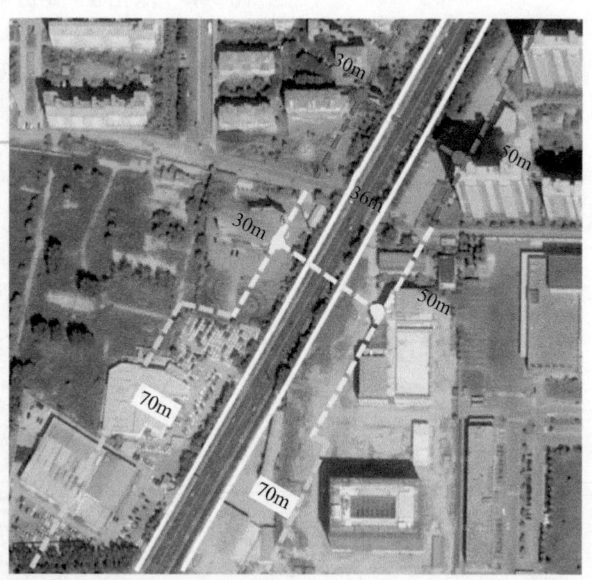

图 5-48 绿化通风廊道建设管控示意图

5.7.3 城市冷源绿地规划建设管控建议

建议在冷源绿地区域范围内控制并逐步减少各类城乡建设用地总量，逐步推进棚改搬迁、清退低端产业用地和违章建设用地，鼓励引导农村集体建设用地集中整理；全面清理大气污染源；结合平原造林、湿地公园、森林公园、平原造林等生态工程建设，不断扩大林地规模总量；改善河流和湿地的水质，提升湿地植被覆盖度，保证冷源绿地生态功能。

带状冷源绿地规划建设管控建议如图 5-49 所示。

冷源绿地带状布局图	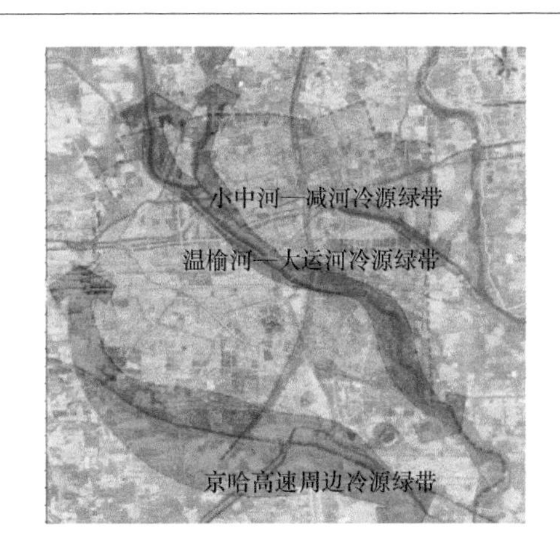
“小中河—减河冷源绿带”沿线部分地段需采取拆迁后退建筑的措施，结合滨水公园建设，保证沿河两岸堤顶路外侧不小于50~100m的绿化带宽度	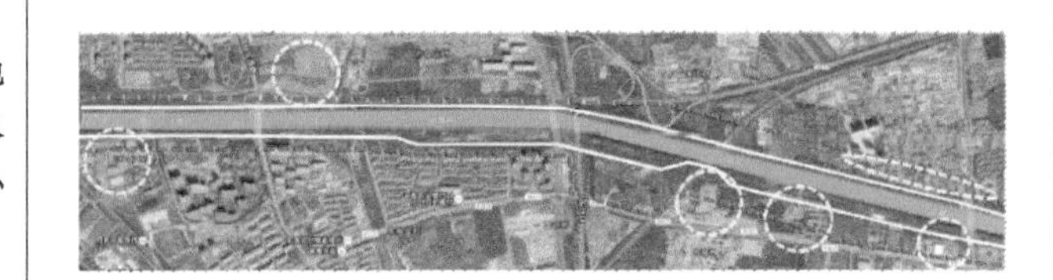
协调通州区和朝阳区的临界区域建设管控，清退低端产业、采取棚改搬迁措施，实施造林，保证临界区域冷源绿地总量	
控制建设规模，清退违章建设，结合大型绿色地块构建郊野公园等绿色空间，保证新城区西南临界区域冷源绿地总量	

严格控制京哈高速周边冷源绿带建设用地无序增长蔓延，并清退低端产业、采取棚改搬迁措施，依规建绿，控制开发强度，结合萧太后河和环球影城构建大型绿色开放空间，同时构建新城与台湖镇的绿化隔离，防止形成连绵发展的态势	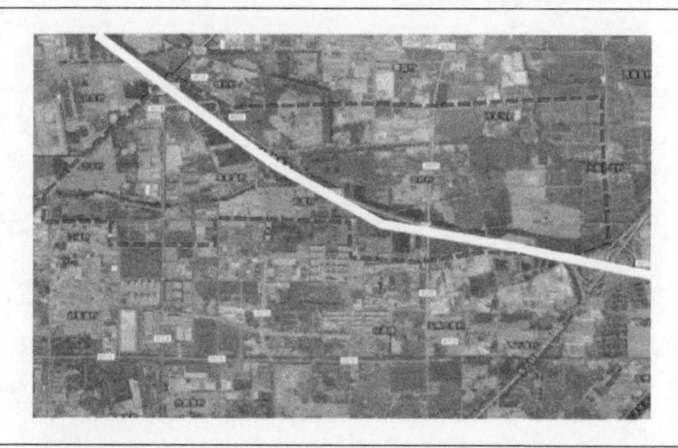
推动凉水河两侧低端产业和村的搬迁拆除，依规建绿，结合郊野公园建设，保证凉水河周边冷源绿地总量	

图 5-49　带状冷源绿地规划建设管控建议

5.8　小　　结

通过探索城市绿地系统规划改善城市热岛效应的研究进展，总结提出了现状问题分析—多策略方案设定—多方案模拟评估分析—优化方案的基本研究思路与方法，形成了具有借鉴意义的规划与研究相结合的技术方案，其主要结论如下：

（1）在充分调研、摸查通州区（含副中心）现状城市绿地空间布局、城市更新发展潜力等问题基础上，基于遥感影像数据处理分析，针对差异化的城市发展片区分别提出了针对城市副中心现状高密度建成区、规划集中发展区域、城内通风廊道区域、环城区域大型绿地、外围生态区域郊野生态绿地等 5 种发展策略。并借助于 3S 技术、数据处理等分析方法进行模拟、分析与评估出五大策略片区绿地布局的优势与不足，分别为：

1）内城改善策略一。针对六环路以内高密度城市建设区的现状热岛集中区域，增加绿地布局，对改善热岛非常明显。

2）新区防控策略二。针对六环路以外城市规划重点发展区域，推进绿色空间布局，对于控制新增建设区域热岛控制效果明显。

3）廊道优化策略三。在城市重要通风廊道（六环路）及冷源区域，推进绿色空间预留，对热岛改善具有重要作用。

4）临城支撑策略四。在紧邻副中心的城区外围区域，推进环城绿带建设，局部改善了热岛。

5）本底构建策略五。在距离副中心具有一定范围的外围区域，推进区域生态绿地建设，对副中心热岛改善影响不大。

（2）基于热岛、通风、冷源等模拟分析等基础上，识别与总结五大策略片区绿地布局的优势与不足，充分遵循通风廊道与冷源绿地的布局要求，通过调整优化，形成以热岛为主导的最优绿地布局规划方案，并充分结合资源特色、景观风貌、行业指标等其他影响因子分析叠加，形成北京城市副中心绿地空间布局方案，同时对通风廊道、绿源片区等提出了相应的规划建设管控建议。

6　热岛改善与提升北京城市副中心人居环境舒适度绿地建设的关键技术

6.1　涉及区域与研究方法

6.1.1　涉及区域

选取市政府大楼地块，占地面积约 1km×1km，地块内建筑排布整齐，形态规则，因此可以作为典型案例，进行比较全面的不同绿化景观配置的参数化模拟，考察绿化景观配置的热岛改善效益。

另外两个研究区域为通州区最为常见的南北向多层居民区。其中，图 6-1 所示为乔庄小区北区及西区，占地面积约 0.5km×0.8km，图 6-2 所示为永顺南里小区，占地面积约 0.6km×0.6km，南邻通惠河。两个小区建筑密度都较高，而最高建筑为 6 层楼。可以作为典型案例，考察旧区改造中的绿化景观配置组合，如楼间绿地提升、引入立体绿化、利用

(a)

(b)

图 6-1　乔庄小区

（a）乔庄小区卫星图（绿色区域为模拟区域）；（b）区域内建筑高度图

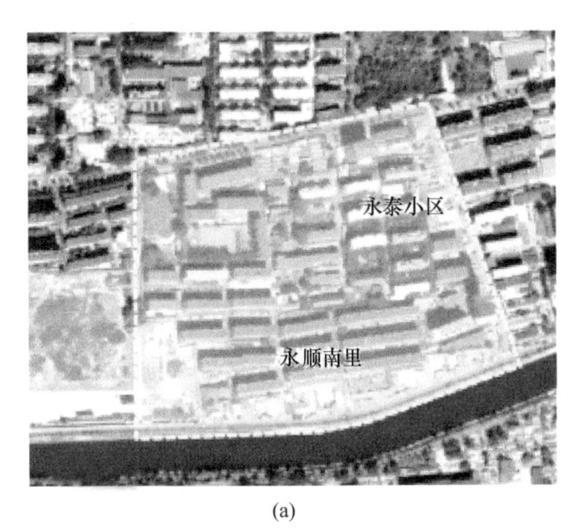

(a)

(b)

图 6-2 永顺南里小区

(a) 永顺南里小区卫星图（黄色框内为模拟区域）；(b) 区域内建筑高度图

腾退空间建设集中绿地等。一方面这两个高密度居民区对于热岛的改善有较为迫切的需求，具有研究的典型性；另一方面，这两个区域都处于旧区改造的范围内，目前拆违改造工作已经开始，针对改造方案对绿化配置方案的热岛改善效益进行科学的评估，也具有研究的现实意义。

本节选取夏季典型高温日（2016 年 7 月 4 日）作为代表性天气进行数值模拟与分析。该日最高平均气温达到 32.3℃，最低气温也超过 24℃，日照辐射最强时超过 1200W/m^2，日平均风速 1.4m/s，是典型的高温静稳天气。

6.1.2 研究方法

6.1.2.1 模拟工具介绍

模拟工具采用 ENVI-met 软件对研究区域热环境进行数值模拟。ENVI-met 是一个三维非静力模型，能够模拟地表—植物—空气的相互作用，主要用于模拟和研究城市微气候和评估绿色建筑的影响。该软件可以对城市街区尺度的气候进行计算机仿真模拟，典型水平分辨率为 0.5~10m，典型模拟时间范围在 24~48h，时间步长为 1~5s。正是这样的分辨率使得模型能够分析单个建筑物、地表和植被之间小尺度的相互作用。

ENVI-met 的模型计算包括以下方面：

(1) 长短波辐射通量。考虑了由于建筑物和植被而产生的遮阳效应、反射和再次辐射的影响。

(2) 蒸发、蒸腾效应。从植被到空气中的显热通量，包括对所有植物物理参数（如光合作用速率）的完全模拟。

(3) 动态的地表温度和墙面（包括每一立面和屋顶）温度计算。墙面最多可以支持 3 层结构和 7 个计算点。

(4) 土壤系统内部的水和热量交换，包括植物的吸水过程。

(5) 植物的三维描述，包括每一植物种类的动态水平衡模型。

（6）气体及颗粒物的扩散，模型可计算一氧化氮—二氧化氮—臭氧反应循环中的颗粒（包括叶片和地表的聚集和沉积）、惰性气体和活性气体。

（7）通过 BioMet 计算生物气象学指标，比如平均辐射温度、PMV/PPD、PET 或者 UTCI 等。

在数值差分方案的选择上，ENVI-met 使用了正交的 Arakawa C 网格；在数值方法上，ENVI-met 采用有限差分法求解模型中的多个偏微分方程，根据所分析的子系统，方案部分是显式，部分隐式，其中，大气平流和扩散方程是完全隐式的，这使 ENVI-met 保持数值稳定。ENVI-met 包括了大气模型、土壤模型、植物模型和建筑模型这 4 个模块。

在大气模型中，ENVI-met 的风场环境包括了一个完整的三维计算流体动力学（CFD）模型，软件求解每一网格和每一时间步长下的雷诺平均非流体静力学的纳维-斯托克斯方程，模拟环境风场分布，通过 E-ε 或 K-ε 模型计算湍流。而空气的温度和比湿则由模型内部显热和水汽的不同源汇点决定。ENVI-met 辐射计算方案考虑了复杂几何形态的阴影、不同表面及建筑材料的反射及植被对所有辐射通量的影响，专家版本的 ENVI-met 还引入了新的 IVS 方法，其中每一城市元素都使用了太阳反射和热辐射的实时状态，而非平均通量。而 ENVI-met 的污染扩散模型允许同步释放、扩散和沉积最多 6 种不同的污染物（包括颗粒、惰性和活性气体），专家版本还可以模拟光催化活化表面对空气质量的影响。

土壤模型能计算自然土壤和人工密封材料的表面温度和土壤温度分布。对于每个垂直网格层，用户可以自行选择不同的土壤或密封材料来模拟不同土壤结构，软件可以根据土壤的实际含水量计算其导热系数。ENVI-met 还可根据达西定律，在考虑蒸发、土壤内部水交换和植物根系吸水的情况下，动态求解土壤含水状态。

ENVI-met 的植物模型支持简单的垂直植物，比如草或玉米，也支持大树这样的复杂三维植物结构，并且所有的植物都被视为独立的物种，有完整的水平衡控制和水热应激反应控制。ENVI-met 能根据植物冠层每个网格的实际气象和植物生理条件，通过求解叶面能量平衡来计算叶温。软件使用一个复杂的模型来模拟植被的气孔行为，以响应小气候、二氧化碳可用性和水压水平。

建筑模块中，允许用户构造复杂的建筑物和其他三维结构，只要在立方体基础结构允许的范围内，不受建筑的复杂性限制，使得软件能够模拟一些半开放空间，例如足球场。另外，在专家版中还能对任意网格使用单一薄墙结构，这些结构用来表示非建筑物的墙体结构，例如公交车站遮蔽物、遮光结构等。针对建筑材料的选择上，软件允许为每面墙和屋顶单独制定墙体类型。墙体类型可由 3 种不同材料组成，具有独特的物理属性。同时，ENVI-met 中每一部分的墙和屋顶都有着自己的热力学模型，并且该模型由 7 个预测计算节点组成。外部节点的温度根据立面的气象变量和所研究立面环境的热状态进行不断更新；而内墙节点根据指定墙体或屋顶的物理特性，通过傅里叶热传导定律计算得出。

正因为 ENVI-met 综合考虑了微气候影响因素，特别是引入了植物绿化对光、热、风、污染物等环境因子的影响，ENVI-met 常用来模拟住户室外风环境、绿化对周围环境小气候或人体舒适度的影响，以及研究城市规划或设计决策对开放空间的小气候作用。

6.1.2.2 模拟验证

由于 CFD 求解的高度非线性特征，需要对模型模拟结果的合理性及对参数输入的敏感性进行检验，确保模拟结果真实反映出实际的流场特征。本节利用通州区定点实测数据对 ENVI-met 模拟结果进行了合理性检验。

利用 2017 年 6~8 月和 2018 年 6~8 月平均实测数据对 ENVI-met 模拟结果进行检验，列举通州区南大街模拟检验结果。模拟区域大小约为 300m×200m，建筑均为较规则的东西走向，楼高 20m，地表覆盖率约 25%，地面绿化包括草地和 15m 高树木。该区域建筑形态规则，排布整齐，植被覆盖率适中且分布清晰，是较为理想的验证模型样地。结果表明，ENVI-met 模型，可以比较好地模拟局地热环境，模拟气温和实际测气温相关性达 0.78。

6.1.3 数值模拟方案

使用的原始建筑数据存在大量冗余建筑细节，如门廊、立柱及外墙面细小凸出等。这些细节对于理解研究区域热环境没有贡献，相反却会极大地增加模拟复杂度，造成计算成本的级数增长，因此首先对原始建筑数据进行了大量简化，使得建筑均为矩形或凸多边形，无重叠、毛刺等现象。

6.1.3.1 ENVI-met 建模方案

由于 ENVI-met 建模的特性，首先将研究区域逆时针旋转一定角度，使得尽量多的建筑和坐标轴平行或垂直，以减少锯齿状误差，降低计算成本。图 6-3 所示为三个研究区域在 ENVI-met 中建立的三维建筑模型。

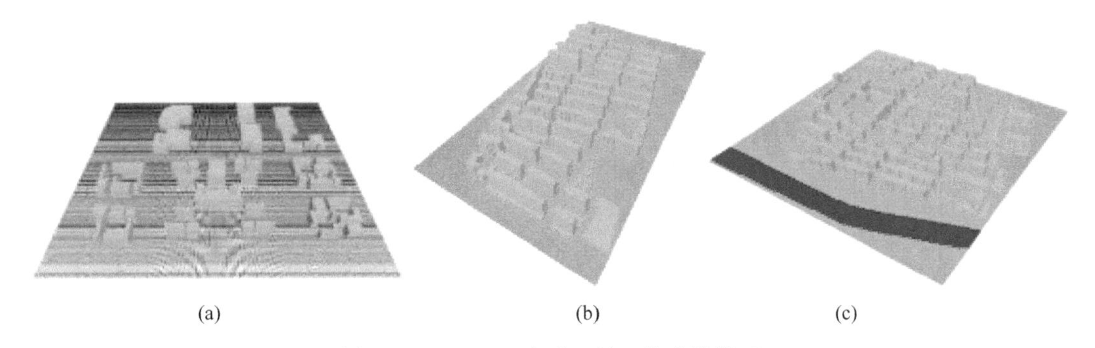

(a) (b) (c)

图 6-3 ENVI-met 中建立的三维建筑模型

（a）研究区域 1，模型大小 900m×800m，网格大小 5m；（b）研究区域 2，模型大小 400m×720m，网格大小 2m；（c）研究区域 3，模型大小 600m×600m，网格大小 3m

6.1.3.2 绿化配置方案建模

主要考察地面绿化和立体绿化两种绿化配置方案。地面绿化包括树木（高密度树冠，树高 15m，树干高度 6m，最大叶倾角为 1.5°）和草（高度 30cm）。立体绿化包括屋顶绿化（草，高度 30cm），以及墙体绿化（攀爬性植物，厚度 10cm 以内）。

区域 1 即北京市人民政府大楼地块，图 6-4 所示为不同的绿化配置方案的模型。

区域 2 即乔庄小区地块，配置方案为通过停车场、小区道路、楼间绿地绿化提升等手段，提高绿地率至 25%，区域范围内利用腾退空间建设集中绿地；清退通风廊道上的违建或非正规建筑。图 6-5 所示为 ENVI-met 中对绿化方案的建模结果。

区域 3 即永顺南里小区地块，其配置方案为通过停车场、小区道路、屋顶绿化提升等手段，提高绿地率至 25%；区域范围内利用腾退空间建设公园；清退通空廊道上的违建或

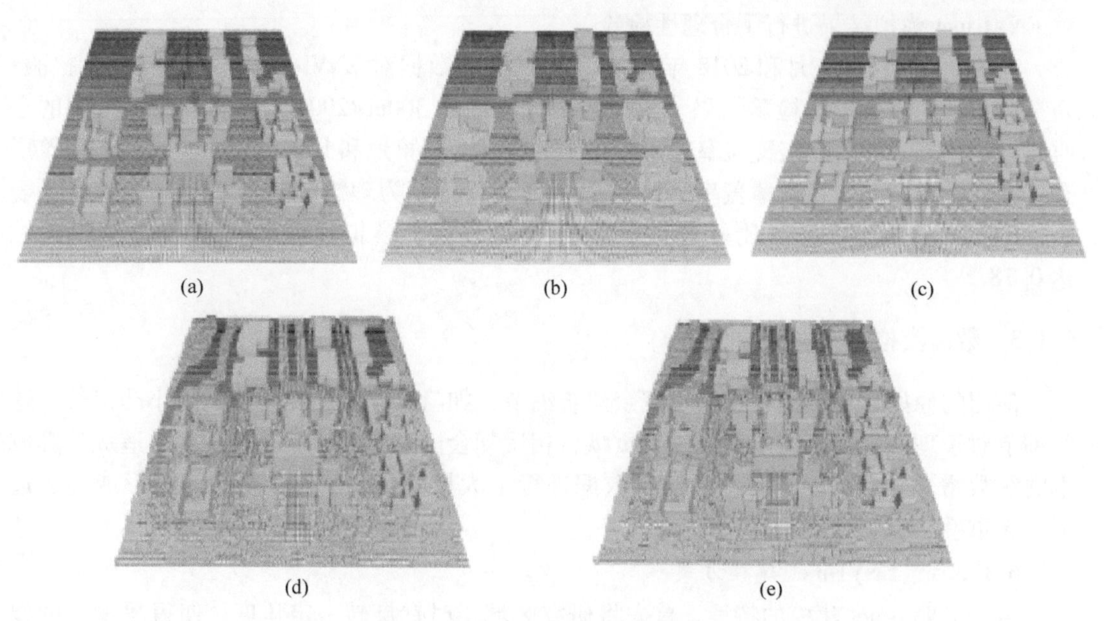

图 6-4　区域 1 不同的绿化配置方案

（a）所有建筑朝南立面设置绿化墙面（通常做法）；（b）所有建筑全部立面设置绿化墙面；（c）屋顶绿化（草）；（d）地面种树，30%绿化率；（e）地面种树，30%绿化率+朝南绿化墙面（接近真实可达到的目标）

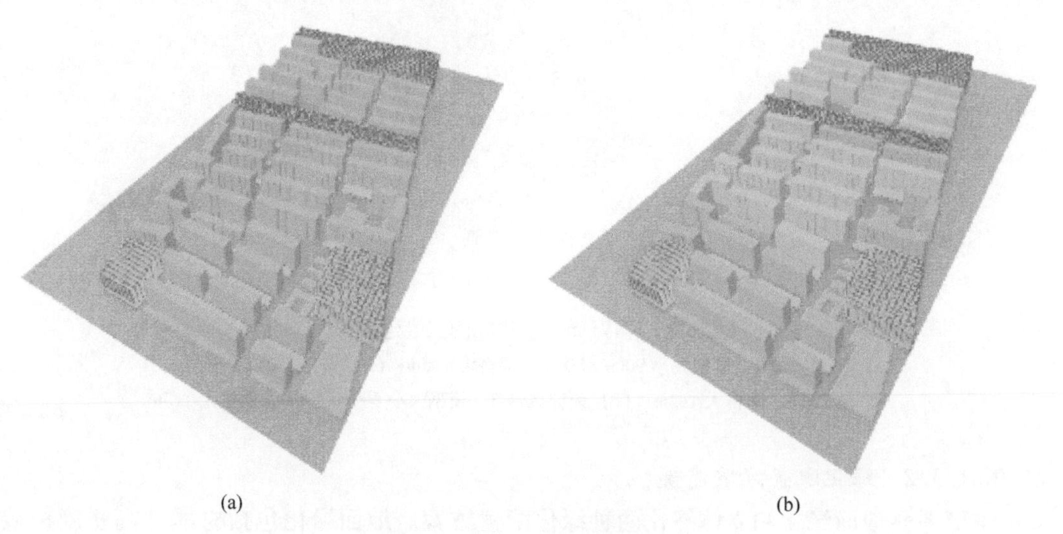

图 6-5　区域 2 的绿化配置方案

（a）地面绿化方案；（b）地面及立体绿化方案

非正规建筑。图 6-6 所示为 ENVI-met 中对绿化方案的建模结果。

6.1.3.3　数值模拟参数设定

ENVI-met 中使用当日实测气象数据进行逐小时的数据强制，以便获得更加真实的模拟效果，强制数据包括气温和相对湿度，如图 6-7 所示。模拟初始时刻选择日出之前的 4:00，在本案例中初始气温为 298.99K，连续模拟 24h，逐秒积分计算，以模拟土壤和空气完整的升温降温过程。如前文所述，为不失一般性，风速设置为 2m/s 的小风情况。模

图 6-6 区域 3 的绿化配置方案
（a）地面绿化方案；（b）地面及立体绿化方案

拟的建筑外表面、植被和空气之间的热应力过程中，建筑表面更新频率为 30s，植被过程更新频率为 900s，辐射场更新频率为 600s，风场更新频率为 900s。

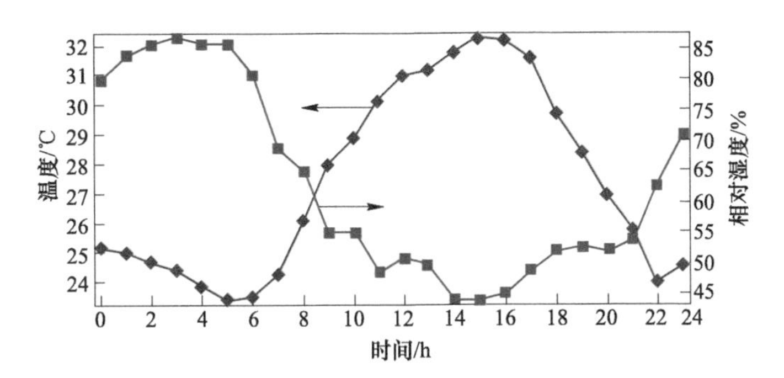

图 6-7 ENVI-met 中使用的逐小时气温和相对湿度数据强制

6.2 参数化绿化配置方案的降温效果

6.2.1 墙体绿化的降温效果

选取区域 1 模拟结果中 14:00 时刻，即环境气温最高、太阳辐射最强、城市受到的热压最为严重的时刻，考察不同绿化方案的降温效果。从人体生物气象学的角度出发，考察绿化对于 3 个指标的影响，包括最常用的气温 T_a、决定人体户外热舒适的平均辐射温度 T_{mrt}以及人体热舒适指标生理等效温度 PET。图 6-8~图 6-10 分别展示了区域 1 在无绿化情况下的气温 T_a、平均辐射温度 T_{mrt}以及人体热舒适指标 PET 的空间分布。可以看出，该区域在该时段有较强的热压，大部分空间 PET 值超过 40℃，远远超过 28℃的阈值，户外热舒适情况亟待改善。

图 6-11 所示为区域内所有建筑南墙设置墙体绿化时对气温的降温效果。可以看出，由于朝南立面绿化墙面的引入，局地气温降温可达 0.1~0.2℃。

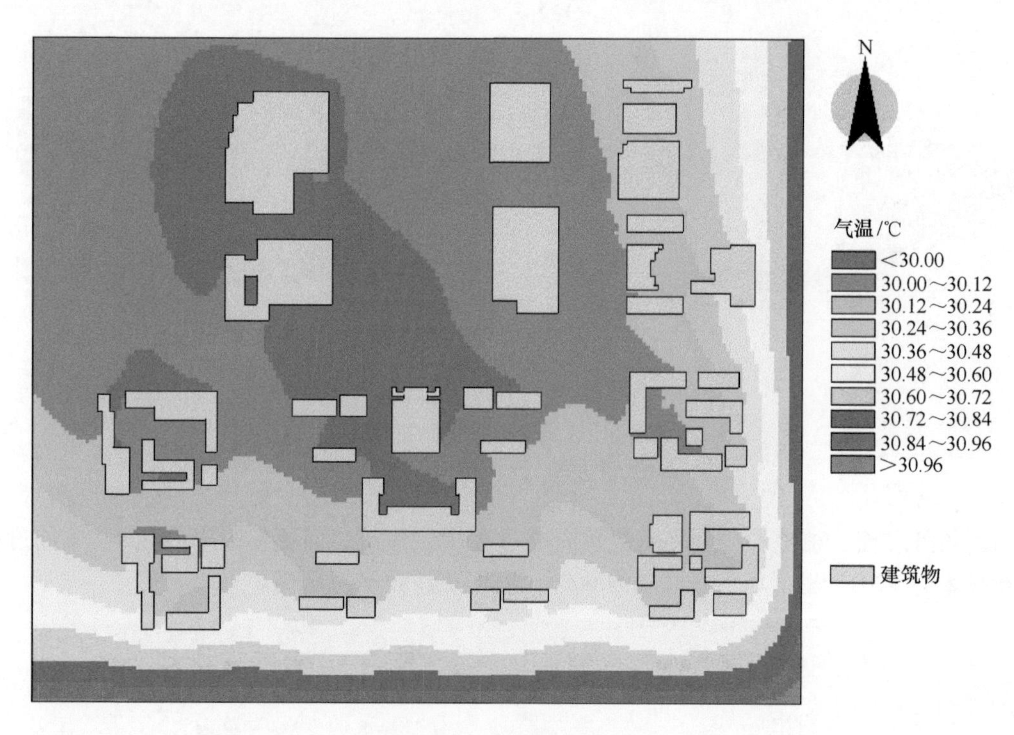

图 6-8　区域 1 无绿化情况下的气温空间分布（14:00，1.5m 高度）

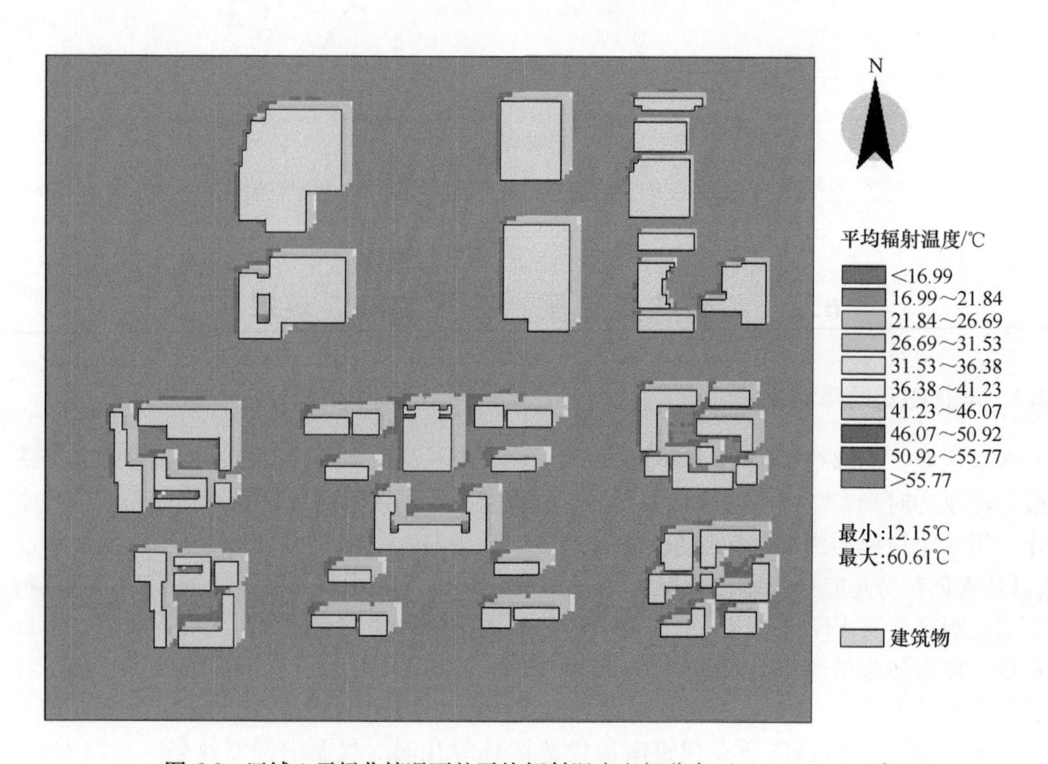

图 6-9　区域 1 无绿化情况下的平均辐射温度空间分布（14:00，1.5m 高度）

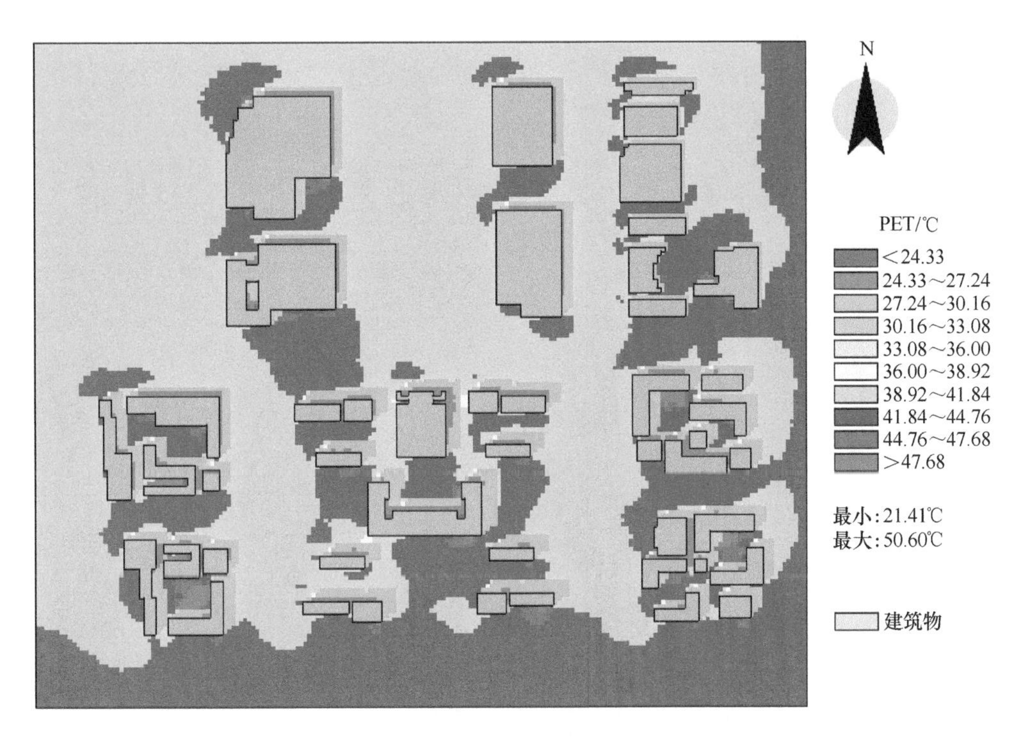

图 6-10 区域 1 无绿化情况下的生理等效温度空间分布（14:00，1.5m 高度）

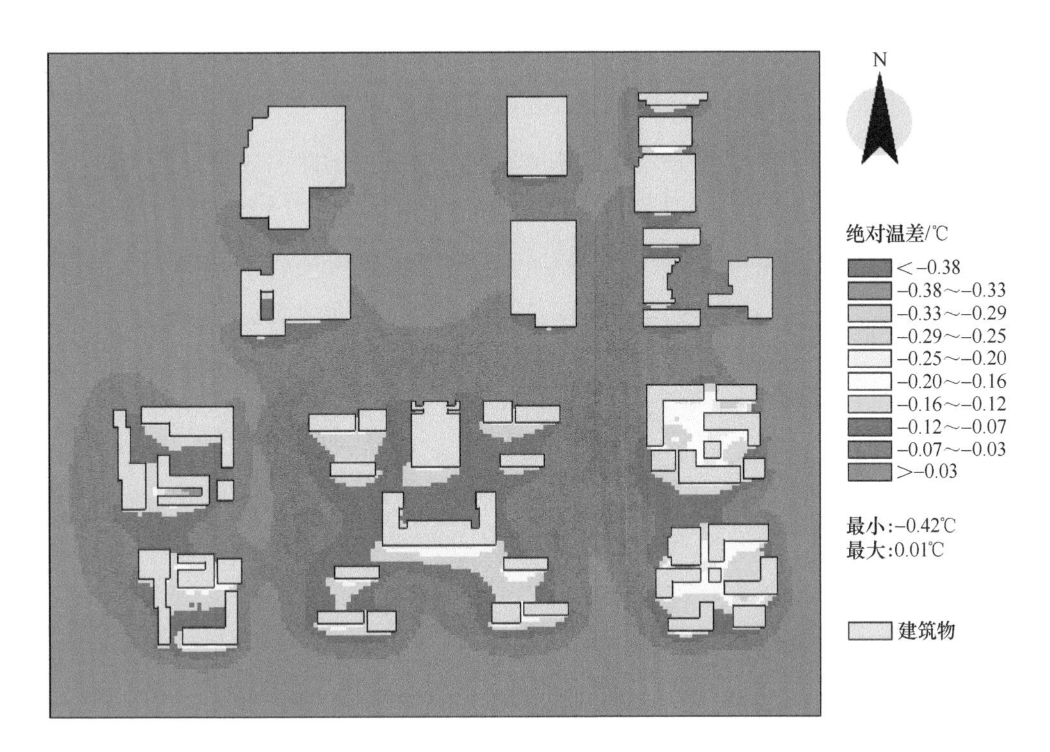

图 6-11 绿化墙面降温效果

图 6-12 所示为区域内所有建筑南墙设置墙体绿化时对平均辐射温度的降温效果。可以看出，由于朝南立面绿化墙面的引入，靠近建筑南墙的地区由于植物的蒸散作用会产生一定程度的平均辐射温度的降低，局地降温可达 5℃。

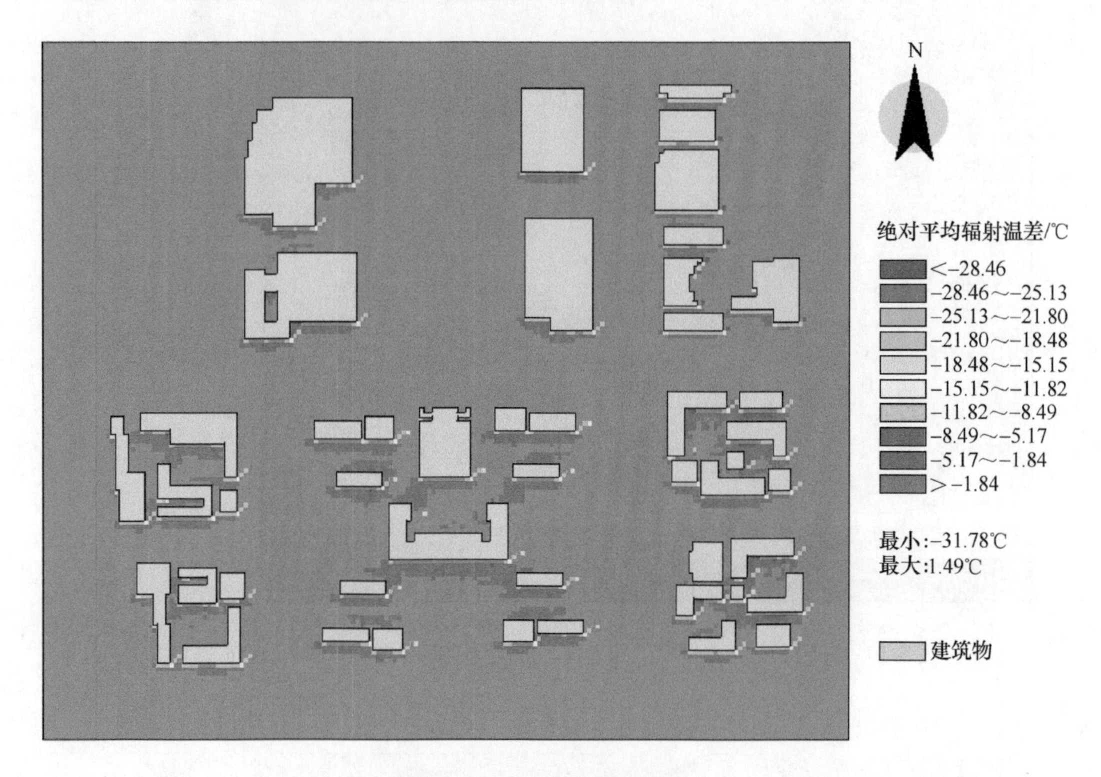

图 6-12 绿化墙面降温效果

图 6-13 所示为区域内所有建筑设置墙体绿化时对气温的降温效果。可以看出，由于所有建筑立面绿化墙面的引入，近建筑空间气温降温在 0.2～0.3℃，局地降温可达 0.3℃以上。从这里可以看出，建筑里面高密度的垂直绿化，对于缓解近建筑空间的高温有一定效果。

图 6-14 所示为区域内所有建筑设置墙体绿化时对平均辐射温度的降温效果。可以看出，由于所有绿化墙面的引入，靠近建筑立面的地区由于植物的蒸散作用会产生一定程度的平均辐射温度的降低，局地降温可达 5℃。

在这里需要指出的是，屋顶绿化（屋顶种草，高度 30cm）对于行人高度气温及平均辐射温度的降温效果是微乎其微的，气温的降低在 0.05℃以下，而平均辐射温度则更是几乎没有变化。因此对于高层建筑来说，屋顶绿化并不是有效缓解地面或行人高度气温的方法。

6.2.2 地面绿化的降温效果

图 6-15 所示为地面绿化（30%绿化覆盖率）和南墙设置墙体绿化相结合时对气温的降温效果。可以看出降温效果显著，在墙体绿化和树木共同作用下，此地区降温可达 0.6℃以上，同时这种绿化方案也是现实中比较容易实现的配置方案。

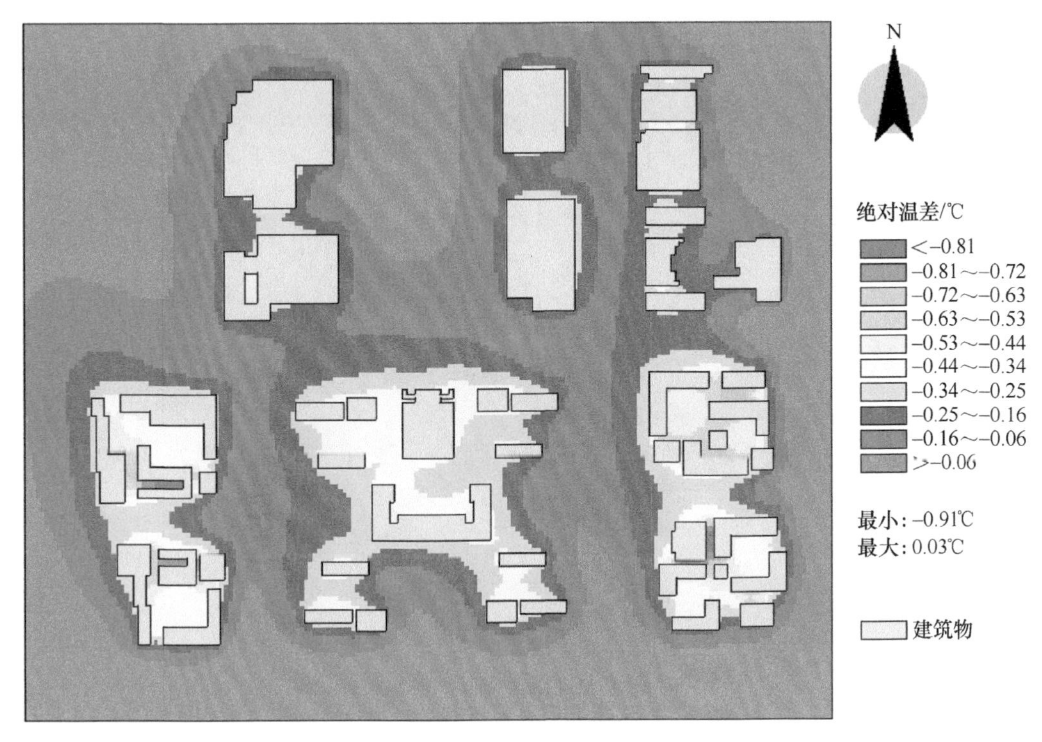

图 6-13　绿化墙面降温效果

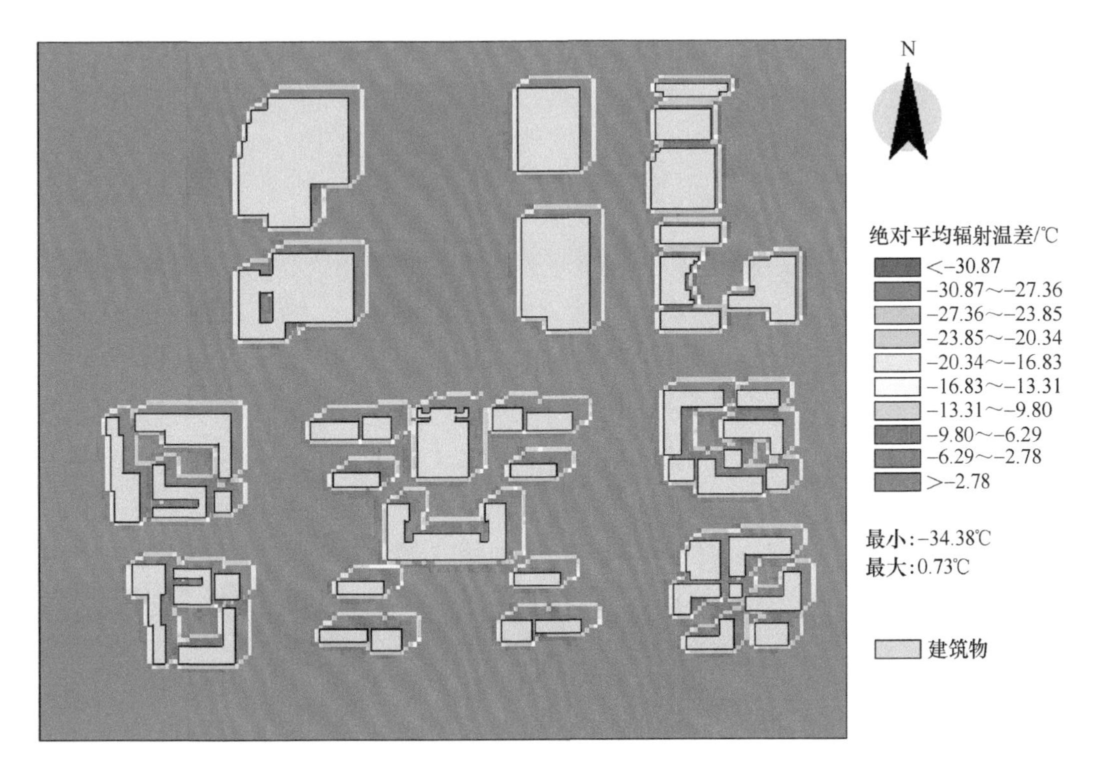

图 6-14　绿化墙面降温效果

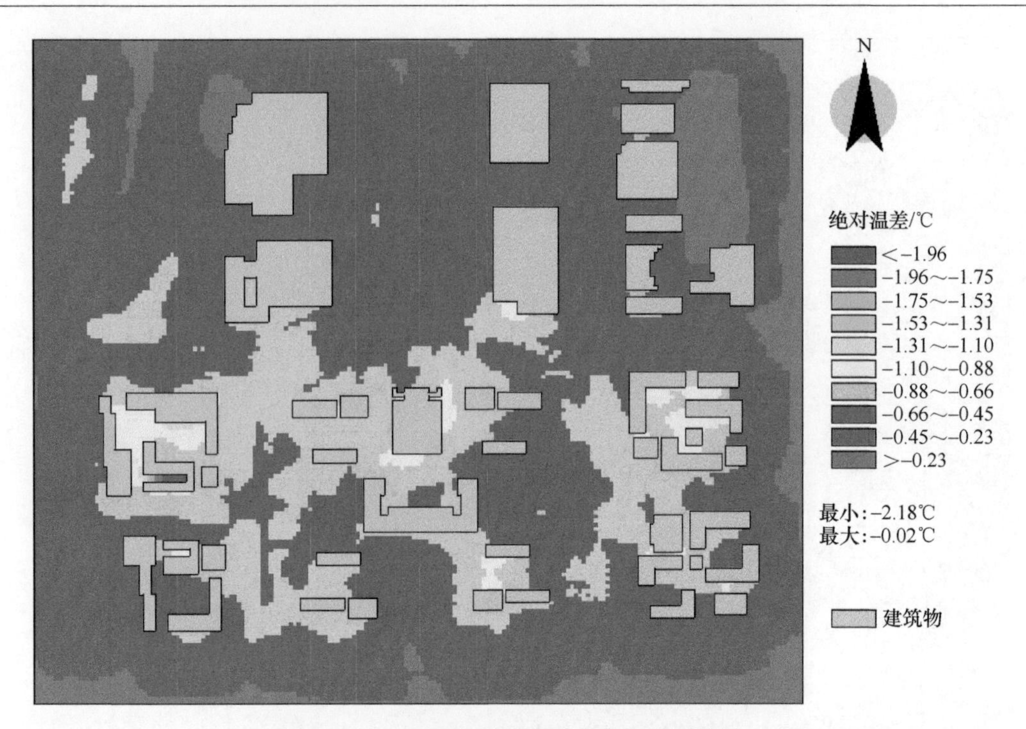

图 6-15 地面绿化+南墙绿化的气温降温效果

图 6-16 所示为地面绿化（30%绿化覆盖率）和南墙设置墙体绿化相结合时对平均辐射温度的降温效果。可以看出平均辐射温度得到了极大的降低，在墙体绿化和树木共同作用下，局部平均辐射温度降温可达 30℃以上，局地热辐射环境得到了极大的缓解。

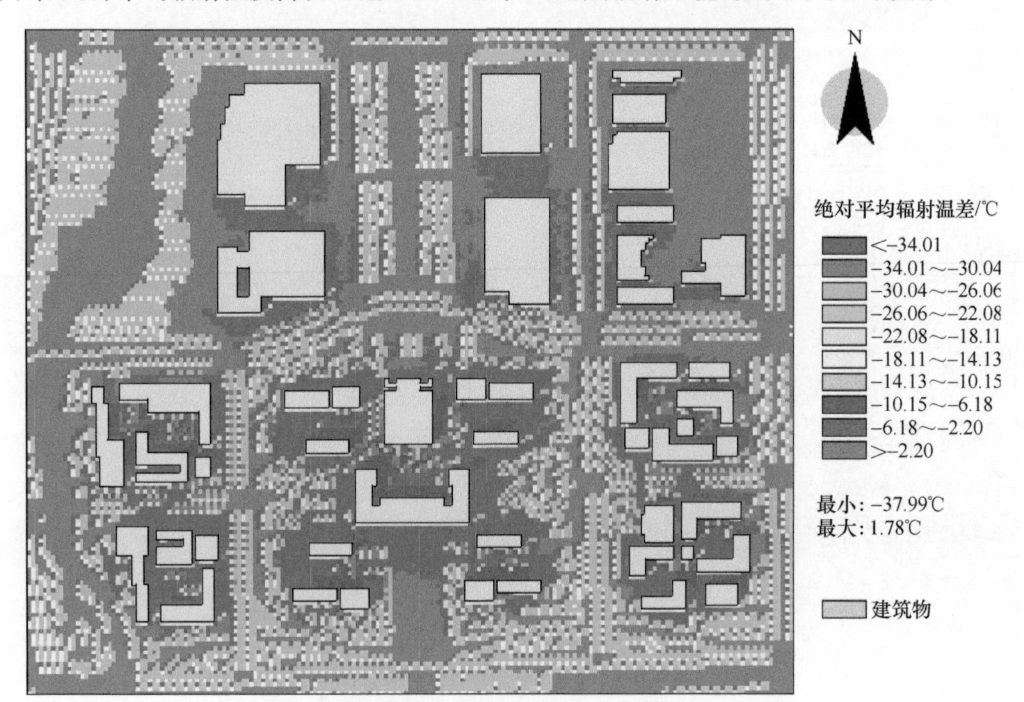

图 6-16 地面绿化+南墙绿化的平均辐射温差降温效果

图 6-17 所示为地面绿化（30%绿化覆盖率）和南墙设置墙体绿化相结合时对户外热舒适度的降温效果。可以看出在树荫下热舒适度得到了极大的降低，局部可达 10℃以上，大部分地区热舒适度指标均下降到 30℃以下，户外热舒适显著改善。从这个例子可以看出，地面种树是缓解局地热岛、改善热舒适的最有效途径。

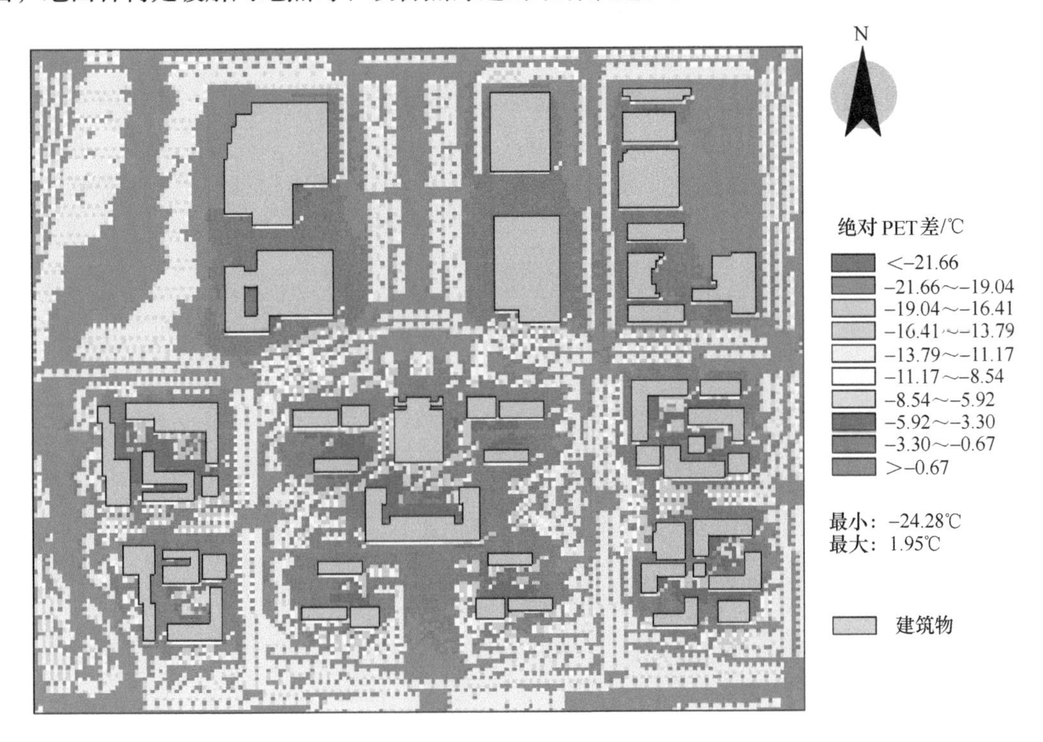

图 6-17 地面绿化+南墙绿化 PET 降温效果

表 6-1 总结了在整个模拟区域内，不同的绿化配置方案降温效果 ΔT_a，ΔT_{mrt}及 ΔPET 的统计比较。

表 6-1 不同绿化配置方案的 ΔT_a，ΔT_{mrt}及 ΔPET 的统计比较 （℃）

指标/℃	南墙绿化	全部墙体绿化	屋顶绿化	地面绿化 30%	地面绿化 30%+南墙绿化
ΔT_a（max）	0.42	0.91	0.06	0.65	2.18
ΔT_a（min）	-0.01	-0.03	0.01	0.01	0.02
ΔT_a（mean）	0.22	0.24	0.02	0.36	0.60
ΔT_a（std-dev）	0.22	0.68	0.03	0.25	0.57
ΔT_{mrt}（max）	31.78	34.38	0.02	37.29	37.99
ΔT_{mrt}（min）	1.49	-0.73	-0.01	-1.84	-1.78
ΔT_{mrt}（mean）	12.33	13.00	0.01	15.34	15.66
ΔT_{mrt}（std-dev）	23.13	20.15	0.01	20.12	25.17
ΔPET（max）	21.34	22.02	0.02	23.88	24.28
ΔPET（min）	2.13	3.35	0	-1.87	-1.95
ΔPET（mean）	6.37	8.71	0.01	13.20	14.11
ΔPET（std-dev）	18.35	15.37	0.01	7.55	6.32

6.3　实际绿化设计方案的降温效果

6.3.1　实际绿化方案对气温的降温效果

图6-18和图6-19分别为乔庄和永顺南里无绿化条件下行人高度（1.5m）的气温空间分布情况。从图中可以看出，在无绿化的情况下，建筑形成的阴影对于气温的降低效果十分明显。当环境气温高于31℃时，密集建筑形成的阴影中气温可以低于30℃。而对于绝大部分区域，在夏日午后这些空间暴露在阳光下，局地气温相对较高，有些地点已经超过了31℃的环境气温。

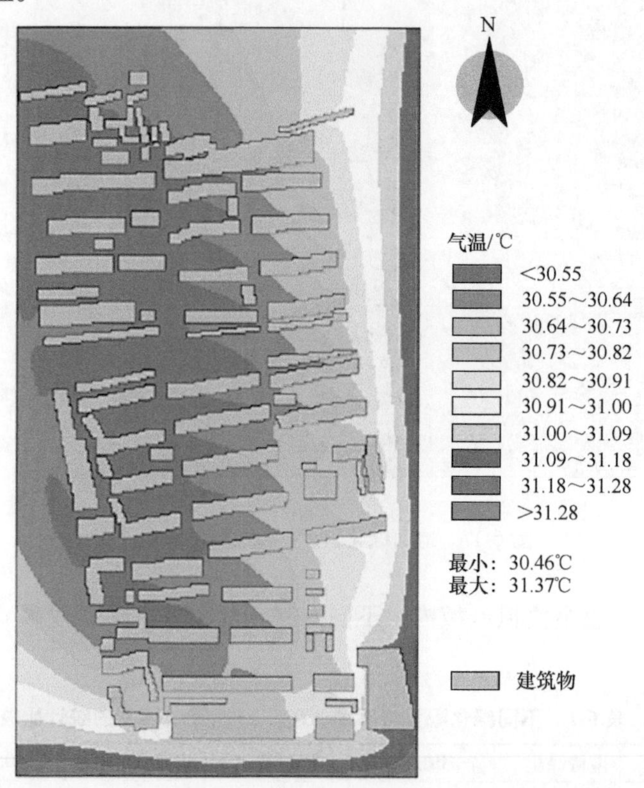

图6-18　乔庄在无绿化条件下行人高度（1.5m）的气温空间分布

图6-20和图6-21分别为乔庄和永顺南里采用综合绿化设计方案后气温的降温效果。从图中可以看出，对于任何一种场景，种植植被（树和草）引入了大面积透水层（土壤），代替了原有的硬质地面（水泥及沥青）。由于潮湿土壤的热容积小于水泥等硬质材料，地表储热增加，使得土壤上方气温下降；另一方面，在灌溉足够充分的情况下，土壤中的水分蒸发将辐射热转化为潜热，也使气温下降。在这些因素的共同作用下，大部分空间的气温都得到了一定程度的降低，降温幅度在0.1~0.2℃之间。在树荫下，局地降温幅度可达0.6℃；而在草地上方，也可以达到0.3℃左右。

此种降温效果与同中国香港、日本、德国和加拿大等地区和国家大量研究中通过实验或模拟得到的结论是一致的（平野勇二郎等人，2006；Chen et al.，2009；Chen et al.，

图 6-19　永顺南里在无绿化条件下行人高度（1.5m）的气温空间分布

2013；Chen et al.，2016；Lee et al.，2016）。对于研究区域 2（乔庄），由于建筑密度较高，在地面种树和建筑的共同作用下，形成大量的深度阴影，同时建筑墙体绿化对于近建筑空间降温效果明显，综合上述多种因素，局地气温降温可以达到 0.5℃以上。而对于研究区域 3（永顺南里），区域包括了一个最重要的冷源——通惠河，这种大型水体的降温效果是十分明显的，临河建筑降温可达 0.3℃。同时，在开放空间植树种草建设大型绿地，也产生了较为显著的降温效果，大型绿地及其周边地区降温幅度可达 0.15~0.2℃。

6.3.2　实际绿化对平均辐射温度的降温效果

图 6-22 和图 6-23 分别为乔庄和永顺南里无绿化条件下行人高度（1.5m）的平均辐射温度空间分布情况。从图中可以看出，在无绿化的情况下，建筑形成的阴影对于平均辐射温度的降低效果十分明显。在夏日午后，暴露在阳光下的开放空间的平均辐射温度可达 50℃以上，这一平均辐射温度范围从城市受热浪袭击的角度已经显著高出平均辐射温度的安全阈值。此种高平均辐射温度是高气温及强太阳辐射共同作用的结果。而在建筑阴影中平均辐射温度可以降至 35℃以下，在建筑密度大的深度阴影中局地平均辐射温度还会更低，这说明在没有绿化的情况下，避免阳光直射是降低平均辐射温度的有效手段。从这个意义上说，高密度、高楼层的城市环境所形成的深街道峡谷对于改善城市表面热辐射环境、缓解城市热岛强度具有一定的积极意义。另一方面，亟待引入城市绿化和其他遮阳设施，有效降低行人高度的平均辐射温度，提高行人热舒适度。

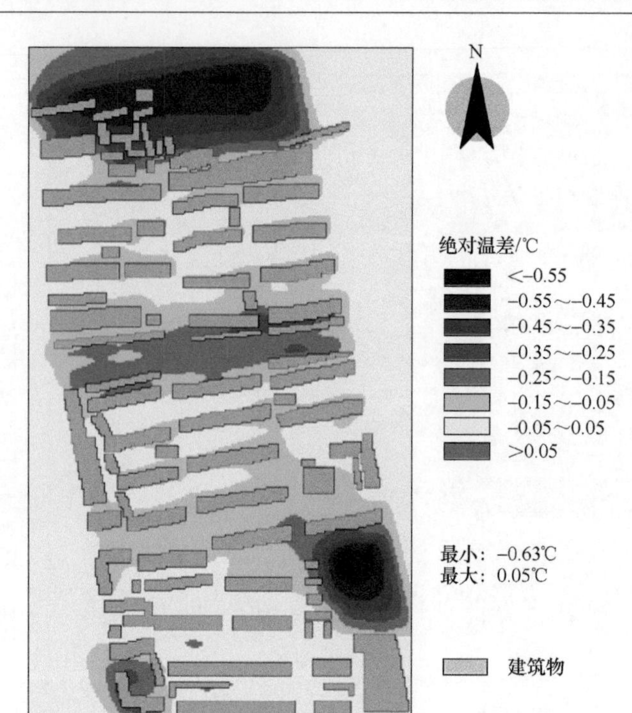

图 6-20　乔庄在绿化配置场景（地面+立体绿化）下行人高度（1.5m）的气温空间分布

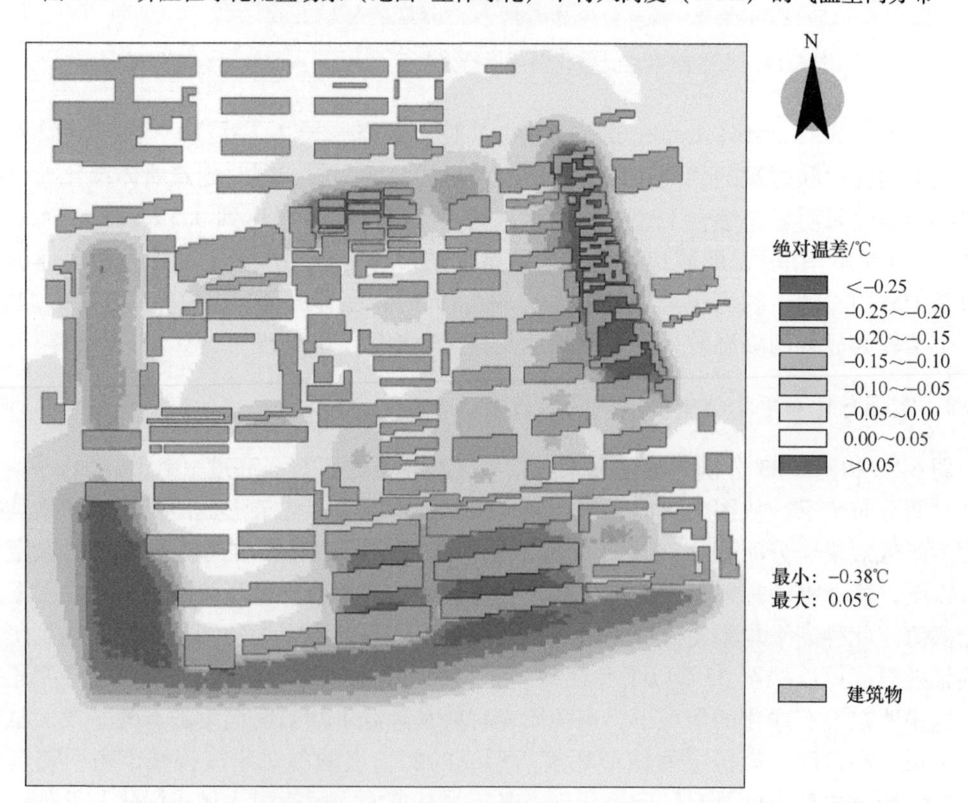

图 6-21　永顺南里在绿化配置场景（地面+立体绿化）下行人高度（1.5m）的气温空间分布

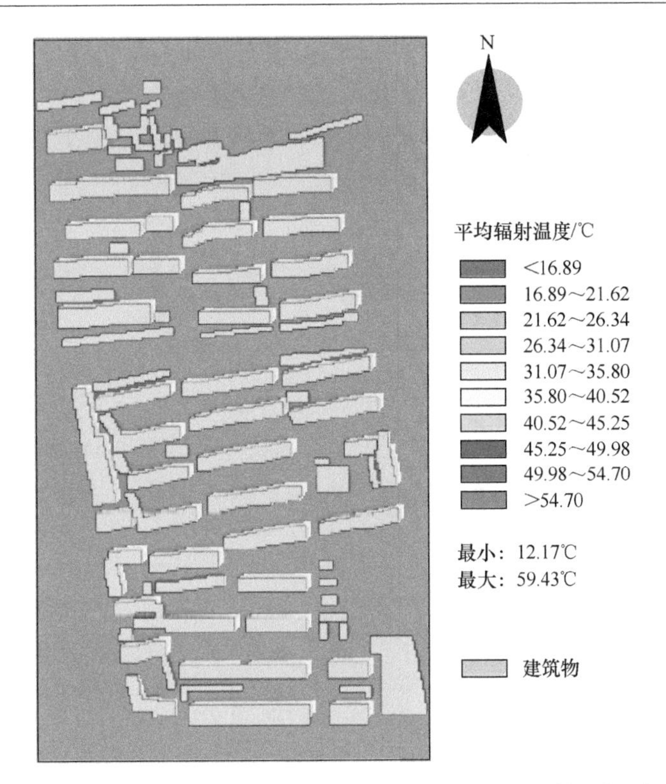

图 6-22 乔庄在无绿化条件下行人高度（1.5m）的平均辐射温度空间分布

图 6-23 永顺南里在无绿化条件下行人高度（1.5m）的平均辐射温度空间分布

图 6-24 和图 6-25 分别展示了乔庄和永顺南里采用综合绿化设计方案后平均辐射温度的降温效果。从两个例子可以看出，绿化尤其是密集排布的树木，供了层叠的树荫，由于树荫的作用，对于平均辐射温度的降温效果是非常显著的，在树荫密布的地方，可以降低平均辐射温度达到 23℃以上。

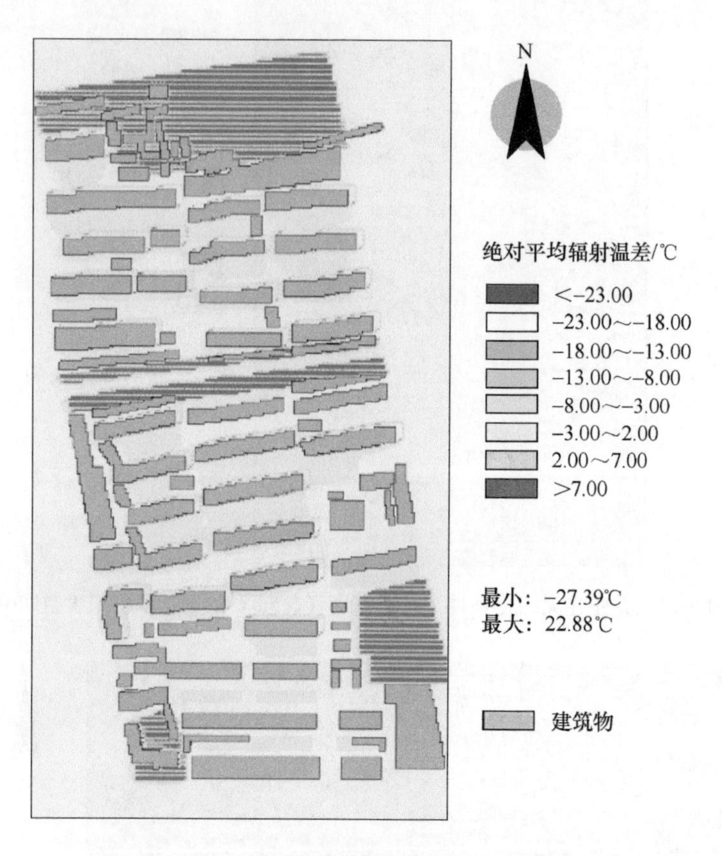

图 6-24　乔庄在绿化配置场景（地面+立体绿化）下行人高度（1.5m）的平均辐射温度空间分布

另一方面，大面积的草地改变了地表物理特性，由于草和湿润土壤的反照率显著低于水泥等硬质材料，因此向上的短波辐射通量密度低，导致平均辐射温度降低。对于小面积草地，这种降温幅度在 2~3℃之间，而对于大面积草地，在草地中心，这种降幅要更加明显，达到 5℃以上。永顺南里的例子说明，在沿河树荫密布的地方，树、草地和水体的共同作用对于缓解热辐射环境具有非常显著的效果，可以降低平均辐射温度达到 25℃以上；而建筑周围密集种树和建筑产生的阴影共同作用，也可以降低平均辐射温度达到 22℃以上。

6.3.3　实际绿化对于人体热舒适度的改善效果

图 6-26 和图 6-27 为乔庄和永顺南里无绿化条件下行人高度（1.5m）的人体热舒适指标空间分布情况，反映了气温、风速、相对湿度及平均辐射温度共同作用下户外人体热舒适度的空间差异。

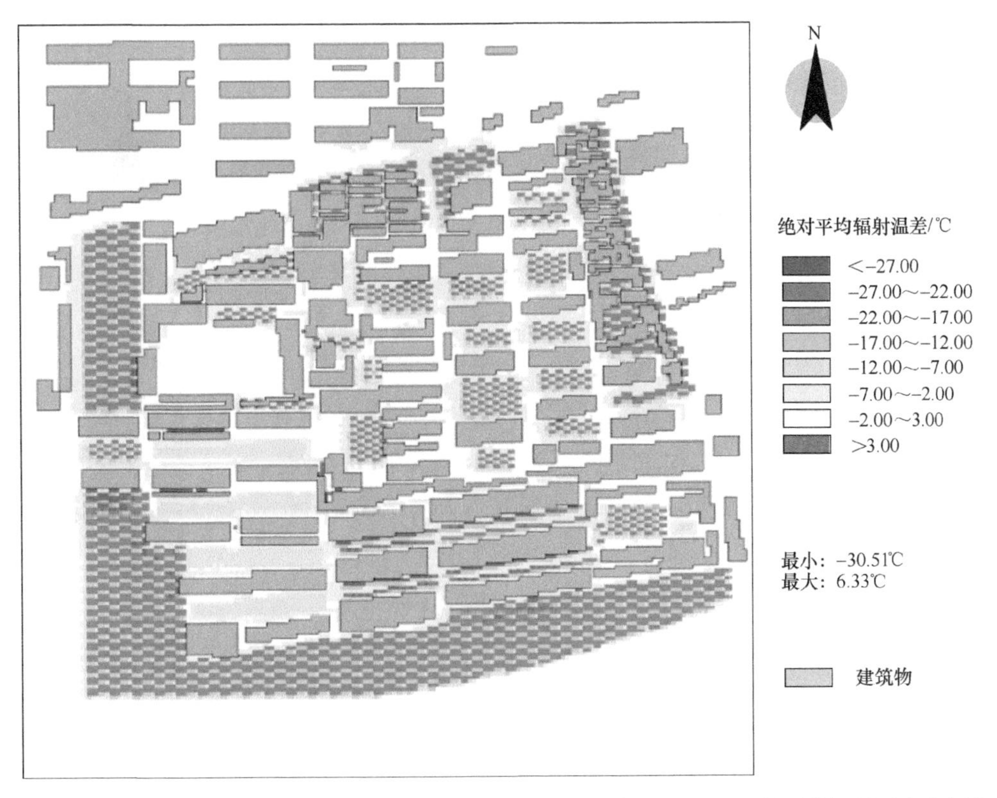

图 6-25 永顺南里在绿化配置场景（地面+立体绿化）下行人高度（1.5m）的平均辐射温度空间分布

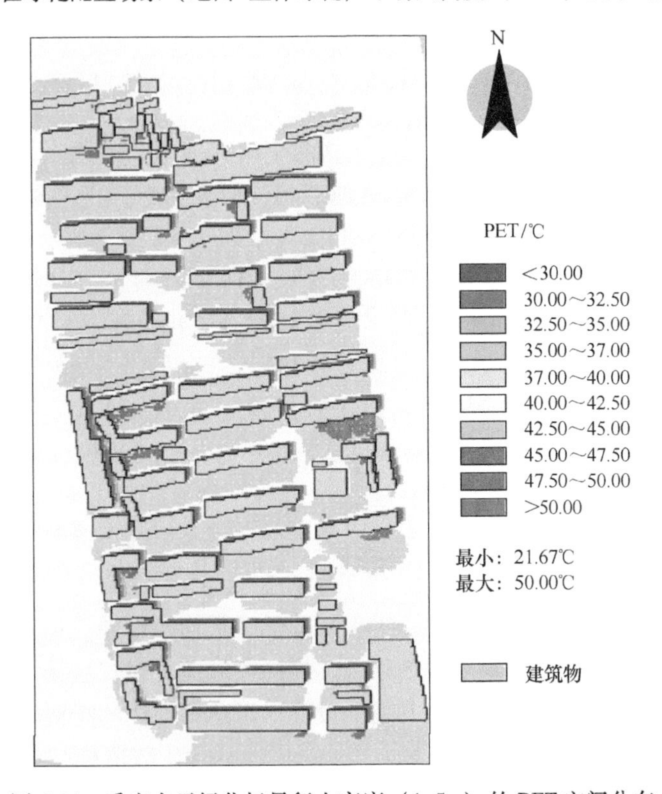

图 6-26 乔庄在无绿化场景行人高度（1.5m）的 PET 空间分布

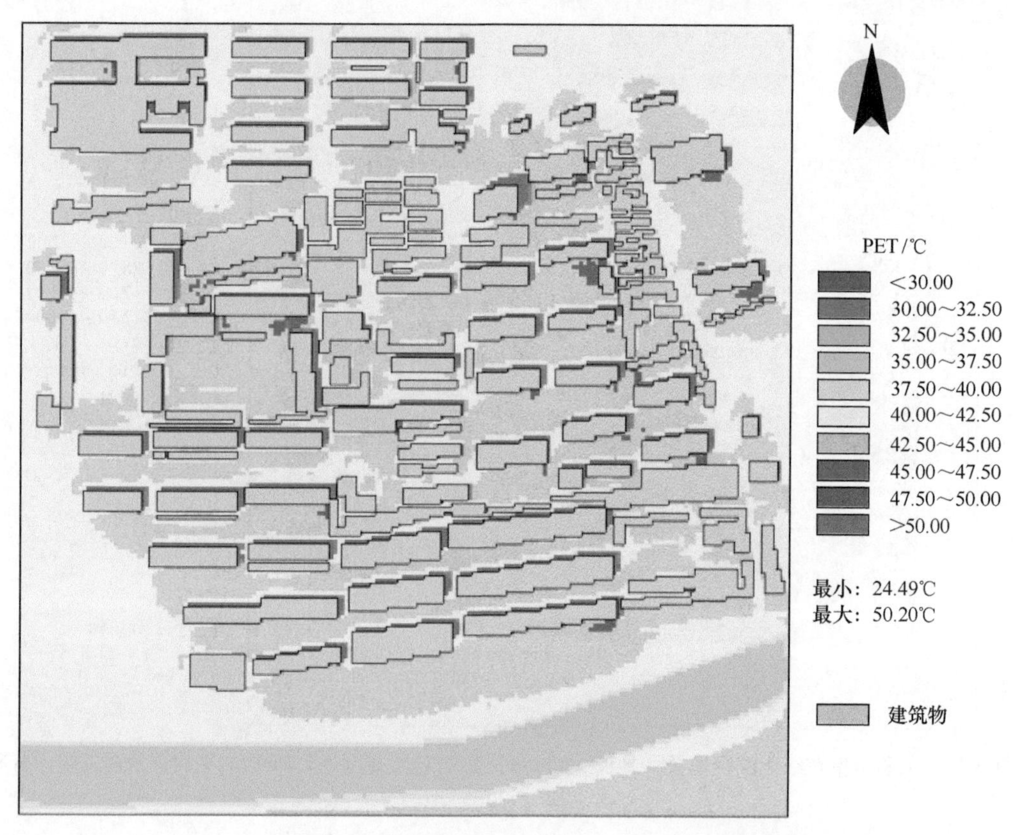

图 6-27 永顺南里在无绿化场景行人高度（1.5m）的 PET 空间分布

从图 6-26 和图 6-27 中可以看出，对于这两个研究区域，曝晒在阳光下的开放空间中 PET 值均已超过 40℃，已经大大超过了其他亚热带研究中给出的夏季 PET 范围。对于局部太阳辐射强烈的地点，PET 值甚至高于 50℃。这说明在高温天气下，研究区域内的热压较为严重，人体热舒适指数值显著高于舒适阈值，市民已经受到了热浪的威胁。

图 6-28 和图 6-29 分别为乔庄和永顺南里采用综合绿化设计方案对于 PET 的降低效果。从图中可以看出，树对于降低 PET，提高人体热舒适度是最为有效的手段。树木密集排布，形成了大面积的连续树荫，树荫下 PET 降低幅度可以达到 10℃以上，在建筑和树木共同形成的深度阴影中，PET 降低幅度可以达到 15℃以上，局地的热舒适度得到了显著提高。

值得指出的是，建筑背风侧由于高密度植被的关系风速显著降低，在建筑和树荫以外的地点会有 PET 略微升高的现象出现，PET 增幅在 0~1℃之间，极个别地点会有大于 2℃的增幅出现。这说明植被一方面提供了树荫，降低了平均辐射温度值，另一方面也会减弱局地风速。因此在应用绿化改善局地热环境、提高热舒适度时，应该综合考虑绿化密度及其空间配置，兼顾通风环境进行绿化方案的设计，以达到最优的降温效果。

以通州城区为例，选取了代表性研究区域，利用 CFD 数值模拟工具，考察小区和街区尺度下，不同的建筑布局和绿化方案对局地微气候的影响。使用 ENVI-met 软件考察地

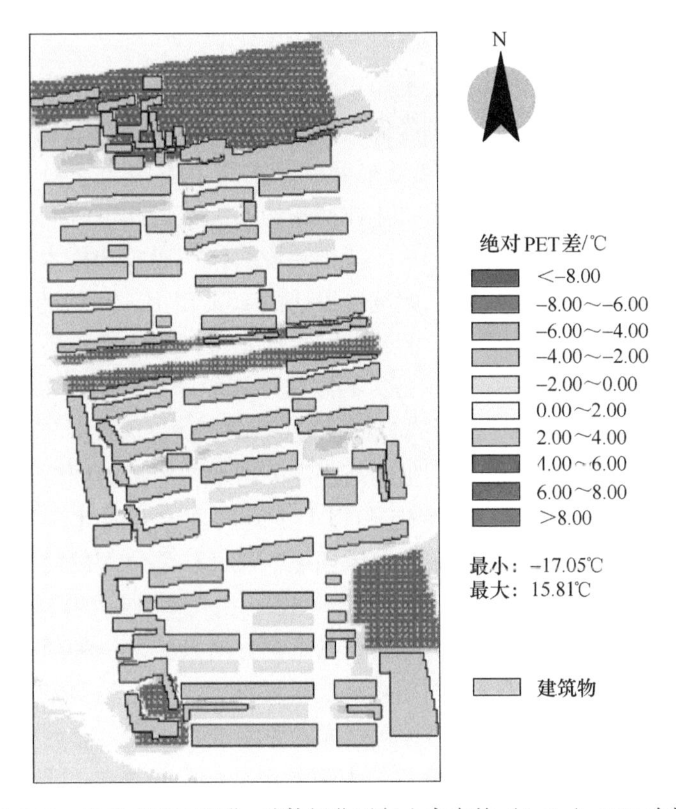

图 6-28 乔庄在地面绿化+墙体绿化对行人高度的（1.5m）PET 改善效果

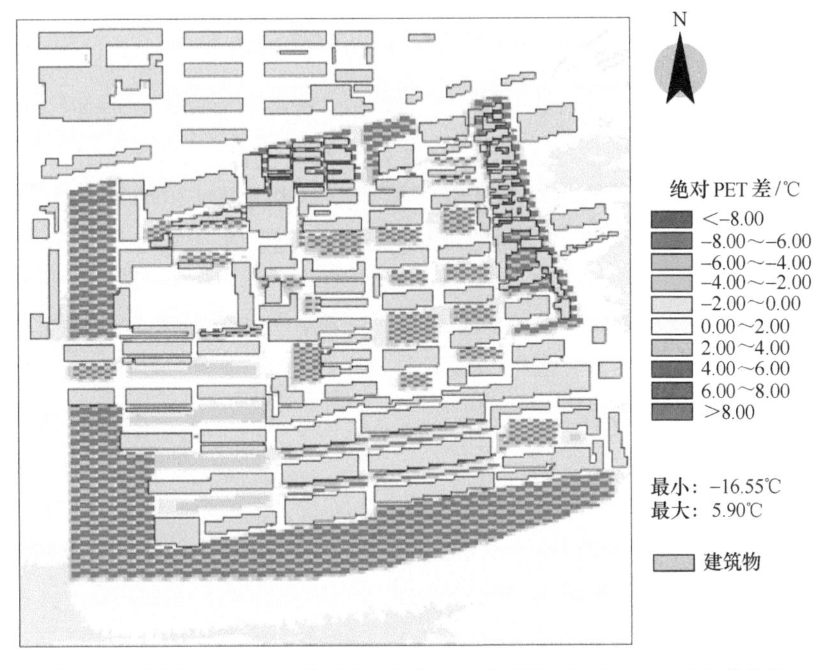

图 6-29 永顺南里地面绿化+墙体绿化对行人高度（1.5m）PET 改善效果

面、屋顶及墙体绿化产生的降温增湿效果及对户外人体热舒适的调节效益，考察指标主要包括气温、平均辐射温度及人体热舒适指标 PET。

模拟发现，树木是缓解城市热压、提高户外热舒适度最有效的措施，主要体现在树木可以大幅降低平均辐射温度，进而达到降低人体热舒适指标 PET 的目的。密集的树林，形成了大面积的连续树荫，树荫下 PET 降低幅度可以达到 10℃以上。另一方面，由于城市中心空间有限，设置大规模高密度地面绿化往往不切实际，因此可以利用墙面绿化的立体绿化方案对行人高度热舒适度进行改善。模拟结果说明，在建筑和树木共同形成的深度阴影中，加之墙面绿化的效果，PET 降低幅度可以达到 15℃以上，局地的热舒适度得到了显著提高，这对于寸土寸金的城市中心，的确是一种切实可行的降温效果。

与之相对，屋顶绿化（种草）对于行人高度热环境的调节作用非常有限，造成气温的降低不足 0.05℃，对平均辐射温度的影响更是可以忽略不计，因此并不是改善行人高度热舒适度的有效方法。值得指出的是，大范围高密度的树木在降温的同时也会比较显著地减弱局地风速，在建筑高密度地区有时会造成 PET 上升的现象，因此在设计改善城市热环境、降低城市热岛绿化方案时要兼顾城市通风环境，通过科学合理的优化布局达到提高人体热舒适的目的。

由于数值模拟的工作特性，每一个空间格点垂直方向只能是一种植被特性，因此没有办法模拟一块斑块“树荫下种草，不同垂直高度植被种类不同”这类的乔灌结合的绿化配置方案，只能退而求其次，采用树旁边种草这样的乔灌结合方案。在后续工作中，应该和绿化园林部门通力合作，寻找可以进行数值模拟的等效绿化配置，以给出更加真实合理、应用型更强的绿化设计方案。

6.4 小　　结

（1）建立人体环境舒适度评价体系，开展 CFD 流体力学模拟，结果表明：在墙体绿化（30%绿化覆盖率）和树木共同作用下，地区气温降温可达 0.6℃以上，局部平均辐射温差降温可达 30℃以上，局地热辐射环境得到了极大的缓解；树荫下 PET 得到了极大的降低，局部可达 10℃以上，大部分地区 PET 指标均下降到 30℃以下，户外热舒适显著改善。

（2）地面种树结合墙体绿化是缓解局地热岛、改善热舒适的最有效的途径，同时这种绿化方案也是现实中比较容易实现的配置方案。

7 基于热岛改善的绿地生态功能提升技术

城市园林绿地系统是城市生态系统的重要组成部分，在美化城市面貌、保护城市生存环境、维持城市生态平衡方面起着积极作用。城市绿化建设是改善城市生态环境与缓解城市热岛效应最直接和最有效途径。因此，在进行园林绿地建设中，园林树种的选择与配置，不但应考虑美学中有关色彩和季相、层次和意境等问题，还应考虑植物的生物学特性和生态习性。本章基于植物生态功能与光合作用的密切关系，通过光合作用测定仪平台，测定分析不同园林植物光合作用特性，定量评估不同园林植物的固碳释氧、蒸腾吸热生态功能，进而了解不同植物在改善生态功能方面的能力差异，同时集成现有技术经验推荐与筛选出生态功能强的多种地面绿化与屋面绿化植物配置模式，旨在为绿地建设过程中合理配置与选择利用园林植物、改善热岛、改善人居环境、提高城市生态环境质量等方面提供科学依据。

7.1 基于热岛改善的地面绿化植物材料筛选

7.1.1 试验材料与研究方法

7.1.1.1 试验材料

在对北京城市多种绿地中优势园林植物种类抽样调查的基础上，根据平均树高、胸径、地径等规格特征，在北京市园林科学研究院及周边小区内选择具有代表性的国槐、银杏、油松等35种常见的优势园林绿化植物作为试验材料，试验材料均选自绿地群落中根系完整、生长良好、大小基本一致、无病虫害、无特殊园林管理养护要求的园林树种。具体实验材料特征见表7-1和表7-2。

表7-1 16种乔木园林植物试验材料

编号	树种名	拉丁文名	树高/m	胸径/cm	冠幅/m×m
1	油松	*Pinus tabuliformis*	4.73	18.7	5.6×6.0
2	雪松	*Cedrus deodara*	6.62	21.63	4.9×5.2
3	白皮松	*Pinus bungeana*	4.89	19.5	4.9×4.8
4	圆柏	*Sabina chinensis*	4.63	20.53	3.7×4.2
5	毛白杨	*Populus tomentosa*	23.9	40.17	7.7×7.5
6	国槐	*Sophora japonica*	10.5	28.2	8.6×10.0
7	鹅掌楸	*Liriodendron chinense*	11.31	24.8	7.6×7.4

续表 7-1

编号	树种名	拉丁文名	树高/m	胸径/cm	冠幅/m×m
8	臭椿	*Ailanthus altissima*	10. 46	23. 37	7. 5×6. 8
9	白蜡	*Fraxinus chinensis*	12. 6	23. 17	10. 5×9. 6
10	垂柳	*Salix babylonica*	16. 49	28. 87	8. 5×8. 6
11	栾树	*Koelreuteria paniculata*	14. 28	27. 8	8. 0×7. 5
12	银杏	*Ginkgo biloba*	9. 51	24. 87	7. 5×7. 8
13	白玉兰	*Magnolia denudata*	5. 88	13. 33	4. 3×4. 1
14	元宝枫	*Acer truncatum*	8. 22	11. 44	4. 1×5. 2
15	榆树	*Ulmus pumila*	17. 5	31. 18	7. 9×8. 2
16	流苏	*Chionanthus retusus*	9. 1	31. 68	7. 8×7. 9

表 7-2　19 种灌草园林植物试验材料

编号	树种名	拉丁文名	树高/冠高/m	胸径/地径/cm	冠幅/m×m
1	红瑞木	*Swida alba*	1. 25	2. 2	1×0. 6
2	棣棠	*Kerria japonica*	1. 15	1. 05	0. 5×0. 5
3	大叶黄杨球	*Buxus megistophylla*	0. 8	1. 85	
4	锦带	*Weigela florida*	1. 1	2. 13	0. 7×0. 8
5	金银木	*Lonicera maackii.*	2. 5	5. 6	4×4. 5
6	连翘	*Forsythia suspensa*	2. 5	4. 05	2. 5×3
7	紫叶李	*Prunus Cerasifera*	4. 9	16. 6	4. 5×5
8	西府海棠	*Malus micromalus*	4. 25	14. 2	3. 5×3. 5
9	紫丁香	*Syringa oblata*	2. 25	3. 3	2. 2×2. 1
10	沙地柏	*Sabina vulgaris*	0. 7	2. 87	0. 4×0. 5
11	榆叶梅	*Amygdalus triloba*	1. 53	3. 25	0. 8×0. 8
12	碧桃	*Amygdaluspersica var. persicaf. duplex*	5. 47	25. 5	5. 5×5
13	月季	*Rosa chinensis*	1. 1	1. 5	0. 7×0. 75
14	崂峪苔草	*Carex giraldiana*	0. 23	—	—
15	八宝景天	*Hylotelephium erythrostictum*	0. 53	—	—
16	麦冬	*Ophiopogon japonicus*	0. 22	—	—
17	早熟禾	*Poa annua.*	0. 14	—	—
18	玉簪	*Hosta plantaginea*	0. 67	—	—
19	马蔺	*Iris lactea var. chinensis*	0. 52	—	—

7. 1. 1. 2　试验方法与计算方法

A　测定方法

（1）仪器。美国 LI-COR 公司生产的 LI-6400XT 便携式光合测定仪，采用 ST-85 照度计、Kestrel 4500 便携式风速气象测定仪、红外线测高仪等。

（2）测定指标。光合速率（P_n）、蒸腾速率（E）、叶片气孔导度（C）、胞间 CO_2 浓度（IntCO$_2$）；遮光率、降温率、树高、冠幅、枝下高、冠高、冠长。

（3）取样方法。每种植物选取 2~3 株标准木，光合测定时每株选取 3 枚生长良好、无病虫害的新叶，每枚叶片测定 3 次取平均值。

（4）测定时间。2017 年 6~7 月，选择晴朗、无风天气，在自然光照条件下，在室外进行活体测定，具体日期分别是 6 月 14 日、6 月 26 日、7 月 17 日、7 月 31 日 4 天。光合测定时间为 8:00~18:00，每隔 2h 测定一次。遮阴效果测定时间为 10:00~16:00 之间完成。

B 环境因子的测定

使用手持式气象站 Kestrel-4500 袖珍式气象测量仪和 LI-6400 便携式光合作用系统同步测定，同时记录大气温度、空气湿度、光合有效辐射、大气 CO_2 浓度、大气水汽压差等环境因子。

C 释氧量、固碳量的计算

CO_2 也是“温室效应”气体，它的增加会引起城市局部地区的升温，产生“热岛效应”。园林植物通过光合作用吸收 CO_2，释放如 O_2，从而降低了环境中的 CO_2 浓度，补充了 O_2，从而保持了大气中的碳氧平衡。由植物叶片净光合速率日变化可知日平均净光合速率，进而可估算单位面积叶片每日所吸收的 CO_2 量和释放的 O_2 量，见式（7-1）（杨利，2007）：

$$\begin{gathered} P = P_n \times T \times 3600 \times 10^{-6} \\ W_{CO_2} = P \times M_{CO_2}, W_{O_2} = P \times M_{O_2} \end{gathered} \tag{7-1}$$

式中，P 为日同化总量，mol/(m^2 · d)；P_n 为 CO_2 的日平均净光合速率，μmol/(m^2 · s)；T 为光合时间，通常以 12h 来计算；W_{CO_2}为单位面积叶片日固定 CO_2 的质量，g/(m^2 · d)；M_{CO_2}为 CO_2 的摩尔质量，g/mol；W_{O_2}为单位面积叶片日释放 O_2 的质量，g/(m^2 · d)；M_{O_2}为 O_2 的摩尔质量，g/mol。

D 降温增湿功能的量化计算

植物经过蒸腾作用，向环境中散失水分，增加了空气湿度。液态的水由植物叶片的气孔和角质层以气态形式散发到空气中，同时需要大量的从周围环境中吸热，这样可以降低周围的温度。这种增湿降温作用特别是在炎热的夏季，能提高城市居民生活环境舒适度，对改善城市小气候条件有非常大的作用。通常用树木的单位面积日释放水的质量（w_{H_2O}）作为增湿功能的指标；用树木的单位面积日吸收的热量（Q）作为降温功能的指标，对 16 种园林树种进行比较，见式（7-2）和式（7-3）（史红文，2011）：

$$\begin{gathered} E = E_n \times T \times 3600 \times 10^{-3} \\ W_{H_2O} = E \times M_{H_2O} \end{gathered} \tag{7-2}$$

式中，E 为测定日蒸腾量，mol/(m^2 · d)；E_n 为水的日平均蒸腾速率，mmol/(m^2 · s)；T 为光合时间，通常以 12h 计算；W_{H_2O}为单位面积叶片日释放水的质量，g/(m^2 · d)；M_{H_2O}为 H_2O 的摩尔质量，g/mol。

$$Q = W_{H_2O} \times L \times 4.18 \tag{7-3}$$

式中，Q 为单位叶面积日吸收热量，J/(m^2 · d)；L 为蒸发耗热系数。

E　遮阴效果的计算

遮阴效果的计算公式见式（7-4）~式（7-8）（曹冰冰，2016）：

$$遮阴效果 = 荫质 \times 遮阴面积 \tag{7-4}$$

$$荫质 = 遮光率 \times 降温率 \tag{7-5}$$

$$遮阴面积 = \pi[(南北冠幅 + 东西冠幅)/4]^2 \tag{7-6}$$

$$遮光率 = [(全光下照度 - 树荫中心照度)/全光下照度] \times 100\% \tag{7-7}$$

$$降温率 = [(全光下温度 - 树荫中心温度)/全光下温度] \times 100\% \tag{7-8}$$

7.1.2　数据处理

将 LI-6400XT 系统测定的数据传入电脑中，所有数据用 SPSS、EXCEL 分析软件整理，并进行作图及统计分析。

7.1.3　35 种园林植物生态效益及遮阴效果分析

7.1.3.1　16 种乔木园林植物的光合特性分析

叶片光合速率的日变化，反映出一天中光合作用的时间持续能力。由于影响光合作用的主要环境因子（光照、温度、湿度等）在一天中呈现明显的日变化，因此光合作用也呈现出各种日变化规律。图 7-1 所示为毛白杨、国槐、鹅掌楸等 16 种园林树种净光合速率的日变化特征曲线。由图 7-1 可知，雪松、油松、垂柳等树种的光合速率日变化均表现为单峰曲线。但最高峰的出现时间不一样，毛白杨、国槐、流苏、垂柳、雪松等的最大峰值出现在 10:00 前后，白蜡、栾树、元宝枫、油松等树种的最大峰值出现在午前高峰型12:00前后，而榆树的最大峰值出现在 14:00 前后，为午后高峰型。16 种园林树种净光合速率域值在 4. 10~10. 16μmol/(m^2 · s)，具体单位面积的日平均净光合速率排序为臭椿>国槐>毛白杨>栾树>榆树>白蜡>流苏>鹅掌楸>元宝枫>油松>雪松>白玉兰>垂柳>银杏、白皮松、桧柏。总体上落叶阔叶树种的日均净光合速率比针叶树种高。

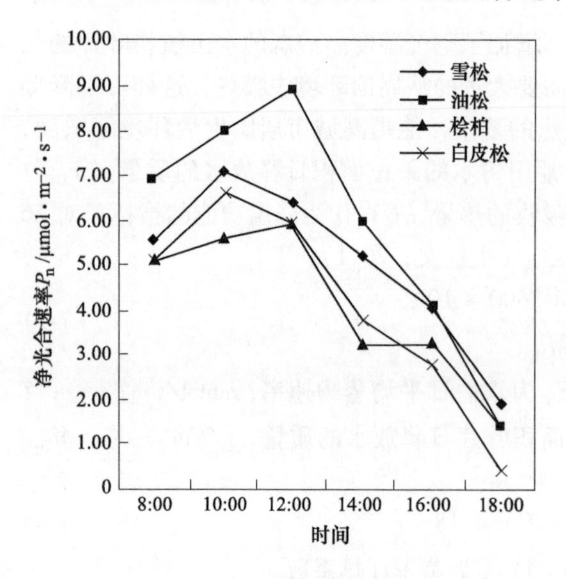

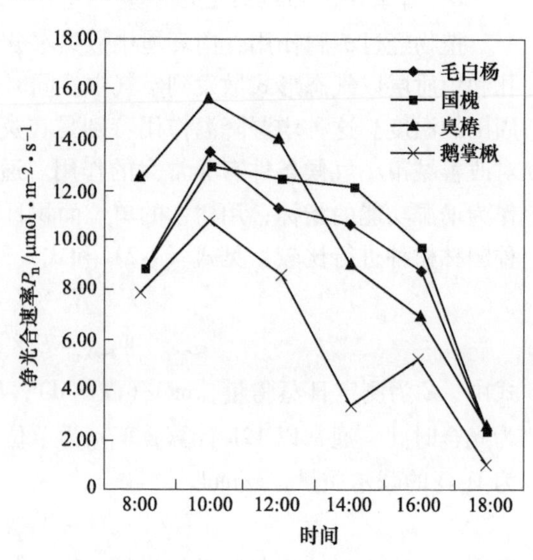

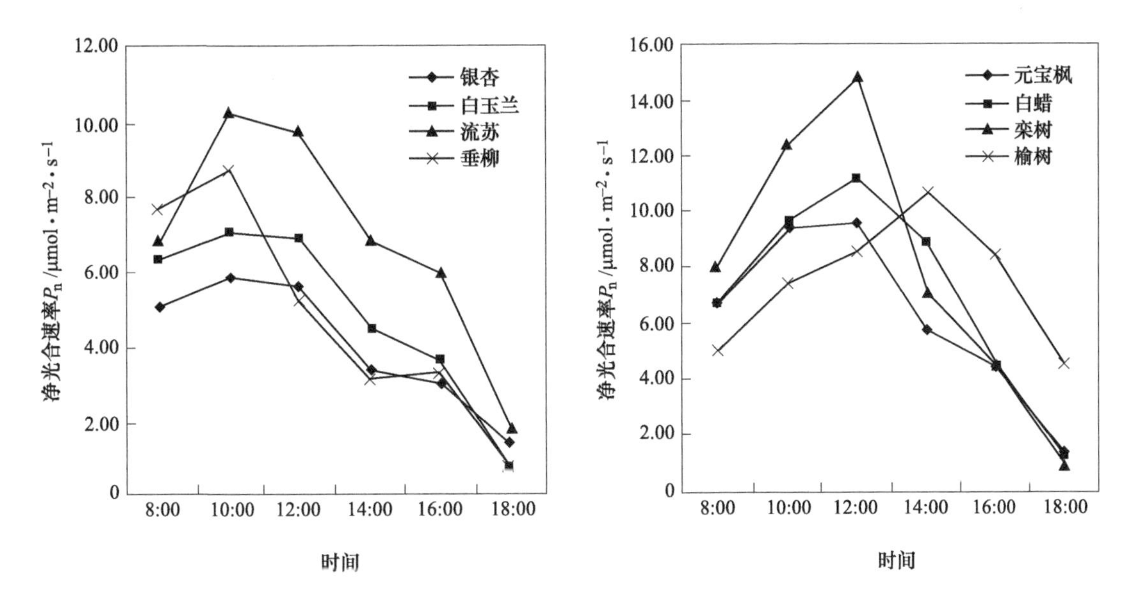

图 7-1 16 种园林树种净光合速率日变化特征

叶片的蒸腾作用在一天中随时间的推移而变化，这不仅取决于树种，而且与叶片和个体发育年龄，特别是生理过程和昼夜节律等相关，同时受到外界环境条件的影响。由图 7-2 可知，臭椿、栾树等大部分树种蒸腾速率的日变化呈单峰曲线变化，少数如国槐、白皮松、鹅掌楸等树种的蒸腾速率日变化呈双峰曲线。树种一般早晨随着太阳的升起，蒸腾速率升高，一般在 10:00 左右达到最高峰值，随着光照的增强，呈下降趋势，14:00 左右又达到另一小峰值。此后随着光强的减弱，植物的蒸腾速率也开始下降，到傍晚时下降到一个较低的水平。蒸腾速率阈值在 1.05～3.46mmol/(m^2·s)。具体单位面积的日平均蒸腾速率排序为臭椿>国槐>毛白杨>白蜡、栾树>榆树>油松>雪松>流苏>元宝枫>白皮松>鹅掌楸>垂柳>白玉兰>桧柏>银杏。

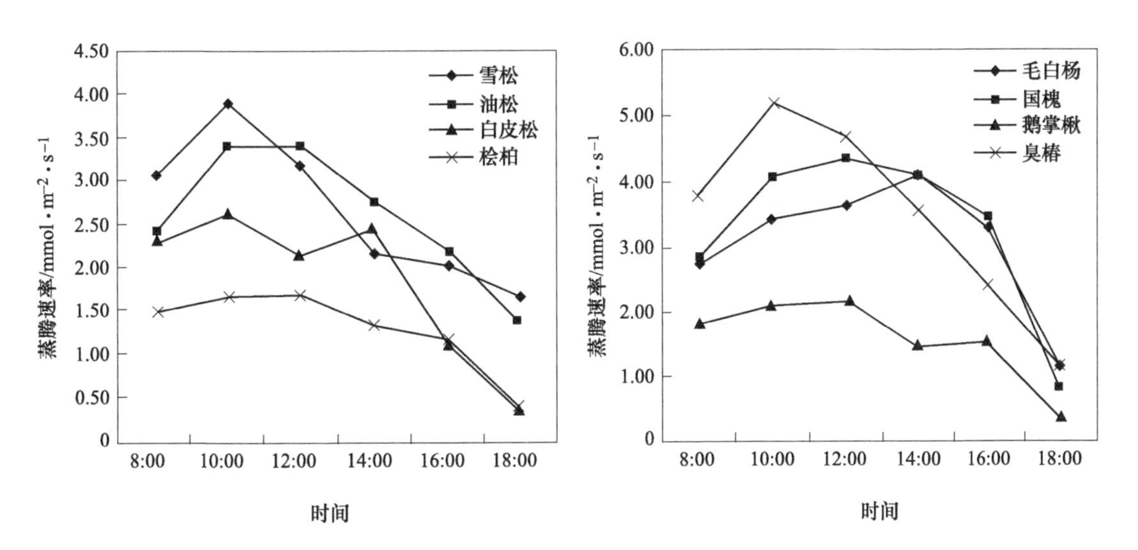

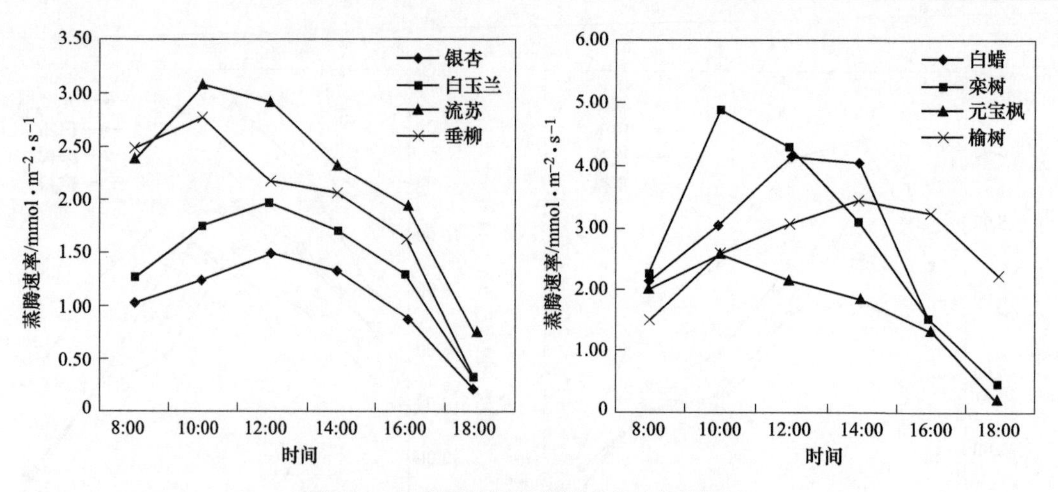

图 7-2　16 种园林树种蒸腾速率日变化特征

7.1.3.2　19 种灌草园林植物的光合特性分析

图 7-3 所示为紫叶李、西府海棠、榆叶梅、早熟禾等 19 种灌草园林植物净光合速率的

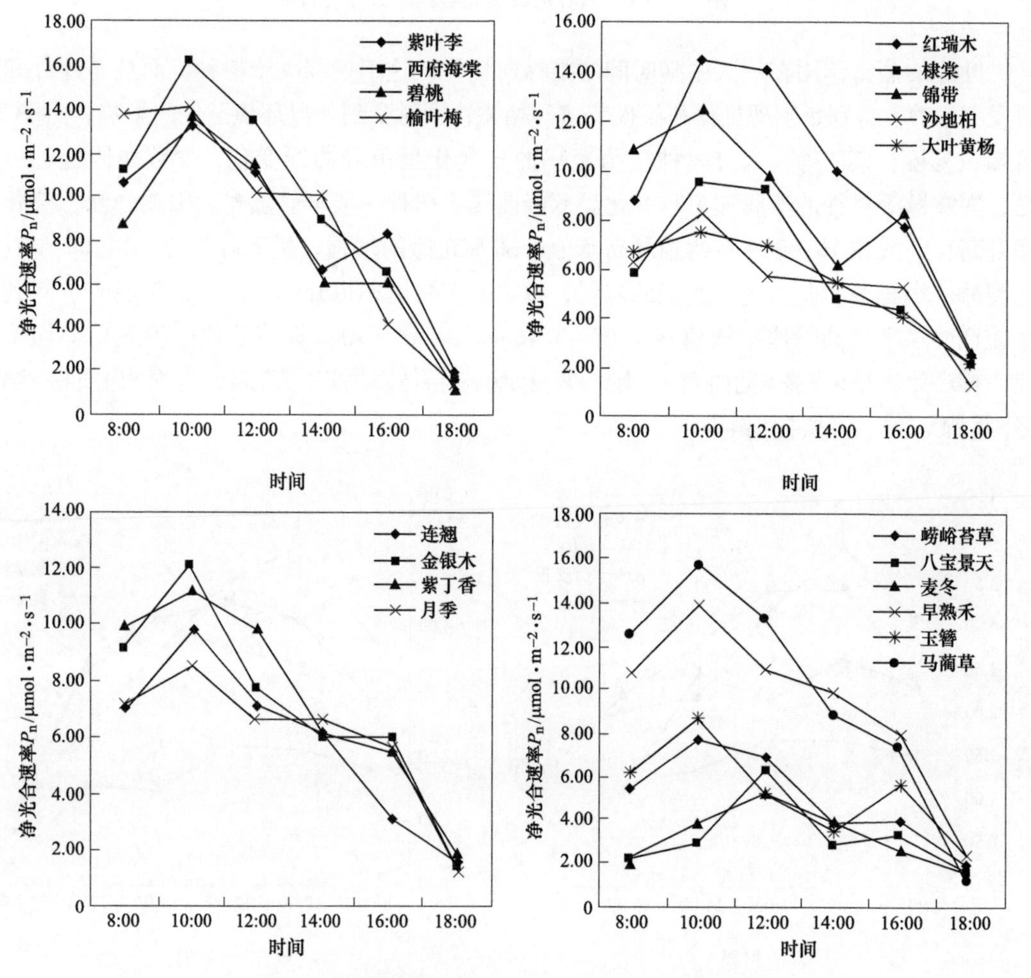

图 7-3　19 种灌草园林树种净光合速率日变化特征

日变化特征曲线。由图 7-3 可知，绝大多数植物种的净光合作用速率的日变化趋势是单峰曲线型，最高峰均出现在上午 10:00 前后，只有灌木锦带和草本八宝景天是有双峰曲线的净光合速率日变化趋势。其中 13 种灌木树种一天中平均净光合速率的阈值在 5.39~9.64μmol/(m^2 · s)，西府海棠最高，沙地柏最低。6 种草本一天中平均净光合速率的阈值在 3.16~9.74μmol/(m^2 · s)，其中马蔺草最高，八宝景天最低。具体 13 种灌木植物的单位面积日平均净光合速率排序为西府海棠>红瑞木>榆叶梅>紫叶李>锦带>碧桃>紫丁香>金银木>月季>棣棠>连翘>大叶黄杨>沙地柏。6 种草本植物的单位面积日平均净光合速率的排序为：马蔺草>早熟禾>玉簪>崂峪苔草>麦冬>八宝景天。

图 7-4 所示为 19 种灌草园林树种蒸腾速率日变化特征。由图 7-4 可知，紫叶李、西府海棠、碧桃、榆叶梅等树种的蒸腾速率日变化趋势呈单峰曲线变化，少数如锦带花、金银木等树种的蒸腾速率日变化趋势呈双峰曲线。一般最高峰值出现在 10:00 或 14:00 左右。到傍晚时下降到一个较低的水平。13 种灌木园林树种单位面积的日平均净光合速率的排序为：西府海棠>锦带>碧桃>紫叶李>榆叶梅>红瑞木>沙地柏>大叶黄杨>紫丁香>金银木>月季>棣棠>连翘，蒸腾速率阈值在 1.93~4.65mmol/(m^2 · s)。6 种草本植物单位面积的日平均蒸腾速率排序为：早熟禾>马蔺草>崂峪苔草>麦冬>玉簪>八宝景天，蒸腾速率阈值在 1.03~6.20mmol/(m^2 · s)。

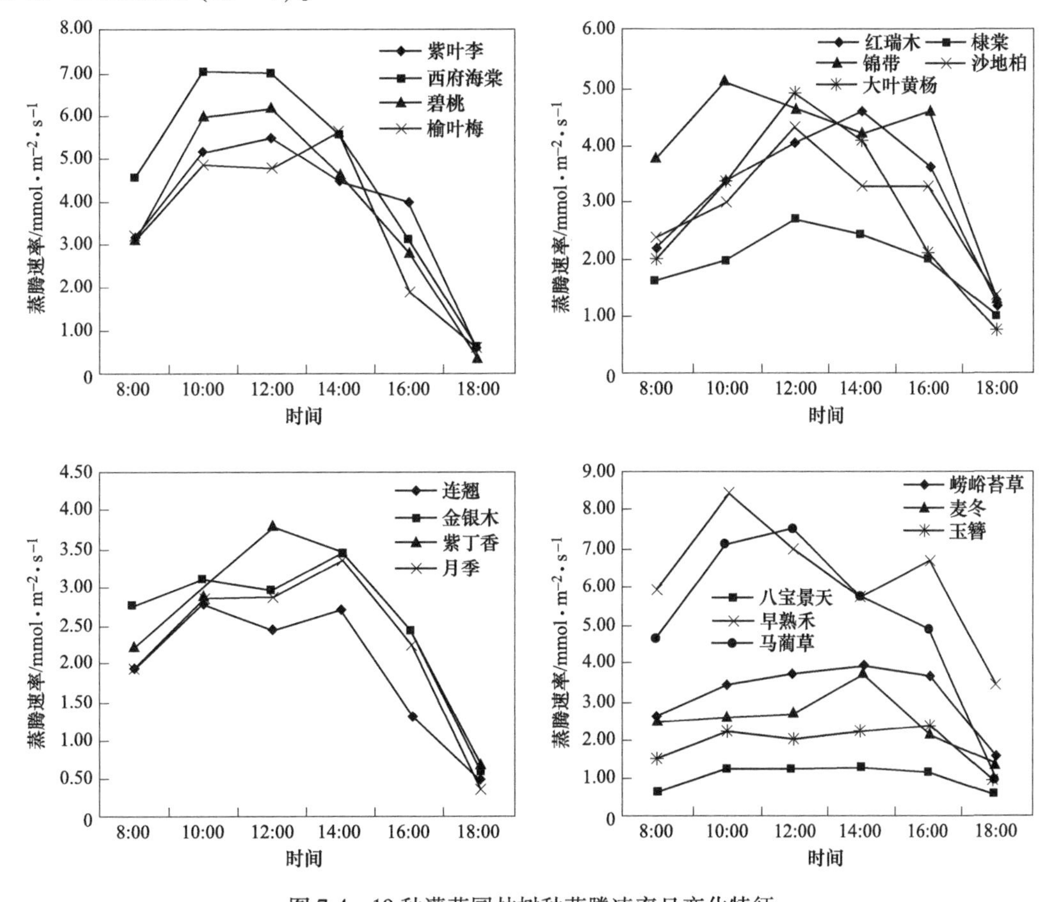

图 7-4 19 种灌草园林树种蒸腾速率日变化特征

7.1.3.3　环境因子分析

图 7-5 所示为大气温度、空气湿度、大气 CO_2 浓度在 2017 年 6~7 月的日变化。测定的位置均选在被测植株所在的绿地内，有充分光照处，真实地反映了绿地内的一些环境因子的变化。由图 7-5 可知，大气温度，空气湿度和大气 CO_2 浓度的变化的趋势有所不同，这更印证了植物改善小气候的作用。气温在不同月份 10:00 或 16:00 左右最高，呈明显的波峰波谷变化趋势。湿度一般在 14:00 最低，但总体趋势比较平滑，当然不同月份的趋势有所不同，6 月气温高，湿度低，但不同时段内相差较大。CO_2 浓度的变化出现在 10:00 或 14:00 左右最高，不是在 12:00 最高，而是提前或拖后，它与温度变化密切相关。因此，温度是影响植物光合特性的主导因素。

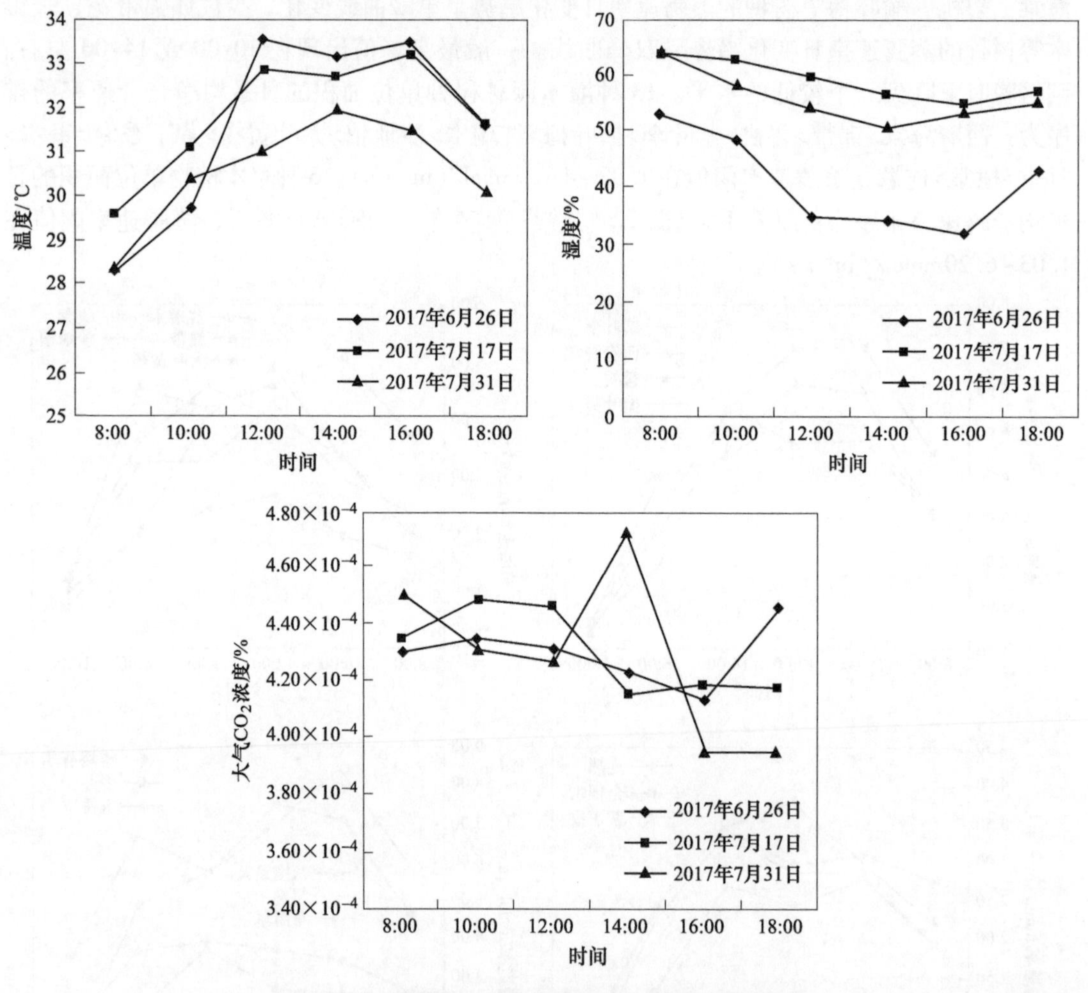

图 7-5　大气温度、大气湿度和 CO_2 浓度日变化特征

7.1.3.4　16 种园林植物的遮阴效果分析

园林植物的遮阴效果是由树种的遮阴面积与荫质乘积来完成的。但决定树种遮阴效果的主导因素为遮阴面积，主要原因是面积的数值本身比其他因子大得多且范围变化较大。不同树种遮阴面积变化范围为 12.30~79.68m^2（见表 7-3），差异很大。另外阴影面积不仅

决定了成荫的大小，还决定了树荫受到四周环境放射和反射的热能及光照的多少，尤其是人工下垫面（水泥、沥青等）的影响面积越大，受影响越少，效果越好。除遮阴面积外其他因子的重要性也不可忽视。

表 7-3 16 种园林树种遮阴效果分析

株号	树种名	平均冠幅/m×m		平均冠长/m	平均树高/m	平均枝下高/m	平均胸径/cm	遮光率/%	降温率/%	荫质 n	遮阴面积/m^2	遮阴效果
		南北	东西									
1	毛白杨	7.47	7.70	3.14	23.91	5.30	40.17	96.14	2.59	0.03	45.33	1.14
2	国槐	10.03	8.60	2.83	14.49	2.37	28.20	96.41	1.87	0.02	71.84	1.27
3	鹅掌楸	7.43	7.63	1.73	11.31	2.63	24.80	93.32	3.89	0.04	45.02	1.68
4	臭椿	6.80	7.57	2.67	10.46	2.40	23.37	91.42	2.91	0.03	40.55	1.08
5	银杏	7.80	7.50	1.83	9.51	1.83	24.87	92.87	1.33	0.01	46.74	0.58
6	白玉兰	4.17	4.30	0.60	5.88	1.13	13.77	95.60	0.94	0.01	14.34	0.12
7	流苏	7.92	7.88	1.84	9.11	0.99	31.69	96.18	4.37	0.04	53.66	2.17
8	垂柳	8.63	8.55	0.50	16.49	2.11	28.87	97.38	3.45	0.03	58.01	1.95
9	白蜡	9.60	10.50	2.20	12.61	3.47	23.17	92.57	2.22	0.02	79.68	1.73
10	栾树	7.50	8.00	2.00	14.29	2.70	27.80	97.75	5.74	0.06	47.53	2.83
11	元宝枫	5.17	4.13	1.83	8.22	2.07	11.47	95.57	5.63	0.05	17.34	0.94
12	榆树	8.26	7.90	2.15	17.55	3.17	31.19	97.23	1.85	0.02	51.52	0.90
13	雪松	5.20	4.90	0.00	6.62	0.45	21.63	93.12	6.52	0.06	20.59	1.26
14	油松	5.33	5.67	0.33	4.73	1.17	18.70	96.00	1.68	0.02	24.23	0.39
15	白皮松	4.80	4.93	0.00	4.90	0.01	14.67	90.86	5.51	0.05	18.62	0.93
16	桧柏	4.20	3.70	0.00	4.64	0.00	20.53	96.90	1.64	0.02	12.30	0.19

遮光是行道树和庭阴树遮阴的一个核心指标。太阳光是一种电磁波，分为可见光和不可见光，这里仅考虑了可见光。表 7-3 中 16 种园林植物树种遮光率变化范围为 90.86%~97.75%，相差不多，均达到了较高的遮光率，遮光率最高的为栾树，最小的白皮松。

不同树种降温率变化范围为 0.94%~6.52%，差异较大。降温率最高的为雪松，温度降低了 6.52%，最低的是白玉兰，降温率为 0.94%。最大降温率约是最小降温率的 7 倍。

荫质反映的是树荫质量，与人体感知密切相关。表 7-3 中不同树种间荫质变化范围为 0.01~0.06，差别不大。荫质最好的为栾树，最差的是白玉兰，分别为 0.06 和 0.01。

不同树种综合遮阴效果变化范围为 0.12~2.83，差异很大。最好的为栾树，遮阴效果为 2.83，最差的是白玉兰为 0.12，两者相差 24 倍。遮阴效果从强到弱的排序结果为：栾树>流苏>垂柳>白蜡>鹅掌楸>国槐>雪松>毛白杨>臭椿>元宝枫>白皮松>榆树>银杏>油松>桧柏>白玉兰。另外由表中 16 种园林植物的形态特征可能看出，遮阴效果还与冠幅、冠长、树高、枝下高等也密切相关性，一般来说，冠幅越大、冠长越大、树高越高的树种遮阴效果越好，枝下高越大（除人为修剪因素影响外）的遮阴效果相对越差。

7.1.3.5　16 种乔木园林植物的生态效益分析

16 种常见的园林植物在相同的环境条件下的固碳释氧生态效益见表 7-4。在相同的湿度、湿度、大气 CO_2 和浓度一定的情况下，毛白杨、国槐、银杏、海棠、碧桃、白蜡、垂柳、油松等大多数树种单株的单位面积和固碳释氧量都不一样，但比较来说，单位时间和单位面积内的固碳释氧量臭椿最高，白皮松最低，分别是 19.30g/m^2、14.04g/m^2 和 7.79g/m^2、5.67g/m^2。按树种同规格的 25cm 胸径单株绿量来计算固硫释氧量，白蜡最高，油松最弱，分别是 5396.75g、3924.91g 和 1484.40g、1079.56g，其日固碳量与日释放氧气量排序均为白蜡>国槐>臭椿>栾树>鹅掌楸>榆树>雪松>流苏>毛白杨>白皮松>白玉兰>元宝枫>垂柳>桧柏>银杏>油松。总体上看，阔叶树种的固碳释氧生态效益比针叶树好。

表 7-4　16 种园林树种固碳释氧生态效益

序号	树种	胸径规格 /cm	单株绿量 /m^2	单位面积日固定 CO_2 的质量 /g · m^{-2}	单位面积日释放 O_2 的质量 /g · m^{-2}	单株日吸收 CO_2/g	单株日释放 O_2/g
1	毛白杨	25	186.07	17.45	12.69	3247.72	2361.98
2	国槐	25	277.13	18.42	13.40	5104.58	3712.42
3	鹅掌楸	25	353.22	11.67	8.49	4121.31	2997.32
4	臭椿	25	262.82	19.30	14.04	5073.13	3689.55
5	银杏	25	205.66	7.80	5.67	1603.22	1165.98
6	白玉兰	25	294.35	9.36	6.81	2754.48	2003.26
7	流苏	25	246.79	13.18	9.59	3253.80	2366.40
8	垂柳	25	236.54	9.24	6.72	2185.80	1589.67
9	白蜡	25	399.65	13.50	9.82	5396.75	3924.91
10	栾树	25	277.13	15.24	11.09	4224.64	3072.46
11	元宝枫	25	235.48	11.63	8.46	2737.75	1991.09
12	榆树	25	277.13	14.18	10.31	3929.53	2857.84
13	雪松	25	341.28	9.57	6.96	3265.55	2374.94
14	油松	25	132.52	11.20	8.15	1484.40	1079.56
15	白皮松	25	379.20	7.79	5.67	2954.43	2148.68
16	桧柏	25	206.97	7.80	5.67	1613.88	1173.73

注：供试树种单株绿量采用的是叶面积回归方程估算法。

通常用树木的单位面积日释放水的质量作为增湿功能的指标，用树木的单位面积日吸收的热量作为降温功能的指标，通过科学有效的方法评估园林植物的降温增湿功能，有利于选择更好树种，营造生态效益高的园林绿地。表 7-5 为夏季 16 种园林树种的降温增湿生态效益。由表 7-5 可知，16 种树种单位叶面积日蒸腾量各不相同，臭椿最高 149.44mol/m^2，最小的为银杏 45.16mol/m^2。按树种同规格的 25cm 胸径单株来计算绿量，释水量和吸热量白蜡最高，银杏最弱，分别是 852.50kg，2063044.89kJ 和 167.17kg，404527.26kJ，其日释水量与吸热量排序均为白蜡>国槐>臭椿>雪松>栾树>榆树>白皮松>流苏>毛白杨>鹅掌楸>垂柳>元宝枫>白玉兰>油松>桧柏>银杏。

表 7-5 16 种园林树种降温增湿生态效益

序号	树种	胸径规格 /cm	单株绿量 /m²	日平均蒸腾速率 /mmol · m⁻² · s⁻¹	单位叶面积日蒸腾量 /mol · m⁻²	单株日释放水总量 /kg	单株日吸热 /kJ
1	毛白杨	25	186. 07	3. 05	131. 73	441. 18	1067612. 13
2	国槐	25	277. 13	3. 36	145. 06	723. 59	1751008. 44
3	鹅掌楸	25	353. 22	1. 57	67. 86	431. 47	1044048. 66
4	臭椿	25	262. 82	3. 46	149. 44	706. 97	1710540. 11
5	银杏	25	205. 66	1. 05	45. 16	167. 17	404527. 26
6	白玉兰	25	294. 35	1. 38	59. 51	315. 28	762975. 73
7	流苏	25	246. 79	2. 33	100. 75	447. 56	1083079. 81
8	垂柳	25	236. 54	1. 88	81. 36	346. 41	838224. 61
9	白蜡	25	399. 65	2. 74	118. 51	852. 50	2063044. 89
10	栾树	25	277. 13	2. 74	118. 26	589. 93	1427642. 06
11	元宝枫	25	235. 48	1. 84	79. 36	336. 36	813983. 98
12	榆树	25	277. 13	2. 72	117. 32	585. 25	1416234. 26
13	雪松	25	341. 28	2. 39	103. 38	635. 09	1536671. 37
14	油松	25	132. 52	2. 67	115. 36	275. 17	665880. 89
15	白皮松	25	379. 20	1. 75	75. 51	515. 39	1247111. 19
16	桧柏	25	206. 97	1. 26	54. 38	202. 59	490257. 54

7. 1. 3. 6 19 种灌草园林植物的生态效益分析

19 种灌草园林植物的在相同环境条件下的固碳释氧生态效益见表 7-6。按单株（无明显主干，以圆球状树冠计）不同冠幅大小树种单位面积内单株日固碳释氧量比较来说，固碳释氧的排序为：紫叶李>西府海棠>榆叶梅>金银木>碧桃>大叶黄杨>红瑞木>紫丁香>棣棠>锦带>沙地柏>月季>连翘。其中固碳量与日释放氧气最高是紫叶李，最低的是连翘，分别是 325. 29g、236. 57g 和 31. 11g、22. 63g。6 种草本的固碳释氧的排序（按 1m² 叶面积来计算）为：崂峪苔草>早熟禾>玉簪>马蔺>麦冬>八宝景天。

表 7-6 19 种灌草园林植物固碳释氧量

序号	树种	规格		单株或 1m² 绿量/m²	单株日吸收二氧化碳 /g	单株日释放氧气 /g
1	红瑞木	冠高/m	1. 80	6. 30	115. 30	83. 85
2	棣棠	冠高/m	1. 60	6. 60	74. 47	54. 16
3	大叶黄杨	冠高/m	0. 90	12. 85	135. 17	98. 31
4	锦带	冠高/m	1. 65	3. 30	52. 84	38. 43
5	沙地柏	冠高/m	0. 70	4. 30	44. 04	32. 03

续表 7-6

序号	树种	规 格		单株或 $1m^2$ 绿量/m^2	单株日吸收二氧化碳/g	单株日释放氧气/g
6	连翘	冠高/m	1.80	2.83	31.11	22.63
7	金银木	冠高/m	2.50	16.00	213.71	155.42
8	月季	冠高/m	1.45	3.43	39.02	28.38
9	紫丁香	冠高/m	2.00	8.16	115.05	83.68
10	紫叶李	冠高/m	3.50	19.90	325.29	236.57
11	西府海棠	冠高/m	2.70	17.74	325.00	236.36
12	碧桃	冠高/m	3.00	13.10	196.09	142.61
13	榆叶梅	冠高/m	1.80	17.14	292.09	212.43
14	崂峪苔草	$1m^2$ 叶面积/m^2	17.84	17.84	168.52	122.56
15	八宝景天	$1m^2$ 叶面积/m^2	3.49	3.49	20.96	15.24
16	麦冬	$1m^2$ 叶面积/m^2	5.00	5.00	30.02	21.84
17	早熟禾	$1m^2$ 叶面积/m^2	8.74	8.74	154.08	112.06
18	玉簪	$1m^2$ 叶面积/m^2	9.98	9.98	98.19	71.41
19	马蔺	$1m^2$ 叶面积/m^2	3.53	3.53	65.33	47.51

19 种灌草园林植物的降温增湿生态效益见表 7-7。

表 7-7 19 种灌草园林植物降温增湿生态效益

序号	树种	单株或 $1m^2$ 绿量/m^2	单位叶面积日蒸腾量/$mol \cdot m^{-2}$	单株或 $1m^2$ 日释放水总量/kg	单株或 $1m^2$ 吸热量/kJ
1	红瑞木	6.30	136.77	15.51	37558.83
2	棣棠	6.60	83.92	9.97	24151.27
3	大叶黄杨	12.85	124.60	28.82	69798.39
4	锦带	3.30	163.46	9.71	23498.10
5	沙地柏	4.30	127.51	9.87	23887.55
6	连翘	2.83	83.20	4.24	10263.95
7	金银木	16.00	109.24	31.46	76133.58
8	月季	3.43	97.50	6.02	14570.18
9	紫丁香	8.16	120.31	17.67	42757.69
10	紫叶李	19.90	165.94	59.44	143835.63
11	西府海棠	17.74	170.71	54.51	132017.03
12	碧桃	13.10	167.51	39.50	95597.65
13	榆叶梅	17.14	157.54	48.60	117635.76
14	崂峪苔草	17.84	140.32	45.06	109110.31
15	八宝景天	3.49	37.58	2.36	5719.31
16	麦冬	5.00	102.17	9.20	22277.64
17	早熟禾	8.74	285.04	44.84	108560.77
18	玉簪	9.98	77.72	13.96	33799.32
19	马蔺	3.53	221.13	14.05	34000.52

由表7-7可知，19种树种单位叶面积日蒸腾量各不相同，灌木中紫叶李最高，最小的为连翘，分别是59.44kg、143835.63kJ和4.24kg、10263.95kJ。放水释热量的排序为紫叶李>西府海棠>榆叶梅>碧桃>金银木>大叶黄杨>紫丁香>红瑞木>棣棠>沙地柏>锦带>月季>连翘。按树种同规格草本1m^2叶面积来计算绿量，释水量和吸热量崂峪苔草最高，八宝景天最弱，分别是45.06kg、109110.31kJ和2.36kg、5719.31kJ，其日释水量与吸热量排序均为崂峪苔草>早熟禾>马蔺>玉簪>麦冬>八宝景天。

综合上述对35种植物材料生物学特征研究可得出，基于热岛改善的植物材料的筛选中，落叶乔木：首选降温增湿强、遮阴效果好的白蜡、国槐、臭椿、栾树、榆树、流苏、毛白杨等，其次可选择鹅掌楸、垂柳、元宝枫、白玉兰、银杏等树种。常绿类乔木：首选白皮松、雪松，其次油松与桧柏类。灌木种类：首选紫叶李、西府海棠、榆叶梅、碧桃、金银木、大叶黄杨等，其次可选择紫丁香、红瑞木、棣棠、沙地柏、锦带、月季、连翘。草本类：首选苔草类、早熟禾、马蔺等，其次可选玉簪、麦冬等。

7.2 基于热岛改善的地面绿化群落配置模式的构建

针对以上所筛选的植物材料，结合大量实用技术与材料和对城市副中心及周边地区调查、资料收集汇总，针对不同的园林绿地类型及北京市通州区气候特点提出了公园绿地、道路绿地及附属绿地等绿地类型的优秀景观配置模式。主要是选取降温增湿效果好、消减$PM_{2.5}$能力强、减噪效果好，兼顾通州区乡土植物元素与景观效果的一些适用性的典型绿地优秀配置模式。

7.2.1 公园绿地植物配置模式

植物配置应以公园总体规划对植物组群类型及分布的要求为依据，营造自然、生态、优美的绿色景观环境。各类公园的绿地率应达到70%以上。公园内公众活动广场绿地率应达到35%~40%，绿化覆盖率应达到60%以上；集散广场绿地率应达到25%~30%，绿化覆盖率应达到40%以上。绿化广场及街旁游园绿地率应达到65%以上。注重植物多样性，以乔木为骨架，复层种植，栽植密度科学合理，选择不同的乡土树种，适宜本地生长的新优植物或改善栽植地及养护条件后适应的植物。公园有多种类型，同类公园也有不同的功能特点或功能分区，植物配置应满足其相应的功能需求。综合性公园、文化娱乐区人流量大、节日活动多、四季人流不断，要求绿化能达到遮阴、美化、季相明显等效果。停车场宜配植庇荫乔木、绿化隔离带，并铺设植草地坪。注重实用性和景观效果，如儿童游乐区严禁配置有毒、有刺等易对儿童造成伤害的植物，应选择适龄苗木，重点部位落叶乔木的胸径应不低于15cm。铺装活动场地应种植冠大荫浓的大规格落叶乔木，形成林荫活动空间，场地内树木枝下净空应大于2.2m。主要推荐的模式如下。

7.2.1.1 北京市北小河公园绿地配置模式

群落名称：圆柏+垂柳+法桐+白蜡—丁香+沙地柏+金叶国槐—麦冬+八宝景天，如图7-6所示。

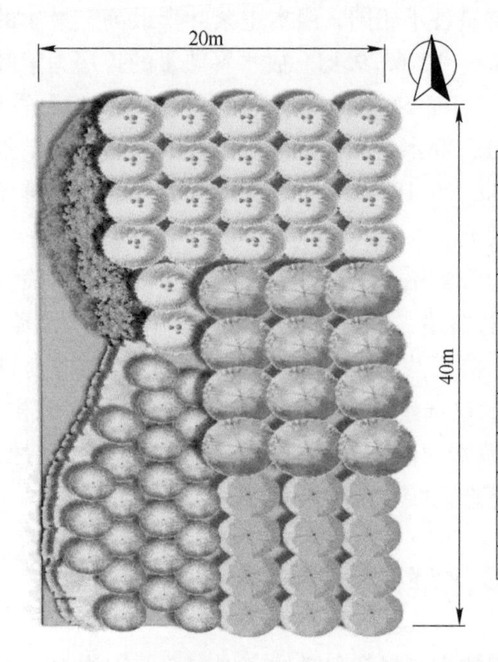

植物名录							
图例	名称	数量	规格				株行距/m²
			株高/m	胸径/cm	冠幅/m²		
	圆柏	24	6	11	2.8×2.8		3×3
	白蜡	13	10	17	4.5×4.5		4×3
	垂柳	22	12	20	5×5		3×4
	法桐	12	11.17	18	9×9		4×6
	丁香	—	3.5	3.3	—		密植
	金叶国槐	—	1.2	4.5	0.6×0.6		1×1
	沙地柏	—	1.1	—	—		密植
	麦冬	—	0.12	—	—		0.15×0.15
	八宝景天	—	0.6	—	—		密植

(a)

(b)

图 7-6　北京市北小河公园绿地配置模式平面图

（1∶300）（a）和实景图（b）

7.2.1.2　北京市紫竹院公园绿地配置模式

群落名称：圆柏+元宝枫—金银木+小叶黄杨+天目琼花+榆叶梅+锦熟黄杨—苔草，如图 7-7 所示。

7.2.1.3　天坛公园绿地配置模式

群落名称：圆柏—早熟禾或油松—早熟禾，如图 7-8 所示。

7.2.1.4　奥林匹克森林公园绿地配置模式 A

群落名称：油松+圆柏+银白杨+银杏+旱柳—月季+连翘，如图 7-9 所示。

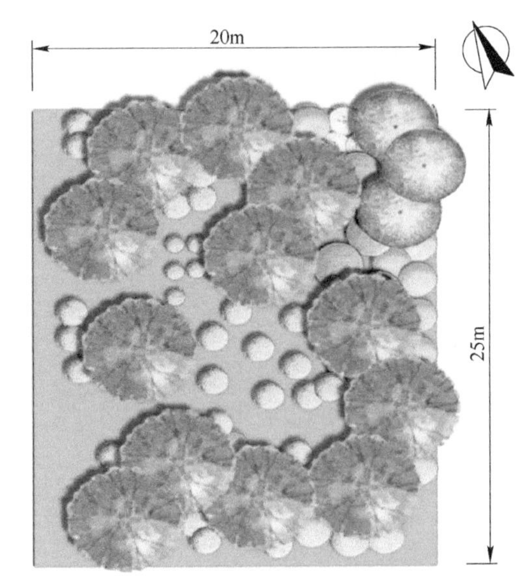

植物名录							
图例	名称	数量	规格			株行距/m^2
			株高/m	胸径/cm	冠幅/m^2	
	元宝枫	12	11.17	30	7.5×8	散植
	圆柏	3	8.5	20	4.5×4	散植
	小叶黄杨	25	1.4	—	1.8×1.8	2×1.5
	锦熟黄杨	23	2.3	4.3	1.3×1.4	2×2
	榆叶梅	5	1.53	3.25	0.8×0.8	密植
	天目琼花	8	2.1	2.75	2.5×2.5	1×1.3
	金银木	7	1.6	1.75	1.1×1.2	1.2×1.7
	苔草	—	0.17	—	—	0.15×0.12

(a)

(b)

图 7-7 北京市紫竹院公园绿地配置模式平面图（1∶300）（a）和实景图（b）

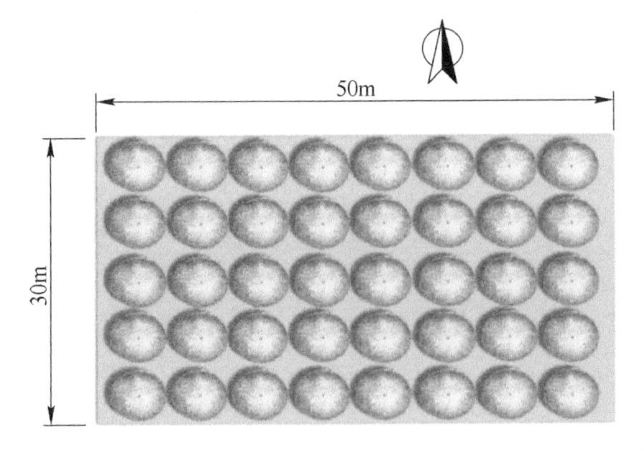

植物名录						
图例	名称	数量	规格			株行距/m^2
			株高/m	胸径/cm	冠幅/m^2	
	圆柏	40	11	22.33	5×5	6×6
	早熟禾	—	0.1	—	—	密植

(a)

(b)

图 7-8　天坛公园绿地配置模式平面图（1∶300）（a）和实景图（b）

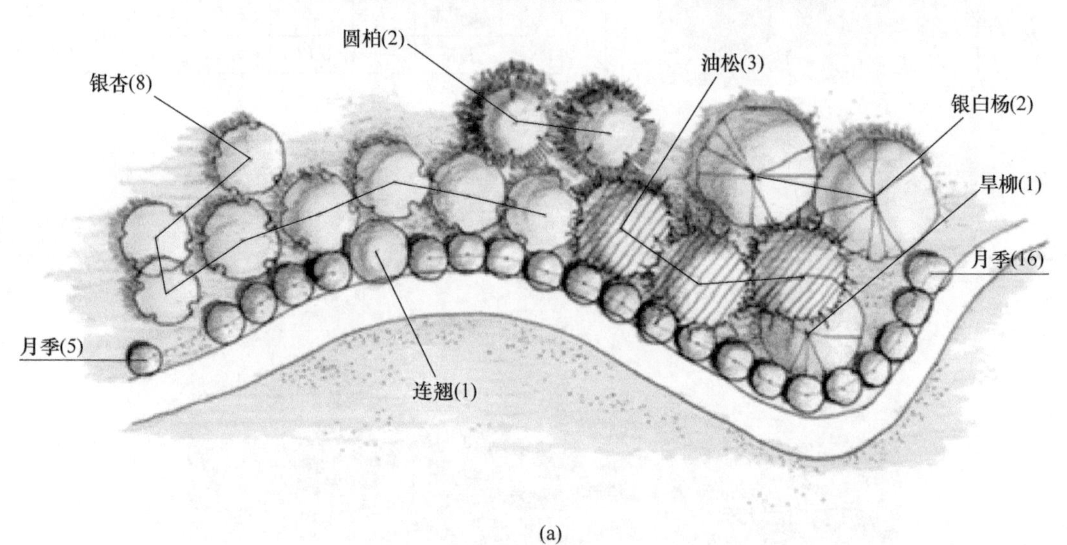

(a)

苗木表					
分类	规格				
常绿乔木	植物名	株高/m	冠幅/m	地径/cm	数量/株
	油松	3	3	10	3
	圆柏	4	2.5	12	2
落叶乔木	植物名	株高/m	冠幅/m	胸径/cm	数量/株
	银白杨	5	4	15	2
	旱柳	4	4	12	1
	银杏	4	3	8	8
灌木	植物名	株高/m	冠幅/m		数量/株
	月季	1.5	2		16
	连翘	2	2.5		1

(b)

图 7-9　奥林匹克森林公园绿地配置模式 A

7.2.1.5 奥林匹克森林公园绿地配置模式 B

群落名称：油松+洋白蜡+紫叶李—锦带+凤尾兰，如图 7-10 所示。

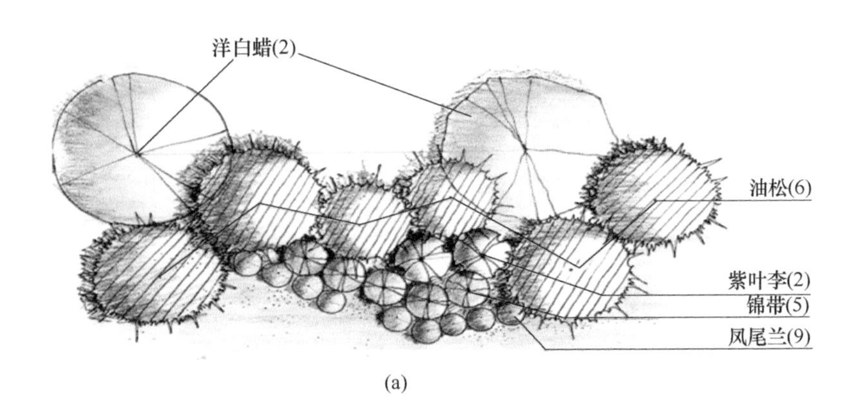

(a)

苗木表					
分类	规格				
常绿乔木	植物名	株高/m	冠幅/m	地径/cm	数量/株
	油松	4	4	10	6
落叶乔木	植物名	株高/m	冠幅/m	胸径/cm	数量/株
	洋白蜡	4.5	5	15	2
	紫叶李	3	2.5	12	2
灌木	植物名	株高/m	冠幅/m		数量/株
	锦带	1.5	2		5
	凤尾兰	1	1		9

(b)

图 7-10 奥林匹克森林公园绿地配置模式 B

7.2.2 道路绿地植物配置模式

道路绿地分为道路绿带、交通岛绿地、广场绿地和停车场绿地。树种的选择应适宜当地生长环境、移植时成活率高、生长迅速而壮健的树种（最好是乡土树种，适应管理粗放，对土壤、水分、肥料要求不高，耐修剪，病虫害少，抗性强的树种）。行道树要求为树干端直、树形端正，树冠优美、冠大荫浓、遮阴效果好的树种。一般胸径 12~15cm 为宜，分枝高不小于 3.5m（分枝小的不小于 2m），株距一般以 5~8m 为宜，要求发叶早，落叶迟的树种。分带宽度大于 1.5m 的道路绿带种植应以乔木为主，乔木、灌木、地被植物相结合，形成连续的绿带。分带宽度小于 1.5m 以下，应以种植灌木为主，并以灌木、地被相结合。被人行横道或出入口断开的分车绿带，其端部应采取通透式配置。立体交叉绿岛应种植草坪等地被植物，草坪上可点缀树丛，桥下宜种植耐荫地被植物。墙面宜进行垂直绿化。

7.2.2.1 北四环姚家园北路道路绿地配置模式

群落名称：毛白杨+垂柳+紫叶李—沙地柏—早熟禾，如图 7-11 所示。

7.2.2.2 北四环西路蓝靛厂南道路绿地配置模式

群落名称：毛白杨+银杏+国槐—小叶黄杨+迎春—早熟禾，如图 7-12 所示。

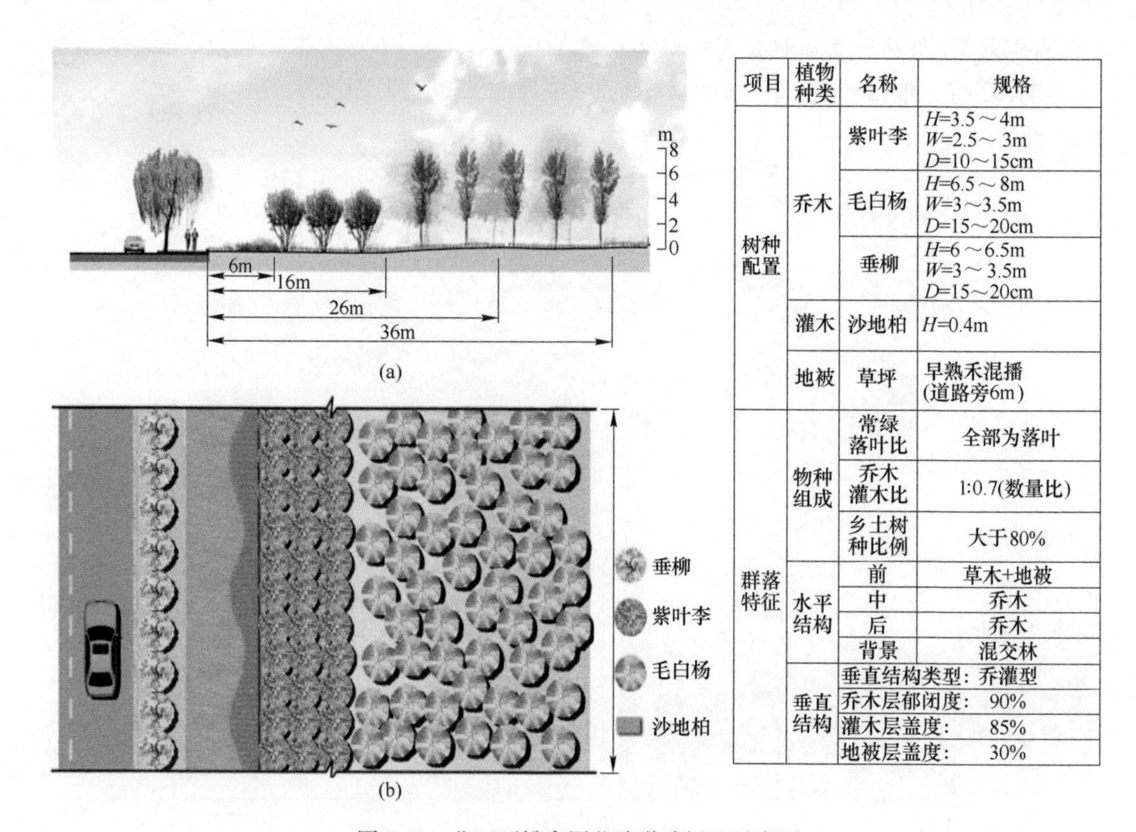

项目	植物种类	名称	规格
树种配置	乔木	紫叶李	H=3.5～4m W=2.5～3m D=10～15cm
		毛白杨	H=6.5～8m W=3～3.5m D=15～20cm
		垂柳	H=6～6.5m W=3～3.5m D=15～20cm
	灌木	沙地柏	H=0.4m
	地被	草坪	早熟禾混播 (道路旁6m)
群落特征	物种组成	常绿落叶比	全部为落叶
		乔木灌木比	1:0.7(数量比)
		乡土树种比例	大于80%
	水平结构	前	草木+地被
		中	乔木
		后	乔木
		背景	混交林
	垂直结构	垂直结构类型：乔灌型	
		乔木层郁闭度：　90%	
		灌木层盖度：　85%	
		地被层盖度：　30%	

图 7-11　北四环姚家园北路道路绿地示意图

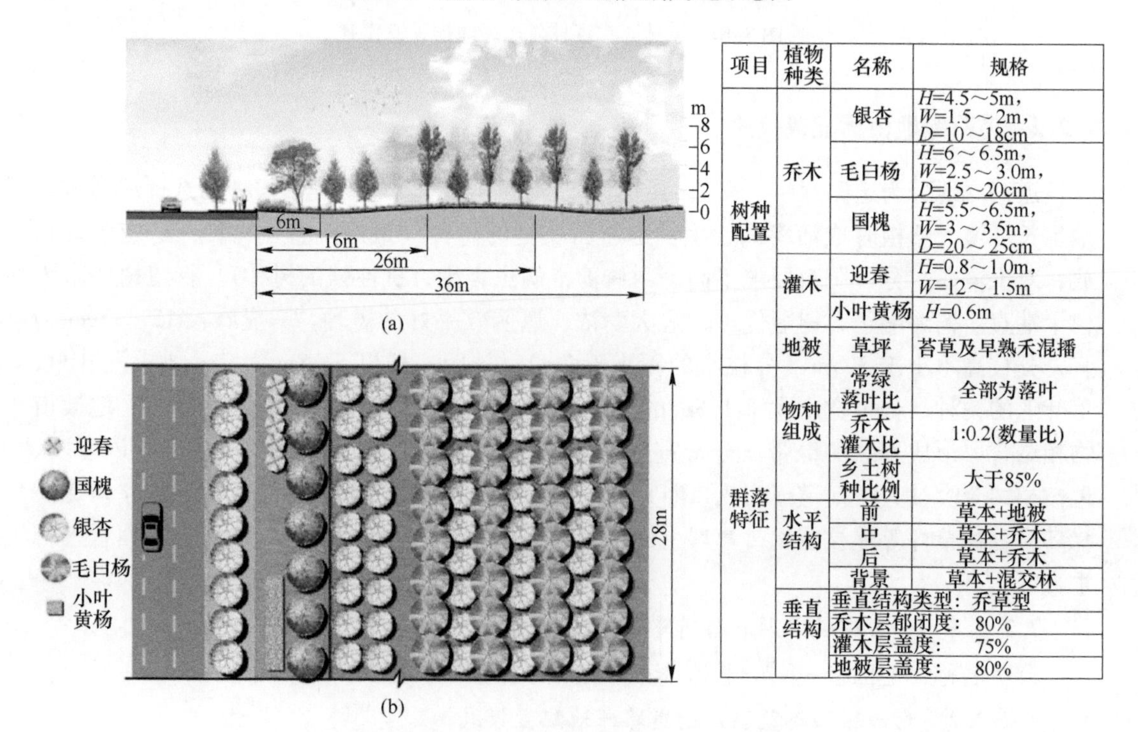

项目	植物种类	名称	规格
树种配置	乔木	银杏	H=4.5～5m， W=1.5～2m， D=10～18cm
		毛白杨	H=6～6.5m， W=2.5～3.0m， D=15～20cm
		国槐	H=5.5～6.5m， W=3～3.5m， D=20～25cm
	灌木	迎春	H=0.8～1.0m， W=12～1.5m
		小叶黄杨	H=0.6m
	地被	草坪	苔草及早熟禾混播
群落特征	物种组成	常绿落叶比	全部为落叶
		乔木灌木比	1:0.2(数量比)
		乡土树种比例	大于85%
	水平结构	前	草本+地被
		中	草本+乔木
		后	草本+乔木
		背景	草本+混交林
	垂直结构	垂直结构类型：乔草型	
		乔木层郁闭度：　80%	
		灌木层盖度：　75%	
		地被层盖度：　80%	

图 7-12　北四环西路蓝靛厂南道路绿地示意图

7.2.2.3 北清路段道路绿地配置模式

群落名称：白皮松+油松+旱柳+银杏+文冠果—紫薇+碧桃+大叶黄杨—早熟禾+麦冬，如图 7-13 所示。

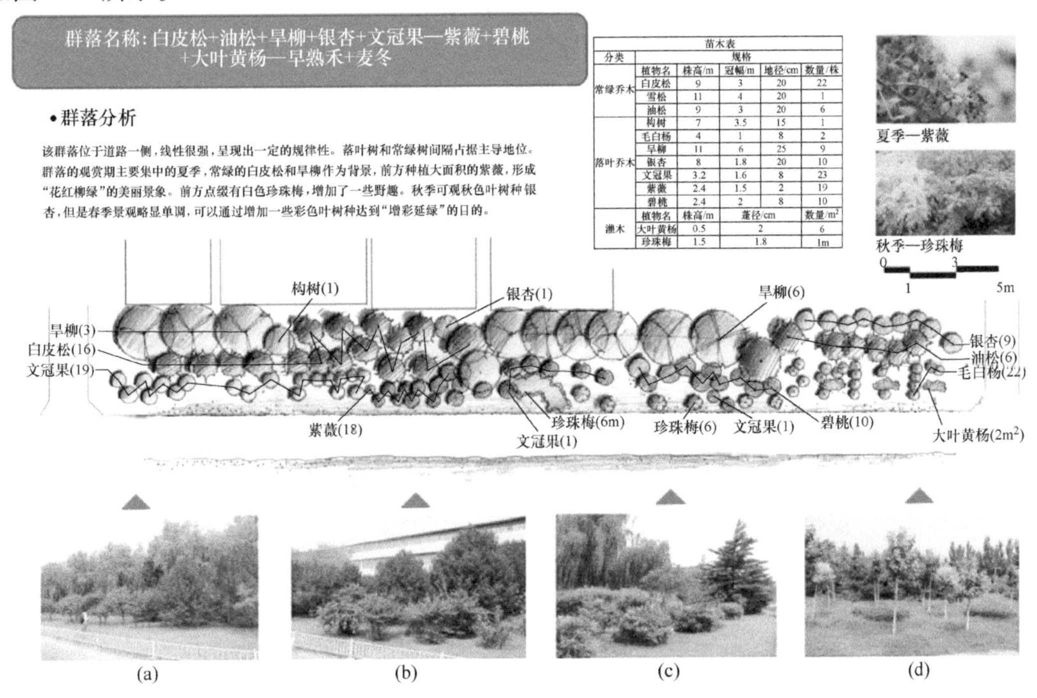

苗木表

分类	规格				
	植物名	株高/m	冠幅/m	地径/cm	数量/株
常绿乔木	白皮松	9	3	20	22
	雪松	11	4	20	1
	油松	9	3	20	6
落叶乔木	构树	7	3.5	15	1
	毛白杨	4	1	8	2
	旱柳	11	6	25	9
	银杏	8	1.8	20	10
	文冠果	3.2	1.6	8	23
	紫薇	2.4	1.5	2	19
	碧桃	2.4	2	8	10
灌木	植物名	株高/m	蓬径/cm		数量/m^2
	大叶黄杨	0.5	2		6
	珍珠梅	1.5	1.8		1m

图 7-13 北清路段道路绿地生态示意图

7.2.3 附属绿地植物配置模式

附属绿地中的行政办公区绿地与办公建筑、广场、道路关系要统筹考虑，合理布局，设计风格宜简洁、明快，重点突出；绿地范围内可设计休憩场所，适当安排休息设施。楼前绿化及基础绿化应相对规整；中庭及内庭院园林绿化设计手法可多样；休憩场、停车场所应考虑林荫。居住区绿化主要是满足人们游憩、活动、交流的功能，其环境氛围要充满生活气息，做到景为人用，富有人情味。树木应选择树形丰满、规整遮阴能力强的乔灌木，不应选用产生污染物的植物（如树脂污染、有果实污染的植物）；楼南、楼北及建筑物中庭除充分考虑植物的生态习性外（对光照要求的特性），还要充分考虑色彩及季相变化，花灌木及草本花卉宜选择观赏性较强的植物种类。附属绿地种植方式应以乔木、灌木及地被相结合为主，多种植乔木，乔木覆盖率应占到绿地面积的 50%以上，纯种植面积应大于 70%。主要推荐的模式（已公开较优）如下。

7.2.3.1 北京金隅办公楼附属绿地配置模式

群落名称：油松+毛白杨+银杏+白蜡—紫丁香+榆叶梅+小叶黄杨+连翘—早熟禾如图 7-14 所示。

7.2.3.2 北京豹房南里小区附属绿地配置模式

北京豹房南里小区附属绿地配置模式如图 7-15 所示。

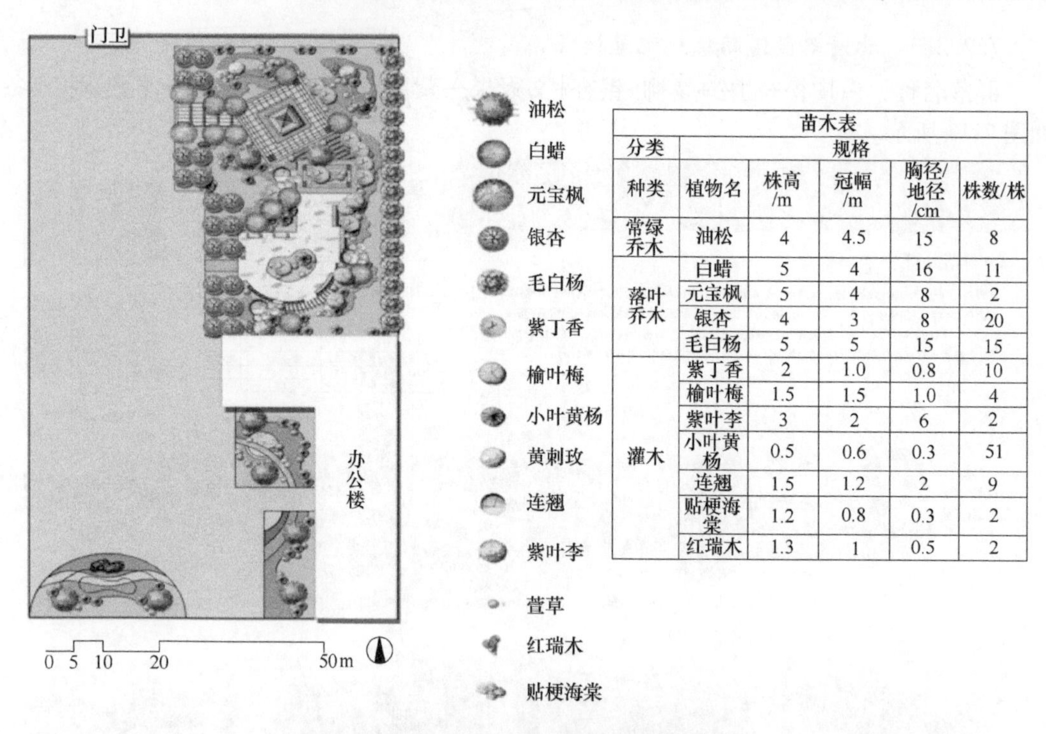

苗木表					
分类		规格			
种类	植物名	株高/m	冠幅/m	胸径/地径/cm	株数/株
常绿乔木	油松	4	4.5	15	8
落叶乔木	白蜡	5	4	16	11
	元宝枫	5	4	8	2
	银杏	4	3	8	20
	毛白杨	5	5	15	15
灌木	紫丁香	2	1.0	0.8	10
	榆叶梅	1.5	1.5	1.0	4
	紫叶李	3	2	6	2
	小叶黄杨	0.5	0.6	0.3	51
	连翘	1.5	1.2	2	9
	贴梗海棠	1.2	0.8	0.3	2
	红瑞木	1.3	1	0.5	2

图 7-14　北京金隅办公楼附属绿地配置模式

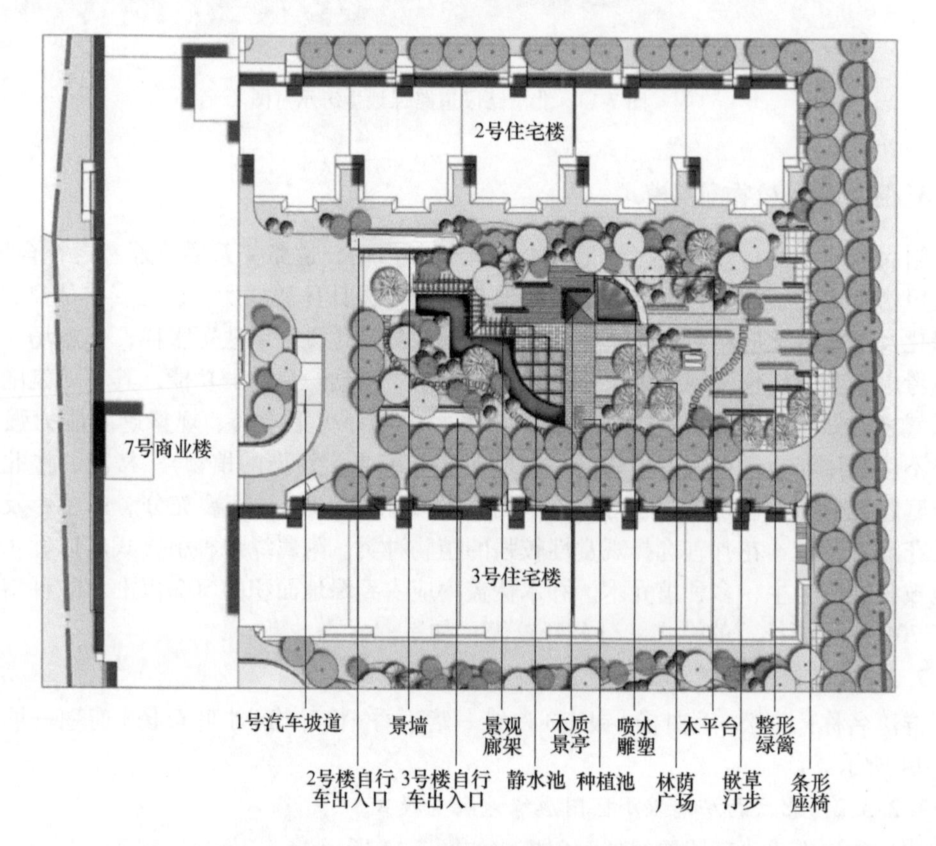

图 7-15　北京豹房南里小区附属绿地生态效益好的优秀配置模式

7.2.3.3 山西朔州城区附一中校区花园式属绿地配置模式

群落名称：樟子松+桧柏+栾树+国槐—金叶榆+红瑞木+连翘—地被，如图 7-16 所示。

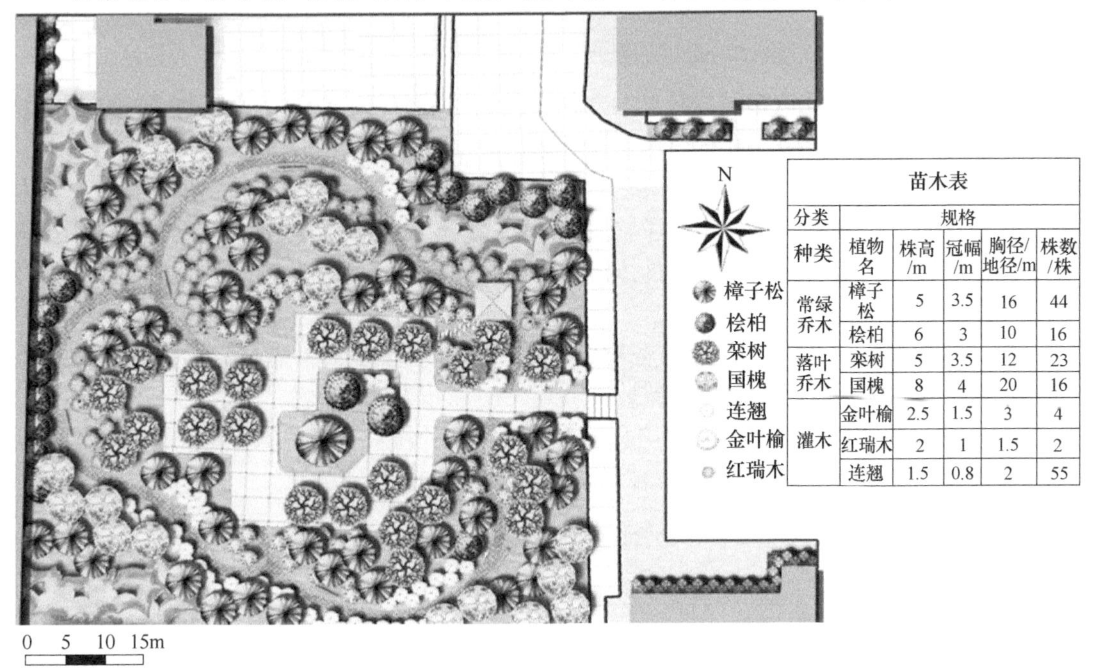

苗木表

分类	规格				
种类	植物名	株高/m	冠幅/m	胸径/地径/m	株数/株
常绿乔木	樟子松	5	3.5	16	44
	桧柏	6	3	10	16
落叶乔木	栾树	5	3.5	12	23
	国槐	8	4	20	16
灌木	金叶榆	2.5	1.5	3	4
	红瑞木	2	1	1.5	2
	连翘	1.5	0.8	2	55

图 7-16 山西朔州城区附一中校区花园式属绿地配置模式

7.3 基于热岛改善的屋面绿化技术

在对城市副中心现有建成的屋顶绿化进行了全面调查汇总，建立了相关屋顶绿化资料台账。根据调查，截至 2018 年底，全市共完成屋顶绿化 158.62 万平方米，其中经实地调查，城市副中心完成屋顶绿化 6.6807 万平方米，占全市屋顶绿化 4.21%。

结合国内外资料搜集和北京市近十年，特别是城市副中心大量工程调研、实践，总结集成成熟的经验技术，归纳并提出基于热岛改善的屋顶绿化相关技术，其主要集成技术结果如下。

7.3.1 规划层面下应考虑的因素

（1）在符合总体规划要求下，针对副中心热岛效应明显的区域进行屋顶绿化规划布局，位于核心区域内的优先建设和改善。

（2）规划时要充分考虑热岛效应明显老旧城区、新建城区及其他周边辐射地区，以能够实现集中连片为优先。

（3）既有建筑进行屋顶绿化建设前，应对其进行结构安全性检测鉴定并出具相关检测报告。

（4）花园式屋顶绿化荷载不小于 3.0kN/m^2；简单式屋顶绿化荷载不小于 1.5kN/m^2。

7.3.2 设计原则及要求

（1）设计应满足安全性、生态性、景观性和经济性的原则。

（2）对于进行改建的屋顶绿化设计，主要包括现场勘查和设计更改方案。

（3）对于新建屋顶绿化的设计主要包括现场勘查及环境分析，并要严格控制小品构筑物数量及位置，铺装面积比例。

7.3.3　关键节点技术

（1）方案设计时要包含结构荷载分布图分析、功能分析、不利因素处理方法，初步设计中要进行荷载复核验算、方案细化及设计选材。

（2）施工设计中包含防水层设计、排水及系统设计、屋顶雨水存蓄利用设计、种植基质及植被层设计、缓冲带设计、增强屋面排水性方式、荷载减轻的做法、增加种植覆土深度、小品设计、水电系统设计等，具体做法和指标可参见《北京城市副中心热岛改善屋顶绿化示范建设关键技术指南》图册。

（3）植物配置模式，种植设计优先顺序可参考下列模式：乔+灌+草+攀缘植物>乔+灌+草>乔+草>灌+草+攀缘植物>灌+草>草+攀缘植物>草*（*所指为草坪植物，非单一草坪）。

（4）其他材料的选择也优先选用热辐射效应较小的材料，具备降温增湿的材料，适合副中心改善热岛种植土见表 7-8，推荐植物种类见表 7-9。

表 7-8　适合副中心改善热岛种植土推荐表

改良土	主要配比材料	配比比例	水饱和容重/$kg \cdot m^{-3}$
种植土	田园土：轻质骨料	1：1	≤1200
	腐叶土：蛭石：沙土	7：2：1	780~1000
	田园土：草炭：（蛭石和肥料）	4：3：1	1100~1300
	轻沙壤土：腐殖土：珍珠岩：蛭石	2.5：5：2：0.5	≤1100
	轻沙壤土：腐殖土：蛭石	5：3：2	1100~1300
无机基质	珍珠岩等	—	450~650

表 7-9　适合副中心改善热岛植物种类推荐表

序号	类型	中文名	学　名	生态习性
1	乔木类	油松	*Pinus tabuliformis*	喜光、耐旱
2		白皮松	*Pinus bungeana*	喜光、常绿
3		侧柏	*Platycladus orientalis*	喜光、耐旱、耐瘠薄、常绿
4		圆柏	*Sabina chinensis*	喜光、耐旱、常绿
5		龙柏※	*Sabina chinensis* ‘*Kaizuka*’	喜光、耐旱、常绿
6		玉兰※	*Magnolia denudata*	喜光、稍耐荫、不耐水湿
7		二乔玉兰※	*Magnolia ×soulangeana*	喜光、稍耐荫、不耐水湿
8		紫叶李	*Prunus cerasifera* ‘*Atropurpurea*’	喜光、耐干旱、瘠薄、盐碱
9		山桃	*Prunus davidiana*	喜光、耐干旱、瘠薄、不耐水湿
10		碧桃	*Prunus persica* ‘*Duplex*’	喜光、耐旱、不耐水湿
11		紫叶桃	*Prunus persica* ‘*Atropurpurea*’	喜光、耐旱、不耐水湿
12		寿星桃	*Prunus persica* ‘*Densa*’	喜阳、耐旱、较耐寒
13		海棠类	*Malusspp.*	喜光、喜肥
14		石榴	*Punica granatum*	喜光、耐旱、耐瘠薄
15		黄栌	*Cotinus coggygria*	喜光、耐旱、耐瘠薄

续表 7-9

序号	类型	中文名	学　　名	生态习性
16	灌木类	鹿角桧	*Sabina chinensis* ‘*Pfitzeriana*’	喜光、耐旱、瘠薄、常绿
17		沙地柏	*Sabina vulgaris*	喜光、耐旱、瘠薄、常绿
18		铺地柏	*Sabina procumbens*	喜光、耐旱、瘠薄、常绿
19		紫叶小檗	*Berberis thunbergii* ‘*Atropurpurea*’	喜光、耐旱、耐瘠薄
20		木槿	*Hibiscus syriacus*	喜光、耐半阴、耐瘠薄
21		太平花	*Philadelphus pekinensis*	喜光、耐旱、耐瘠薄
22		小花溲疏	*Deutzia parviflora*	喜光、耐旱、耐瘠薄
23		华北珍珠梅	*Sorbaria kirilowii*	喜半阴、耐瘠薄
24		现代月季	*Rosa hybrida*	喜光、喜肥
25		黄刺玫	*Rosa xanthina*	喜光、耐旱、耐瘠薄
26		棣棠	*Kerria japonica*	喜半阴、耐全光、耐旱
27		榆叶梅	*Prunus triloba*	喜半阴、耐全光、耐旱
28		郁李	*Prunus japonica*	喜光、耐旱
29		红瑞木	*Cornus alba*	喜光、耐旱
30		大叶黄杨※	*Euonymus japonicus*	喜光、较耐旱、常绿
31		锦熟黄杨	*Buxus microphylla var. koreana*	喜光、较耐旱、常绿
32		小紫珠	*Callicarpa dichotoma*	喜光、耐旱、耐瘠薄
33		荆条	*Vitex negundo var. heterophylla*	喜光、耐旱、耐瘠薄
34		金叶莸	*Caryopteris ×clandonensis* “*Worcester Gold*”	喜光、耐旱、耐瘠薄
35		金叶女贞	*Ligustrum ×vicaryi*	喜光、耐旱、耐瘠薄、耐盐碱
36		迎春	*Jasminum nudiflorum*	喜光、较耐阴、耐旱、耐瘠薄
37		紫丁香	*Syringa oblata*	喜光、耐半阴、耐旱、耐瘠薄
38		连翘	*Forsythia suspensa*	喜光、较耐阴、耐旱、耐瘠薄
39		金钟花	*Forsythia viridissima*	喜光、较耐阴、耐旱、耐瘠薄
40		锦带花	*Weigela florida*	喜光、耐半阴、耐旱
41		金银木	*Lonicera maackii*	喜光、耐旱、耐瘠薄
42	草本地被类	八宝景天	*Sedum spectabile*	喜光、极耐旱
43		垂盆草	*Sedum sarmentosum*	喜光、耐旱、耐瘠薄
44		反曲景天	*Sedum reflexum*	喜光、耐旱、常绿
45		佛甲草	*Sedum lineare*	喜光、极耐旱、耐瘠薄
46		高加索景天	*Sedum spurium*	喜光、耐旱、耐瘠薄
47		灰毛费菜※	*Sedum selskianum*	喜光、耐旱、耐瘠薄
48		景天三七	*Sedum aizoon*	喜光、极耐旱、耐瘠薄
49		堪察加费菜	*Sedum kamtschaticum*	喜光、耐旱、耐瘠薄
50		六棱景天※	*Sedum sexangulare*	喜光、耐旱、耐瘠薄
51		杂种费菜	*Sedum hybridum*	喜光、极耐旱、耐瘠薄

续表 7-9

序号	类型	中文名	学　名	生态习性
52	草本地被类	矾根	*Heuchera spp.*	喜半阴、不耐水湿
53		匍枝委陵菜	*Potentilla flagellaris*	喜光、耐旱
54		蛇莓	*Duchesnea indica*	喜光、耐旱
55		千屈菜	*Lythrum salicaria*	喜光、耐旱也耐水湿
56		福禄考※	*Phlox carolina*	喜光、耐旱
57		针叶福禄考※	*Phlox subulata*	喜光、耐旱
58		林荫鼠尾草※	*Salvia ×superba*	喜光、耐旱、耐瘠薄
59		轮叶鼠尾草※	*Salvia verticillata*	喜光、耐旱、耐瘠薄
60		美国薄荷	*Monarda didyma*	喜光、耐旱、耐瘠薄
61		杂种荆芥	*Nepeta ×faassenii*	喜光、耐旱、耐瘠薄
62		穗花婆婆纳	*Veronica spicata*	喜光、耐旱
63		千叶蓍	*Achillea millefolium*	喜光、耐旱、耐瘠薄
64		轮叶金鸡菊	*Coreopsis verticillata*	喜光、耐旱、耐瘠薄
65		大花金鸡菊	*Coreopsis grandiflora*	喜光、耐旱、耐瘠薄
66		尖花拂子茅	*Calamagrostis ×acutiflora*	耐寒、耐旱
67		蓝羊茅	*Festuca glauca*	喜光、耐寒、耐贫瘠
68		狼尾草	*Pennisetum alopecuroides*	耐寒、耐旱、耐砂土贫瘠
69		东方狼尾草	*Pennisetum orientale*	耐寒、耐旱
70		芒	*Miscanthus sinensis*	喜光、耐半荫、性强健
71		土麦冬	*Liriope spicata*	喜阴、常绿
72		玉簪类	*Hostaspp.*	喜半阴、湿润
73		萱草类	*Hemerocallis spp.*	喜光、耐半阴、较耐旱
74		鸢尾类	*Iris spp.*	喜光、较耐旱
75	藤木类	紫藤	*Wisteria sinensis*	喜光、较耐旱
76		扶芳藤※	*Euonymus fortunei*	喜半阴、常绿
77		葡萄	*Vitis vinifera*	喜光、喜肥
78		地锦	*Parthenocissus tricuspidata*	喜光、耐半阴
79		五叶地锦	*Parthenocissus quinquefolia*	喜光、耐半阴
80		美国凌霄	*Campsis grandiflora*	喜光、喜肥
81		金银花	*Lonicera japonica*	喜光、耐半阴
82		台尔曼忍冬	*Lonicera×tellmanniana*	喜光、耐半阴

注：※为小气候环境下可选择应用本植物品种。

7.4　小　　结

基于相同环境条件下的35种园林植物的光合速率、蒸腾速率、光照强度的测定与分析基础上，定量进行单位时间单位、叶面积内及单株植物的固碳释氧、蒸腾释水放热的生态效益评估与遮阴效果探讨，并结合前期地面绿化与屋面绿化研究技术集成成果得到有以下结果：

（1）16 种乔木树种净光合速率日平均域值为 4.10~10.16μmol/(m^2·s)，日均蒸腾速率阈值为 1.05~3.46mmol/(m^2·s)，综合遮阴效果 P 系数阈值为 0.12~2.83μmol/(m^2·s)。13 种灌木树种日均净光合速率的阈值在 5.39~9.64μmol/(m^2·s)，蒸腾速率阈值在 1.93~4.65mmol/(m^2·s)；6 种草本日均净光合速率的域值在 3.16~9.74μmol/(m^2·s) 和 1.03~6.20mmol/(m^2·s)。

（2）按树种同规格的 25cm 胸径单株来计算绿量，16 乔木树种中，日固碳量、释水量及吸热量由高至低的植物排序为：白蜡>国槐>臭椿>雪松>栾树>榆树>白皮松>流苏>毛白杨>鹅掌楸>垂柳>元宝枫>白玉兰>油松>桧柏>银杏；13 种灌木单株排序为：紫叶李>西府海棠>榆叶梅>金银木>碧桃>大叶黄杨>红瑞木>紫丁香>棣棠>锦带>沙地柏>月季>连翘；6 种草本的单位面积排序为：崂峪苔草>早熟禾>玉簪>马蔺>麦冬>八宝景天。总体上阔叶树种的固碳释氧、降温增湿生态效益要比针叶树种好。枝叶浓密、荫质好、遮阴面积大的树种遮阴效果好。

（3）基于热岛改善的植物材料筛选中，按固碳释氧、降温增湿生态效益排序结果：1）落叶乔木，首选降温增湿强、遮阴效果好的白蜡、国槐、臭椿、栾树、榆树、流苏、毛白杨等，其次可选择鹅掌楸、垂柳、元宝枫、白玉兰、银杏等树种；2）常绿类乔木，首选白皮松、雪松、其次油松与桧柏类；3）灌木种类首选紫叶李、西府海棠、榆叶梅、碧桃、金银木、大叶黄杨等；其次可选择紫丁香、红瑞木、棣棠、沙地柏、锦带、月季、连翘；4）草本类首选苔草类、早熟禾、马蔺等，其次可选玉簪、麦冬等。

（4）针对研究所筛选的植物材料，对不同的园林绿地类型以及北京市通州区气候特点提出了公园绿地、道路绿地以及附属绿地等绿地类型的优秀景观配置模式。主要是选取降温增湿效果好、消减 $PM_{2.5}$能力强、减噪效果好，综合生态功能高兼顾通州乡土植物元素与景观效果的一些适用性的典型绿地优秀配置模式 11 种。

（5）总结集成近十年来国内外成熟的经验技术与工程实践，归纳并提出基于热岛改善的屋顶绿化相关技术，建立了城市副中心屋顶绿化台账，明确了屋顶绿化花园式和简单式两种类型；提出了基于热岛改善的屋顶绿化构建技术体系推荐适合副中心改善热岛 82 屋面绿化植物种类；种植设计优先顺序植物配置模式为：乔木+灌木+草本+攀缘植物>乔木+灌木+草本>乔木+草本>灌木+草本+攀缘植物>灌木+草本>草本+攀缘植物>草本。其他材料的选择也优先选用热辐射效应较小，具备降温增湿的材料优先。

8 热岛改善示范区建设与效应评价

有研究表明：城市绿地覆盖率与热岛强度成反比，绿地覆盖率越高，则热岛强度越弱。当一个区域绿地覆盖率不小于30%时，绿地对城市热岛有较明显的削弱作用；当覆盖率大于50%时，绿地对城市热岛的削减作用极其明显（李延明等，2002）。城市植被通过蒸腾作用，从环境中吸收大量的热量，降低环境空气温度，增加空气湿度；同时大量吸收空气中的二氧化碳，抑制温室效应。

北京市第十一次党代会上明确提出“聚焦通州战略，打造功能完备的城市副中心”，赋予通州北京城市副中心的全新定位。因此，把城市副中心建设为国际一流和谐宜居之都示范区、新型城镇化示范区、京津冀区域协同发展示范区，作为国家宏观战略层面上的导向，以城市发展为需求，以热岛改善、绿量增加、植物群落结构优化、绿地生态功能提升为目标，集成研究的多尺度预测数值模拟系统、绿地系统布局优化规划方案、人居环境舒适度提升技术、地面绿化和屋面绿化所筛选植物材料与建植技术等技术成果为技术支持，建设热岛改善、生态良好的示范区是十分必要和必需的。

8.1 示范建设设计技术指南

8.1.1 地面绿化示范建设技术指南

现针对通州区现有绿地绿量严重不足、布局欠合理、群落单调、绿地质量不高、生态功能薄弱、缓解热岛作用不强等绿化建设现状与技术水平远远不能满足城市副中心这一新定位的要求，且要求在较短时间内建设国际一流的园林绿化体系，满足城市副中心对宜居环境的要求，改善热岛，必须充分利用现有的最新园林绿化科技成果，并加以集成使用，把适宜的植物新优品种、合理的植物配置方式、科学的养护与病虫害防护技术措施综合起来，才可以保证北京城市副中心成为一个和谐宜居、生态环境优美的目标定位实现。

技术指南主要由园林绿化专家和专业技术人员在对城市副中心详细调研、考察和资料收集整理的基础上，结合研究成果，主要从北京城市副中心园林绿化实际建设出发，将实用成熟的园林绿化科技成果集成配套使用到园林绿地示范建设当中，以满足改善城市副中心热岛效应同时提高园林绿地的生态功能，以期在今后为城市副中心及其他园林绿化建设工程中提供坚实的理论基础与技术支撑，促进工程建设的科学化、规范化和标准化。详细示范建设技术内容可参见《北京城市副中心热岛改善地面绿化示范建设技术指南》图册。

8.1.2 屋顶绿化示范建设技术指南

为促进北京城市副中心屋顶绿化的稳步发展，达到“建设绿色城市、森林城市、海绵城市、智慧城市”的具体目标，体现城市副中心的先进生态理念，树立良好宜居环境，应从多种空间角度弱化城市发展带来的热岛效应。

屋顶绿化作为城市生态环境建设的重要载体，是国际上普遍公认的改善城市生态环境、缓解城市热导效应的有效措施之一，近些年发展迅速，并且在改善空气质量、蓄滞雨水、增加碳汇、增加生物多样性、补充绿量方面作用显著。另一方面，屋顶绿化是海绵城市建设重要的低影响开发措施之一，屋顶绿化建设已成为北京城市副中心解决城市环境问题，推进可持续发展的工作重点，是绿色建筑和建筑节能必然选择。

城市副中心新城区的建设尚未达到一流新区的水平，若想要在较短时间内满足对宜居环境的要求，只有依靠科技创新，充分利用现有的最新屋顶绿化技术，并加以集成使用，把适宜的植物新优品种、合理的植物配置方式、科学的材料选用、节水集雨措施和绿色健康的后期养管综合起来，才可以保证北京行政副中心成为一个宜居社区，实现优美生态体验的目标。

建设技术指南从北京行政副中心屋顶绿化建设出发，在详细对通州调研、考察和资料整理的基础上，总结并提出针对减缓城市热岛效应的相关技术，以及较为成熟的工程措施，集成应用到示范建设当中，同时以期在今后为行政副中心乃至北京平原地区园林绿化建设工程中提供坚实的技术支撑。详细示范建设关键技术内容参见《北京城市副中心热岛改善屋顶绿化示范建设关键技术指南》与《基于控制城市热岛的屋面绿化技术导则》两本图册。

8.2 设计理念与方案

8.2.1 地面绿化示范建设设计理念与方案

在前期调研踏查的基础上，选定由北京市花木有限公司施工的“北京城市副中心行政办公区绿化示范段园林绿化工程二标段”项目用地作为地面绿化示范区，位于北京城市副中心办公楼南侧，整体绿化示范段面积约 36.5hm^2（见图 8-1），其中二标段面积约 22.57hm^2（见图 8-2）。

根据《通州区绿地系统规划》《北京城市副中心行政办公区先行启动区景观方案设计》《北京城市副中心行政办公区国际招标文件》等上位规划，确定示范段功能定位与发展目标：打造“水韵林海，千年绿城”的总体城市形态与愿景，实现森林绿城、园林绿城、海绵绿城和智慧绿城的建设目标；落实通州森林行政办公区定位，将行政办公区建设成为世界顶级的生态化园林绿化创新示范区；落实“三环四轴多组团，千年匠心绿筑城”林海呼应森林城市的要求，突出绿量大、林分质量高的特点（见图 8-3）。

示范段作为办公区附属绿地，满足政务礼仪性活动、散步式外交公务、城市间交往活动、领导人及国际活动植树纪念地等需求。绿地原为速生杨用材林，地势低于北岸办公区广场设计标高 3m，设计通过堆山理水，配以不同植物林冠线的变化，形成连续、起伏有致的绿色天际线，与北侧办公区在轴线上遥相呼应，如图 8-4 所示。

图 8-1　北京城市副中心行政办公区绿化示范段分区规划示意图

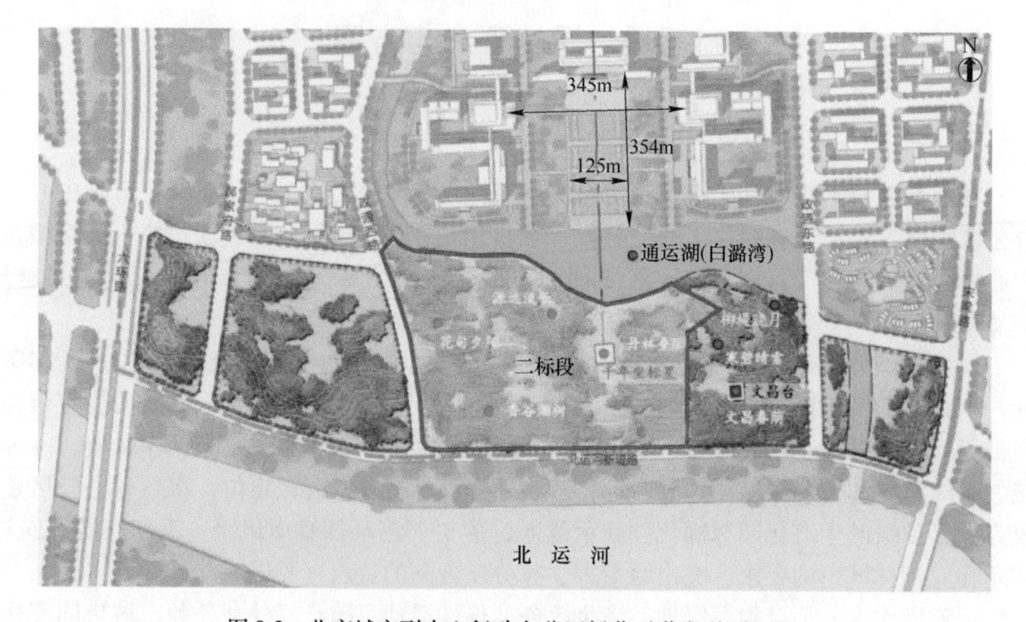

图 8-2　北京城市副中心行政办公区绿化示范段总平面图

植物景观空间深化设计采用生态、海绵等最新理念与技术，采取草坡入水、置石入水、水生植物三种驳岸形式，如图 8-5 所示。植物配置整体以自然生态林地为主，遵循适

图 8-3 北京城市副中心行政办公区绿化示范段鸟瞰图

图 8-4 北京城市副中心行政办公区绿化示范段东西横立面图

地适树原则，以北京地区乡土树种为主，兼顾常绿树、慢生树、彩叶树，构建整体景观优美、生态效益良好、服务副中心的“千年守望林”。

图 8-5 北京城市副中心行政办公区绿化示范段驳岸形式

8.2.2 屋面绿化示范建设设计理念与方案

在前期调研踏查的基础上，选定由中国城市建设研究院承担的绿化项目作为屋顶绿化部分示范区，示范区位于北京城市副中心市委行政办公楼及其附属配楼等屋顶，屋顶总面积 21828m^2，如图 8-6 所示。

图 8-6　北京城市副中心行政办公区屋顶绿化示范段位置示意图

屋顶示范区作为整个区域的附属绿地，满足园林优美景观需求的同时，也兼顾散步式公务和交谈等功能，体现生态优先、简约大气、体现文化的设计理念，植物选择适合屋顶种植的北京乡土植物，并适当点缀常绿植物、色叶植物，生态效益良好的屋顶园林景观如图 8-7 和图 8-8 所示。

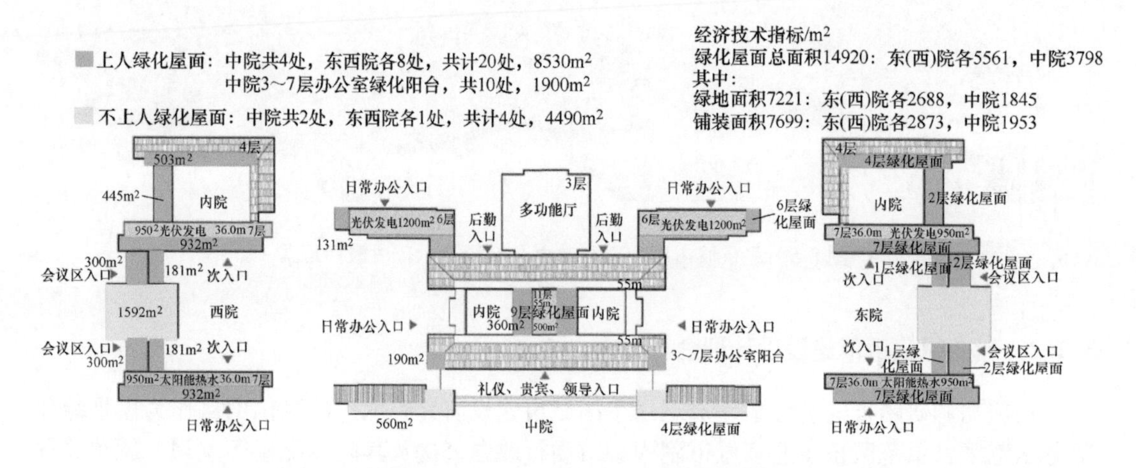

图 8-7　北京城市副中心行政办公区市委屋顶绿化平面图

(a)

(b)

图 8-8 市委配楼屋顶（a）及连廊（b）绿化平面图

8.3 示 范 建 设

8.3.1 地面绿化示范区建设

在前期调研踏查的基础上，选定由北京市花木有限公司施工的“北京城市副中心行政办公区绿化示范段园林绿化工程二标段”项目用地作为地面绿化示范区，位于北京城市副中心办公楼南侧，面积约 22.57hm^2。2017 年 3 月开始进行绿化施工，截至 2019 年 9 月，总体绿化工程已竣工，共栽植常绿乔木 1324 株、落叶乔木 3435 株、灌木 1161 株、旱园竹 888.6m^2、花卉 8488.87m^2、冷季型草坪 123346.69m^2、麦冬 79222m^2。

示范区内植物选用北京地区常见树种，同时参考了前期研究成果及技术指南中推荐的绿地配置模式及推荐树种，在满足景观性的同时提高绿地改善城市副中心区域热岛效应的生态功能，植物种类见表 8-1。

表 8-1 示范区植物种类表

植物类型	编号	植物种类	拉 丁 学 名
常绿乔木	1	白皮松	*Pinus bungeana Zucc.*
	2	油松	*Pinus tabuliformis Carr.*
	3	华山松	*Pinus armandii Franch.*
	4	西安桧	*Sabina chinensis cv. Xian*
落叶乔木	5	白蜡	*Fraxinus chinensis Roxb.*
	6	美国白蜡	*Fraxinus americana Linn.*
	7	国槐	*Sophora japonica Linn.*
	8	刺槐	*Robinia pseudoacacia Linn.*
	9	银杏	*Ginkgo biloba L.*
	10	栾树	*Koelreuteria paniculata Laxm.*
	11	垂柳	*Salix babylonica*
	12	旱柳	*Salix matsudana Koidz.*
	13	龙爪柳	*Salix matsudana var. matsudana f. tortuosa (Vilm.) Rehd.*

续表 8-1

植物类型	编号	植物种类	拉 丁 学 名
落叶乔木	14	法桐	*Platanus orientalis Linn.*
	15	榆树	*Ulmus pumila L.*
	16	香椿	*Toona sinensis* （*A. Juss.* ）*Roem.*
	17	臭椿	*Ailanthus altissima* （*Mill.* ）*Swingle*
	18	千头椿	*Ailanthus altissima* ‘*Qiantou*’
	19	元宝枫	*Acer truncatum Bunge.*
	20	丛生元宝枫	*Acer truncatum Bunge.*
	21	彩叶豆梨	*Pyrus calleryana Decne.*
	22	紫叶李	*Prunus Cerasifera Ehrhar f. atropurpurea* （*Jacq.* ）*Rehd.*
	23	白玉兰	*Magnolia denudata*
	24	二乔玉兰	*Magnolia×soulangeana Soul. -Bod.*
	25	西府海棠	*Malus×micromalus Makino* （1908）
	26	海棠	*Malus spectabilis*
	27	黄栌	*Cotinus coggygria Scop.*
	28	水杉	*Metasequoia glyptostroboides Hu & W. C. Cheng*
	29	丝棉木	*Euonymus maackii Rupr.*
	30	银红槭	*Acer× freemanii* ‘*Sienna Glen*’
	31	杂交马褂木	*Liriodendron×sinoamericanum P. C. Yieh ex C. B. Shang & Zhang R. Wang*
	32	暴马丁香	*Syringa reticulata var. amurensis*
	33	毛白杨	*Populus tomentosa Carr.*
	34	樱桃	*Cerasus pseudocerasus G. Don*
	35	碧桃	*Amygdalus persica L. var. persica f. duplex Rehd.*
	36	山桃	*Amygdalus davidiana* （*Carrière*）*de Vos ex Henry*
	37	山杏	*Armeniaca sibirica* （*L.* ）*Lam.*
灌木	38	木槿	*Hibiscus syriacus Linn.*
	39	榆叶梅	*Amygdalus triloba*
	40	连翘	*Forsythia suspensa*
	41	紫丁香	*Syringa oblata Lindl.*
	42	白丁香	*Syringa oblata Lindl. var. alba Rehder*
	43	天目琼花	*Viburnum opulus Linn. var. calvescens* （*Rehd.* ）*Hara f. calvescens*
	44	棣棠	*Kerria japonica*
	45	珍珠梅	*Sorbaria sorbifolia* （*L.* ）*A. Br.*
	46	金银木	*Lonicera maackii* （*Rupr.* ）*Maxim.*
	47	红瑞木	*Swida alba Opiz*
	48	紫薇	*Lagerstroemia indica L.*
	49	金枝国槐	*Sophora japonica* ‘*Golden Stem*’

续表 8-1

植物类型	编号	植物种类	拉 丁 学 名
灌木	50	日本绣线菊	*Spiraea japonica L.f.*
	51	金焰绣线菊	*Spiraea x bumalda cv. Gold Flame*
	52	粉团蔷薇	*Rosa multiflora Thunb. var. cathayensis Rehd.*
	53	火焰卫矛	*Euonymus alatus cv. ' Compacta'*
	54	大花绣球	*Hydrangea paniculata Sieb. ' Grandiflora'*
	55	红王子锦带	*Weigela florida cv. Red Prince*
	56	迎春	*Jasminum nudiflorum Lindl.*
	57	平枝栒子	*Cotoneaster horizontalis Decne.*
竹类	58	早园竹	*Phyllostachys propinqua McClure*
花卉	59	花菖蒲	*Iris ensata var. hortensis Makino et Nemoto*
	60	千屈菜	*Lythrum salicaria L.*
	61	蒲苇	*Cortaderia selloana*
	62	马蔺	*Iris lactea Pall. var. chinensis (Fisch.) Koidz.*
	63	玉簪	*Hosta plantaginea (Lam.) Aschers.*
	64	鸢尾	*Iris tectorum Maxim.*
	65	八宝景天	*Hylotelephium erythrostictum (Miq.) H. Ohba*
	66	斑叶芒	*Miscanthus sinensis Andress ' Zebrinus'*
	67	细叶芒	*Miscanthus sinensis cv.*
	68	金鸡菊	*Coreopsis drummondii Torr. et Gray*
	69	黑心菊	*Rudbeckiahirta L.*
	70	松果菊	*Echinacea purpurea (Linn.) Moench*
	71	金光菊	*Rudbeckia laciniata L.*
	72	狼尾草	*Pennisetum alopecuroides (L.) Spreng.*
	73	大花萱草	*Hemerocallis hybrida Bergmans*
	74	金娃娃萱草	*Hemerocallis fulva ' Golden Doll'*
地被	75	早熟禾	*Poa annua L.*
	76	麦冬	*Ophiopogon japonicus (Linn.f.) Ker-Gawl.*

示范区内植物群落结构类型以乔—灌—草和乔—草为主，在北侧行政副中心办公楼景观轴线沿线上设计了大面积开敞草坪，提供政务活动场地的同时满足景观视线的通透性。典型植物群落配置模式示意及建后实景照片如图 8-9~图 8-12 所示。

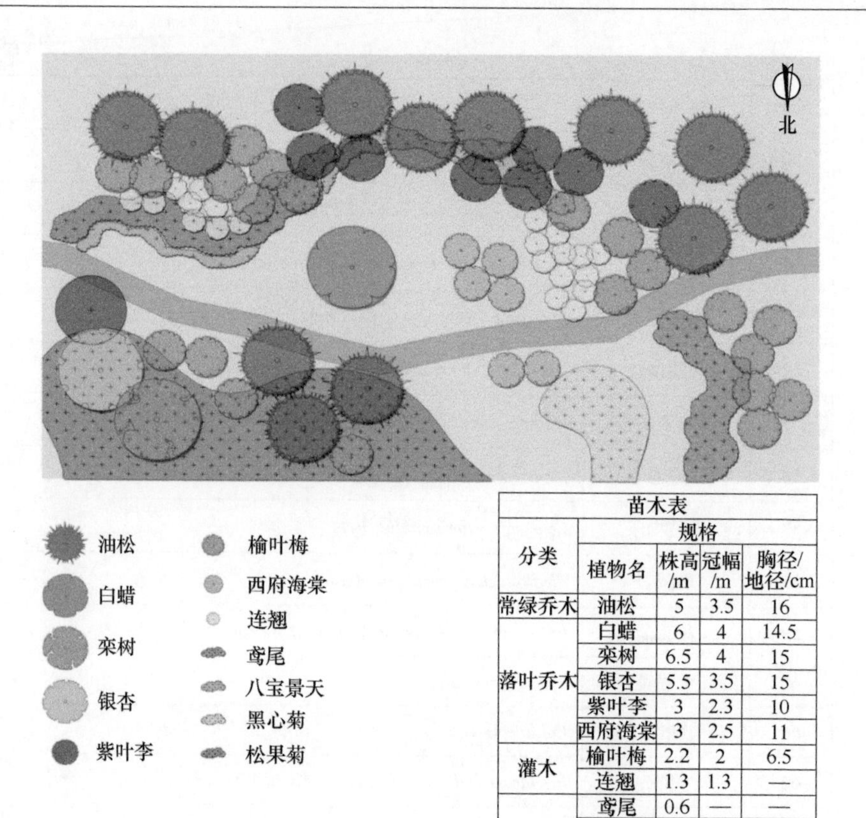

苗木表

分类	植物名	株高/m	冠幅/m	胸径/地径/cm
常绿乔木	油松	5	3.5	16
落叶乔木	白蜡	6	4	14.5
	栾树	6.5	4	15
	银杏	5.5	3.5	15
	紫叶李	3	2.3	10
	西府海棠	3	2.5	11
灌木	榆叶梅	2.2	2	6.5
	连翘	1.3	1.3	—
地被	鸢尾	0.6	—	—
	八宝景天	0.6	—	—
	黑心菊	0.8	—	—
	松果菊	0.8	—	—
	早熟禾	0.1	—	—

图 8-9　示范区植物群落配置模式示意图 1

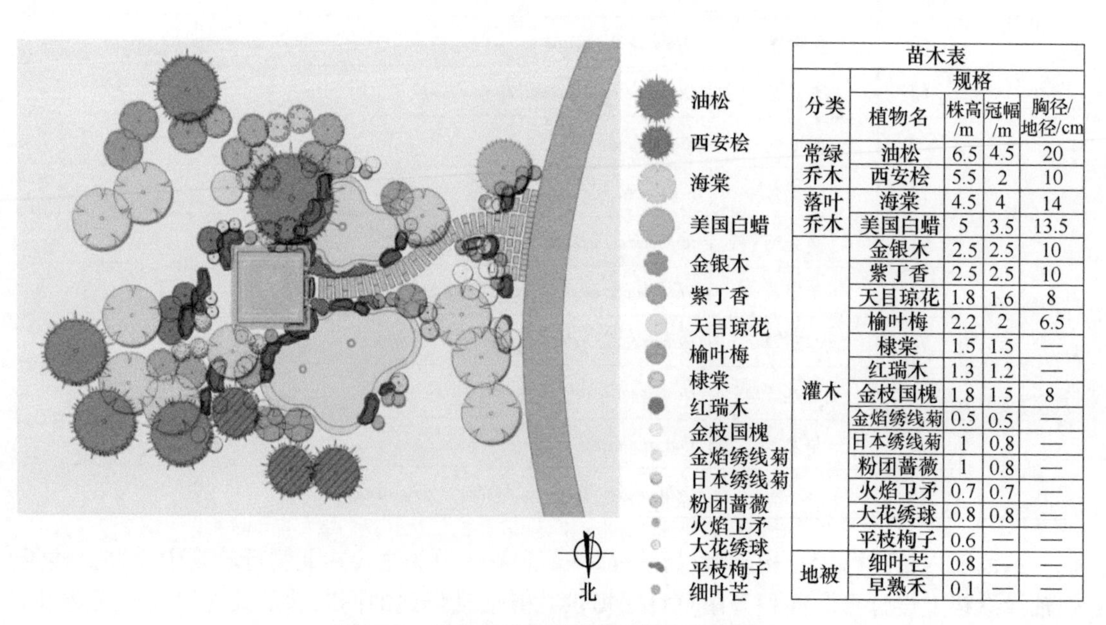

苗木表

分类	植物名	株高/m	冠幅/m	胸径/地径/cm
常绿乔木	油松	6.5	4.5	20
	西安桧	5.5	2	10
落叶乔木	海棠	4.5	4	14
	美国白蜡	5	3.5	13.5
灌木	金银木	2.5	2.5	10
	紫丁香	2.5	2.5	10
	天目琼花	1.8	1.6	8
	榆叶梅	2.2	2	6.5
	棣棠	1.5	1.5	—
	红瑞木	1.3	1.2	—
	金枝国槐	1.8	1.5	8
	金焰绣线菊	0.5	0.5	—
	日本绣线菊	1	0.8	—
	粉团蔷薇	1	0.8	—
	火焰卫矛	0.7	0.7	—
	大花绣球	0.8	0.8	—
	平枝栒子	0.6	—	—
地被	细叶芒	0.8	—	—
	早熟禾	0.1	—	—

图 8-10　示范区植物群落配置模式示意图 2

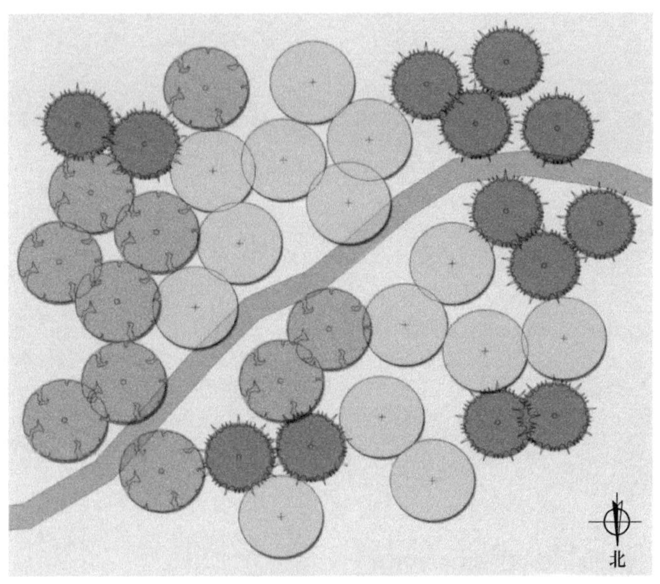

油松

元宝枫

栾树

苗木表				
分类	规格			
	植物名	株高/m	冠幅/m	胸径/地径/cm
常绿乔木	油松	6	4	18
落叶乔木	元宝枫	6	4	14.5
	栾树	6.5	4	15
地被	麦冬	0.2	—	—

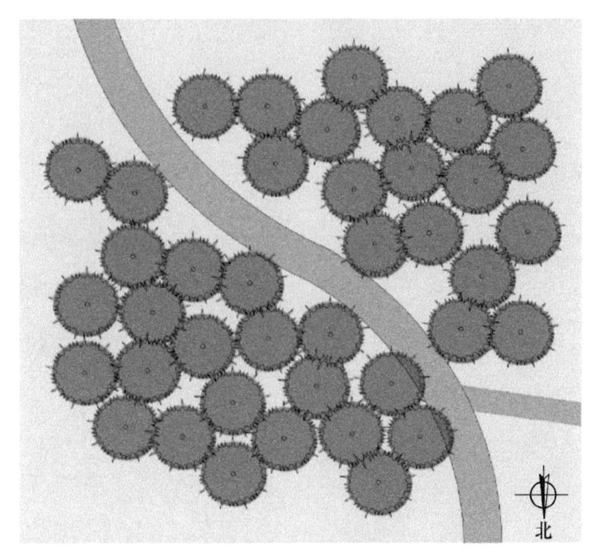

油松

苗木表				
分类	规格			
	植物名	株高/m	冠幅/m	胸径/地径/cm
常绿乔木	油松	6	4	18
地被	早熟禾	0.1	—	—
	麦冬	0.2	—	—

图 8-11 示范区植物群落配置模式示意图 3

图 8-12 示范区绿地实景照片

8.3.2 屋顶绿化示范区建设

在前期调研踏查的基础上，选定行政办公区内可进行绿化的屋顶作为示范区，示范区位于北京城市副中心市委行政办公楼及其附属配楼等屋顶，屋顶总面积 21828m^2，2018 年 5 月开始进行绿化施工（见图 8-13），截至 2019 年 9 月，总体绿化工程已竣工，如图 8-14 所示。

图 8-13　示范区屋顶施工过程照片

图 8-14 示范区屋顶实景照片

示范区内植物选用适合北京地区屋顶绿化植物种类，同时参考了前期研究成果及《北京城市副中心热岛改善屋顶绿化示范建设关键》技术指南中推荐的屋顶绿化植物配置模式及推荐树种，在满足景观性的同时提高屋顶绿地，改善城市副中心区域热岛效应的生态功能。

8.4 建后热岛效应评价

由于屋顶绿化示范区跟踪调查与开展四季对比监测实验难度较大，建后效应评价主要以地面 23hm^2 绿化示范区为主。

8.4.1 研究区域概况

试验地位于示范区“北京城市副中心行政办公区绿化示范段园林绿化工程二标段”项目用地内，调研绿地内各群落植物生长情况、群落结构类型、植物种类等，选定以北京地区适生树种为主的 10 个代表性群落作为实验样地，其中 3 个乔—草群落、1 个灌—草群落、1 个草坪群落、5 个乔—灌—草群落，各样地植物种类见表 8-2。

表 8-2 示范区群落样地概况

序号	绿地结构类型	植 物 种 类
1	乔—草	白蜡、毛白杨、早熟禾
2	乔—草	油松、元宝枫、栾树、麦冬
3	乔—草	油松、早熟禾、麦冬
4	灌—草	山桃、早熟禾、麦冬
5	草坪	早熟禾
6	乔—灌—草	油松、国槐、紫叶李、山桃、连翘、绣线菊、早熟禾、麦冬
7	乔—灌—草	油松、西安桧、海棠、美国白蜡、金银木、紫丁香、天目琼花、榆叶梅、棣棠、红瑞木、金枝国槐、金焰绣线菊、日本绣线菊、粉团蔷薇、火焰卫矛、大花绣球、平枝栒子、细叶芒、早熟禾
8	乔—灌—草	油松、白蜡、栾树、银杏、紫叶李、西府海棠、榆叶梅、连翘、鸢尾、八宝景天、黑心菊、松果菊、早熟禾
9	乔—灌—草	油松、银杏、国槐、毛白杨、山桃、榆叶梅、麦冬、早熟禾
10	乔—灌—草	油松、国槐、黄栌、紫丁香、早熟禾、麦冬

同时，基于高清卫星影像和多次现场调研，选定距示范区约 1km 的同期建设绿地作为一般绿地，位于东六环西侧路东，面积约 $10.8\times10^4hm^2$，在一般绿地内选定乔—草、灌—草、草坪、乔—灌—草 4 种绿地结构类型的 4 个植物群落作为实验样地，各样地植物种类见表 8-3。此外，选定郝家府地铁站十字路口沥青路面作为空白对照。

表 8-3　一般绿地群落样地概况

序号	绿地结构类型	植 物 种 类
1	乔—草	华山松、槭树、榉树、女贞、萱草、牛筋草
2	灌—草	天目琼花、风箱果、月季、沿阶草、牛筋草
3	草坪	牛筋草
4	乔—灌—草	白皮松、刺槐、天目琼花、珍珠梅、萱草、牛筋草

8.4.2　研究方法

8.4.2.1　实验时间及方法

于 2018 年 9 月~2019 年 8 月，每月选择 1 天晴朗无风的天气进行实验。于观测日的 8:00~18:00 每隔 2h 测量并记录 1 次各样地及空白对照点的气象因子数据，每处样地随机均匀选取 5 个观测点（因示范区草坪群落及空白对照面积较大，故均匀选取 10 个观测点）。尽可能避开边缘处在群落区域内分散取点，在距地面 1.5m 处测定风速、空气温度、相对湿度，在距地面约 10~20cm 处测定绿地地温、地面温度，每个观测点读取 5 或 10 组数据记录，取平均值。

8.4.2.2　实验仪器

用 Kestrel4500 手持式气象仪测定风速、空气温度、相对湿度，风速测量范围为 0.4~40m/s，精度为±3%，分辨率为 0.1m/s；空气温度测量范围为-29~70℃，精度为 1℃，分辨率为 0.1℃；相对湿度测量范围为 0~100%，精度为 3%，分辨率为 0.1%。用 FLUKE-63 红外测温仪测定绿地地温、地面温度，测量范围为-40~535℃，精度为 1℃，分辨率为 0.1℃。

8.4.2.3　数据处理

对观测的结果进行平均温度、湿度、平均降温、增湿效应的计算，综合参考相关研究的温湿度计算方法（刘娇妹　等，2008）。

绿地与对照点温、湿度差值：

$$X = X_1 - X_2 \tag{8-1}$$

式中，X_1 为示范区及一般绿地各群落的大气温度、地面温度和相对湿度测定值；X_2 为对照点的大气温度、地面温度和相对湿度测定值。

绿地降温增湿平均值：

$$X = \frac{1}{n}\sum_{i=1}^{n}(X_1 - X_2) \tag{8-2}$$

式中，X_1 为示范区及一般绿地各群落的大气温度、地面温度和相对湿度测定值；X_2 为对照点的大气温度、地面温度、相对湿度测定值；n 为对照实验组数。数据使用 Microsoft Office Excel 软件进行数据统计及比较分析。

8.4.3 示范区不同结构类型绿地降温增湿效应

对比示范区绿地降低大气温度和地面温度、增加相对湿度效应，可以看出，4 种结构类型绿地在春、夏、秋三季均呈现不同程度的降温增湿效应，冬季呈现保温干燥效应，如图 8-15~图 8-18 所示，四季示范区不同结构类型绿地温湿度值见表 8-4。春、夏两季绿地降低大气温度和地面温度效应排序为乔—灌—草>乔—草>灌—草>草坪，增加相对湿度效应排序为乔—灌—草>乔—草>草坪>灌—草；秋季绿地降低大气温度和地面温度、增加相对湿度效应排序为乔—灌—草>乔—草>灌—草>草坪；冬季升高大气温度、降低地面温度效应排序为乔—灌—草>乔—草>灌—草>草坪，降低相对湿度效应排序为乔—灌—草>灌—草>乔—草>草坪。

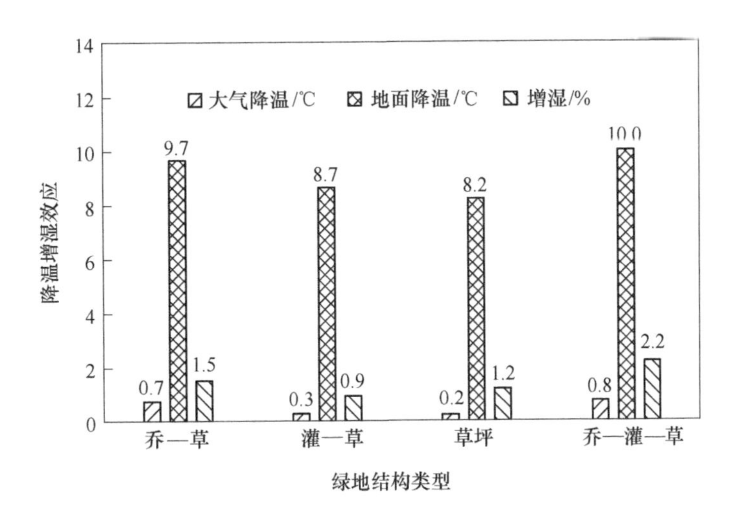

图 8-15 春季示范区不同结构类型绿地降温增湿效应

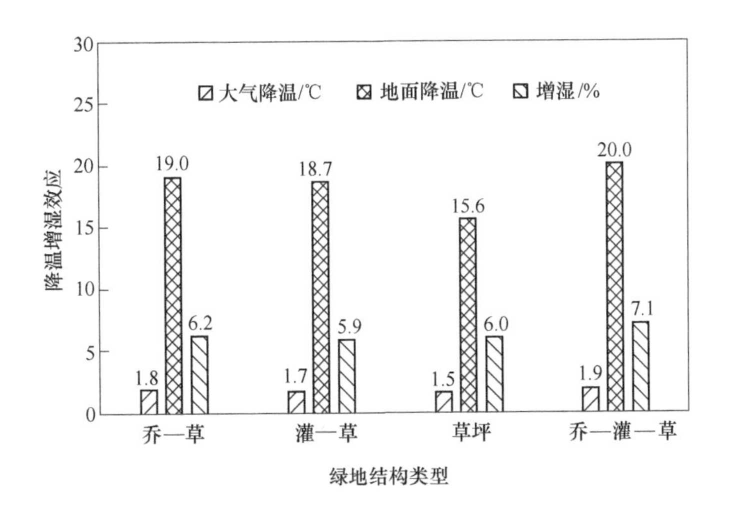

图 8-16 夏季示范区不同结构类型绿地降温增湿效应

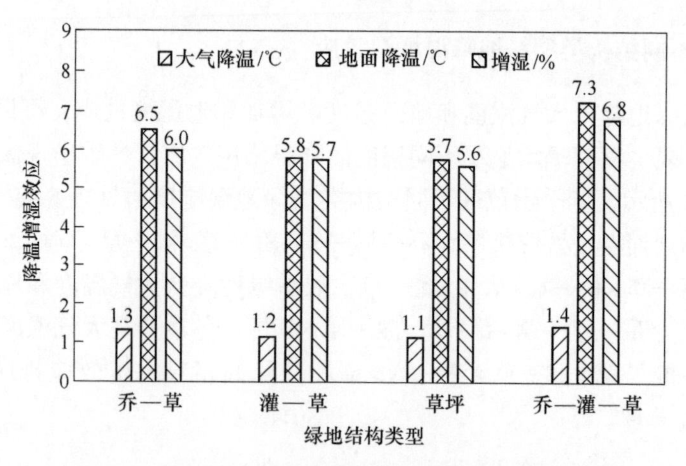

图 8-17 秋季示范区不同结构类型绿地降温增湿效应

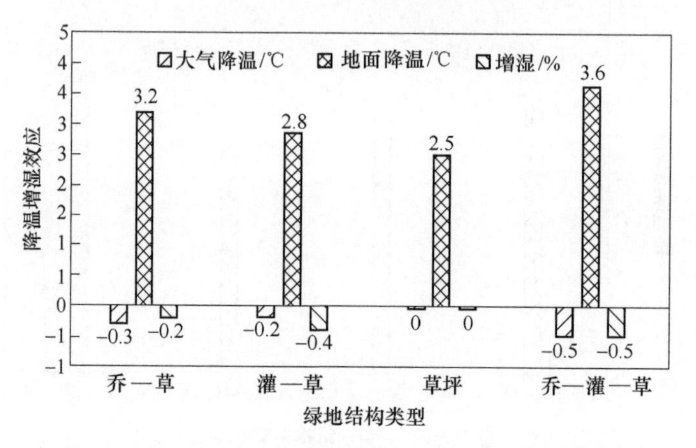

图 8-18 冬季示范区不同结构类型绿地降温增湿效应

表 8-4 四季示范区不同结构类型绿地温湿度值

季节	参数	乔—草	灌—草	草坪	乔—灌—草	对照
春季	大气温度/℃	18.4	18.8	18.9	18.3	19.1
	地面温度/℃	18.2	19.2	19.7	17.9	27.9
	相对湿度/%	36.7	36.1	36.4	37.4	35.2
夏季	大气温度/℃	32.0	32.1	32.3	31.9	33.8
	地面温度/℃	28.8	29.1	32.2	27.8	47.8
	相对湿度/%	43.5	43.2	43.3	44.4	37.3
秋季	大气温度/℃	18.9	19.0	19.1	18.8	20.2
	地面温度/℃	17.0	17.7	17.8	16.2	23.5
	相对湿度/%	50.8	50.5	50.4	51.6	44.8
冬季	大气温度/℃	6.7	6.6	6.4	6.9	6.4
	地面温度/℃	3.4	3.8	4.1	3.0	6.6
	相对湿度/%	34.0	33.8	34.2	33.7	34.2

对比显示，4 种结构类型绿地均在夏季表现出最明显的降温增湿效应，其中乔—灌—草群落内平均大气温度为 31.9℃、地面温度为 27.8℃、相对湿度为 44.4%，平均降低大气温度 1.9℃、降低地面温度 20.0℃、增加相对湿度 7.1%，降温增湿效应最强。另外，乔—灌—草在春、夏、秋三季均表现出最明显的降温增湿效应，同时在冬季其群落内平均大气温度为 6.9℃、地面温度为 3.0℃、相对湿度为 33.7%，平均升高大气温度 0.5℃、降低地面温度 3.6℃、降低相对湿度 0.5%，表现出最明显的保温干燥效应。

同时，对比四季示范区不同结构类型绿地温湿度值，可以看出，4 种结构类型绿地群落内温湿度具有明显的季节性差异，不同季节 4 种结构类型绿地群落内大气温度由高到低排序为夏季>秋季>春季>冬季，地面温度由高到低排序为夏季>春季>秋季>冬季，相对湿度由高到低排序为秋季>夏季>春季>冬季。

8.4.4 不同季节示范区与一般绿地降温增湿效应

对比四季示范区绿地与一般绿地整体降低大气温度和地面温度、增加相对湿度效应，可以看出，示范区绿地与一般绿地在春、夏、秋三季均呈现不同程度的降温增湿效应，冬季呈现保温干燥效应，如图 8-19～图 8-21 所示，四季示范区与一般绿地温湿度值见表 8-5。绿地降温增湿效应具有明显的季节性差异，不同季节示范区绿地降低大气温度及增加相对湿度效应排序为夏季>秋季>春季>冬季，降低地面温度效应排序为夏季>春季>秋季>冬季；一般绿地降低大气温度效应排序为夏季>秋季>春季>冬季，降低地面温度效应排序为夏季>春季>秋季>冬季，增加相对湿度效应排序为秋季>夏季>春季>冬季。

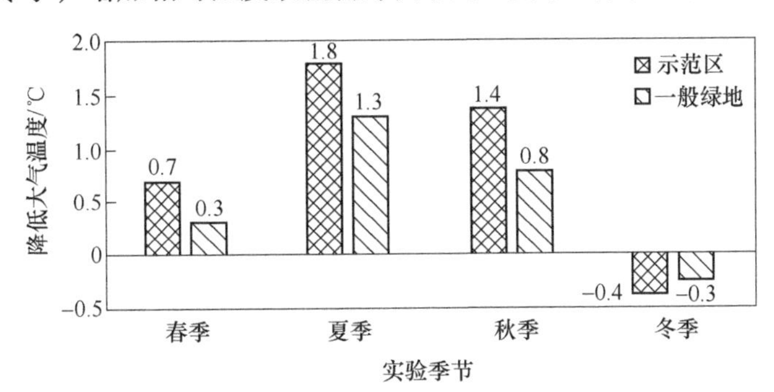

图 8-19 不同季节示范区与一般绿地降低大气温度效应对比

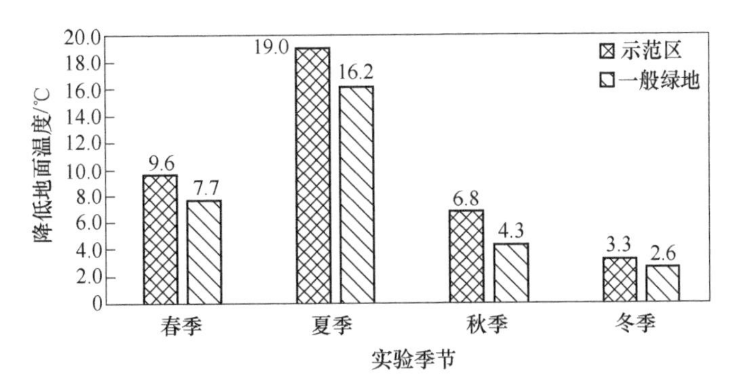

图 8-20 不同季节示范区与一般绿地降低地面温度效应对比

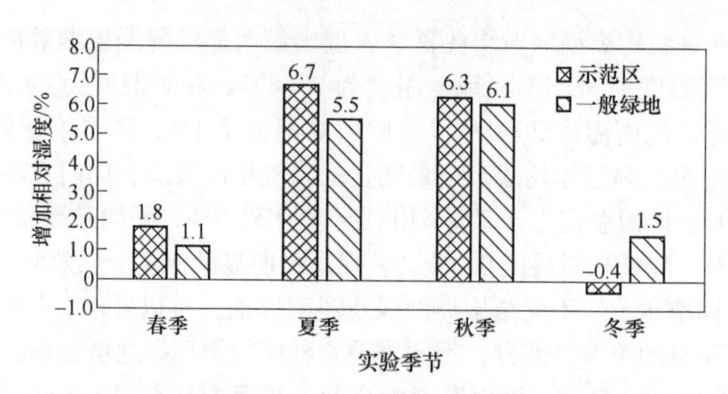

图 8-21　不同季节示范区与一般绿地增加相对湿度效应对比

表 8-5　四季示范区与一般绿地温湿度值

季节	参　数	示范区	一般绿地	对照
春季	大气温度/℃	18.4	18.8	19.1
	地面温度/℃	18.3	20.2	27.9
	相对湿度/%	37.0	36.3	35.2
夏季	大气温度/℃	32.0	32.5	33.8
	地面温度/℃	28.7	31.6	47.8
	相对湿度/%	44.0	42.9	37.3
秋季	大气温度/℃	18.8	19.4	20.2
	地面温度/℃	16.7	19.2	23.5
	相对湿度/%	51.1	50.9	44.8
冬季	大气温度/℃	6.8	6.7	6.4
	地面温度/℃	3.3	4.0	6.6
	相对湿度/%	33.8	35.7	34.2

对比显示，示范区绿地与一般绿地均在夏季表现出最明显的降温增湿效应，其中示范区绿地平均大气温度为 32.0℃、地面温度为 28.7℃、相对湿度为 44.0%，平均降低大气温度 1.8℃、降低地面温度 19.0℃、增加相对湿度 6.7%，降温增湿效应强于一般绿地。另外，示范区绿地在春、夏、秋三季降温增湿效应均强于一般绿地，同时在冬季示范区绿地平均大气温度为 6.8℃、地面温度为 3.3℃，相对湿度为 33.8%，平均升高大气温度 0.4℃、降低地面温度 3.3℃、降低相对湿度 0.4%，表现出保温干燥效应。

同时，对比四季示范区与一般绿地温湿度值，可以看出，示范区与一般绿地整体温湿度具有明显的季节性差异，不同季节示范区与一般绿地整体大气温度由高到低排序为夏季>秋季>春季>冬季，地面温度由高到低排序为夏季>春季>秋季>冬季，相对湿度由高到低排序为秋季>夏季>春季>冬季。

8.4.5　示范区年均降温增湿效应

对比 2018 年 9 月~2019 年 8 月示范区、一般绿地及空白对照点的实验数据，得出示范区与一般绿地四季及年均整体降温增湿效应，见表 8-6。可以看出，示范区绿地年均大气温度为19.0℃、地面温度为16.8℃、相对湿度为41.5%，年均降低大气温度0.9℃、降低地面温度9.7℃、增加相对湿度3.6%；一般绿地年均大气温度为19.4℃、地面温度为18.7℃、相对湿度为41.4%，年均降低大气温度0.5℃，降低地面温度7.7℃，增加相对湿度3.5%。二者均呈现明显的降温增湿效应，且示范区绿地在春、夏、秋三季降温增湿效应、冬季保温干燥效应、年均降温增湿效应三个方面均强于一般绿地。

表8-6　示范区与一般绿地四季及年均整体降温增湿效应

参数		春季	夏季	秋季	冬季	年均
大气温度/℃	示范区	18.4	32.0	18.8	6.8	19.0
	一般绿地	18.8	32.5	19.4	6.7	19.4
	对照点	19.1	33.8	20.2	6.4	19.9
	示范区降温	0.7	1.8	1.4	-0.4	0.9
	一般绿地降温	0.3	1.3	0.8	-0.3	0.5
地面温度/℃	示范区	18.3	28.7	16.7	3.3	16.8
	一般绿地	20.2	31.6	19.2	4.0	18.7
	对照点	27.9	47.8	23.5	6.6	26.4
	示范区降温	9.6	19.0	6.8	3.3	9.7
	一般绿地降温	7.7	16.2	4.3	2.6	7.7
相对湿度/%	示范区	37.0	44.0	51.1	33.8	41.5
	一般绿地	36.3	42.9	50.9	35.7	41.4
	对照点	35.2	37.3	44.8	34.2	37.9
	示范区增湿	1.8	6.7	6.3	-0.4	3.6
	一般绿地增湿	1.1	5.5	6.1	1.5	3.5

连续一年的监测数据显示，示范区建成后实现年均降低区域温度0.9℃，改善热岛效应及区域生态环境明显，且体现出前期研究的热岛改善关键技术具备一定优势，技术指南中推荐的植物配置模式及种类应用可行且有效。

8.5　小　　结

植物群落主要通过冠层结构吸收、反射和遮挡太阳辐射，使到达地面及树冠下面的太阳辐射显著减少，从而调节林下温度。而林下温度的变化是影响植物叶片蒸腾作用的主要因素，从而调节群落内部的相对湿度。综合分析全年示范区绿地降温增湿效应，可以看出：

（1）乔—灌—草群落在春、夏、秋三季的降温增湿效应最明显，这是由于其植物种类与配置模式较其他三种结构群落更为丰富，且大多应用了研究成果中推荐的降温增湿效应较好的树种，群落覆盖度更高，对太阳辐射的遮挡能力更强，群落内部的林下温度更低。同时，由于其植物的丰富性和叶片蒸腾作用产生的水分更多，而相对较低的林下温度一定程度上减少了群落内部水分的散失，因此整体呈现最优的降温增湿效应。

（2）乔—草群落在春、夏、秋三季的降温增湿效应也较为明显，这是由于其上层乔木覆盖对太阳辐射有一定的遮挡，且中层无灌木遮挡，空间通透，利于风地穿行，从而达到较好的降温效果。同时，由于通风较好，一定程度上增加了群落内部蒸腾作用所产生水分的散失，因此增湿效应较灌—草和草坪群落并未体现出明显优势。

（3）灌—草和草坪群落在春、夏、秋三季也呈现一定的降温增湿效应，灌—草群落由于灌木的覆盖对太阳辐射有部分遮挡，而草坪群落上方无植物遮挡，其群落内温度经太阳辐射上升较快，因此其降温效应弱于其他三种结构群落。但在春、夏两季，其增湿效应强于灌—草群落，秋季也呈现较好的增湿效应，这可能是由于草坪覆盖度最高，植物叶片密集，随着温度的上升蒸腾效率有所升高，群落总体产生的水分高于灌—草群落，且其面积较大不易受边缘效应影响，水分散失较慢，因此呈现出较好的增湿效应。

（4）示范区绿地在春、夏、秋三季呈现明显的降温增湿效应，夏季最强，秋季次之，春季较弱，这是由于夏季植物生长最旺盛，覆盖度最高，光合作用、蒸腾作用等植物生理代谢效率最高，其降温增湿效应也最强。春、秋两季植物覆盖度和生理代谢效率有所下降，但春季示范区环境温湿度较秋季低，因此绿地秋季整体降温增湿效应强于春季。冬季随着太阳辐射的减弱，群落外部温度降低，示范区绿地因不同的群落结构形成相对稳定的小气候，对冷空气的流动有一定的削弱作用，群落内气温随着太阳辐射上升速度比群落外快，同时，随着植物的生理代谢进入休眠期，蒸腾作用很弱，群落内水分随着气温升高有一定的散失，因此一定程度上呈现保温干燥效应，且乔—灌—草群落最强，草坪群落由于小气候较弱，未呈现上述效应。

（5）示范区内 4 种结构类型绿地群落内及示范区整体温湿度具有明显的季节性差异，不同季节大气温度由高到低排序为夏季>秋季>春季>冬季，地面温度由高到低排序为夏季>春季>秋季>冬季，相对湿度由高到低排序为秋季>夏季>春季>冬季。夏季太阳辐射最强，日照时间最长，春秋两季次之，冬季最弱，不同季节绿地大气温度及地面温度受其直接影响呈现上述规律；夏季植物叶片蒸腾作用受温度影响强于其他三季，但由于示范区绿地群落以乔—灌—草和乔—草类型为主，且处于建设初期，林下空间较为开敞通透，利于空气流动，在高温的作用下加速了绿地内水分的蒸散，秋季绿地内水分蒸散则随着温度的下降有所减弱，因此夏季示范区内绿地相对湿度低于秋季，这与一般针对较为成熟绿地的研究有所不同，可能存在区域阶段特殊性，可在今后研究中进一步验证。

综合全年示范区绿地与一般绿地降温增湿效应可知：

（1）绿地在春、夏、秋三季呈现降温增湿效应，其中夏季最强，秋季次之，春季较弱，冬季则呈现保温干燥效应；

（2）春、夏、秋三季不同结构类型绿地整体降温增湿效应排序为乔—灌—草>乔—草>灌—草>草坪，冬季除草坪外的 3 种结构类型绿地均呈现保温干燥效应，其中乔—灌—草群落最强；

（3）四季示范区整体及不同结构类型绿地群落内大气温度由高到低排序为夏季>秋季>春季>冬季，地面温度由高到低排序为夏季>春季>秋季>冬季，相对湿度由高到低排序为秋季>夏季>春季>冬季；

（4）示范区绿地年均大气温度为 19.0℃、地面温度为 16.8℃、相对湿度为 41.5%，年均降低大气温度 0.9℃，降低地面温度 9.7℃，增加相对湿度 3.6%，在春、夏、秋三季降温增湿效应、冬季保温干燥效应、年均降温增湿效应三个方面均强于一般绿地，验证了前期研究的热岛改善关键技术、推荐植物种类及配置模式在一定程度上可以更好地缓解区域热岛效应。今后，随着示范区绿地植物长势、覆盖度、群落稳定性的提高，其缓解区域热岛效应将更为显著，从而进一步发挥园林绿地的生态功能，在北京城市副中心的建设进程中发挥更好的服务及示范作用。

附录 植物名录

附表1 大运河森林公园植物名录

植物类型	编号	植物种类	科名	属名	拉丁学名
乔木	1	白蜡	木樨科	梣属	*Fraxinus chinensis*
	2	臭椿	苦木科	臭椿属	*Ailanthus altissima*
	3	垂柳	杨柳科	柳属	*Salix babylonica*
	4	刺槐	豆科	刺槐属	*Robinia pseudoacacia*
	5	构树	桑科	构属	*Broussonetia papyrifera*
	6	国槐	豆科	槐属	*Sophora japonica*
	7	旱柳	杨柳科	柳属	*hankow willow*
	8	金枝槐	豆科	槐属	*Sophora japonica 'Golden Stem'*
	9	栾树	无患子科	栾树属	*Koelreuteria paniculata*
	10	毛白杨	杨柳科	杨属	*Populus tomentosa*
	11	五角枫	槭树科	槭属	*Acer mono*
	12	银杏	银杏科	银杏属	*Ginkgo biloba*
	13	油松	松科	松属	*Pinus tabulaeformis*
	14	榆树	榆科	榆属	*Ulmus pumila*
	15	元宝枫	槭树科	槭树属	*Acer truncatum*
	16	山桃	蔷薇科	桃属	*Amygdalus davidiana*
	17	山杏	蔷薇科	杏属	*Armeniaca sibirica*
	18	西府海棠	蔷薇科	苹果属	*Malus micromalus*
	19	玉兰	木兰科	木兰属	*Magnolia denudata*
	20	紫叶李	蔷薇科	李属	*Prunus Cerasifera*
	21	七叶树	七叶树科	七叶树属	*Aesculus chinensis*
	22	八棱海棠	蔷薇科	苹果属	*Malus×robusta*
	23	新疆杨	杨柳科	杨属	*Populus alba var. pyramidalis*
	24	白皮松	松科	松属	*Pinus bungeana*
	25	白杆	松科	松杉属	*Picea meyeri*
	26	圆柏	柏科	圆柏属	*Sabina chinensis*
	27	青杆	松科	云杉属	*Picea wilsonii*
	28	棕榈	棕榈科	棕榈属	*Trachycarpus fortunei*
	29	侧柏	柏科	侧柏属	*Platycladus orientalis*
	30	琴叶榕	桑科	榕属	*Ficus pandurata*
	31	铁树	苏铁科	苏铁属	*Cycas revoluta*
	32	金叶槐	蝶形花科	槐属	*Sophora japonica cv. Golden Stem*

续附表1

植物类型	编号	植物种类	科名	属名	拉丁学名
灌木	33	碧桃	蔷薇科	李属	*Prunus persica var. duplex*
	34	棣棠	蔷薇科	棣棠属	*Kerria japonica*
	35	丁香	木犀科	丁香属	*Syringa oblata*
	36	粉花绣线菊	蔷薇科	绣线菊属	*Spiraea japonica*
	37	红瑞木	山茱萸科	梾木属	*Swida alba*
	38	红王子锦带	忍冬科	锦带属	*Weigela florida cv. Red Prince*
	39	黄刺玫	蔷薇科	蔷薇属	*Rosa xanthina*
	40	金银木	忍冬科	忍冬属	*Lonicera maackii*
	41	连翘	木樨科	连翘属	*Forsythia suspensa*
	42	木槿	锦葵科	木槿属	*Hibiscus syriacus*
	43	迎春	木樨科	素馨属	*Jasminum nudiflorum*
	44	榆叶梅	蔷薇科	桃属	*Amygdalus triloba*
	45	月季	蔷薇科	蔷薇属	*Rosa chinensis*
	46	珍珠梅	蔷薇科	珍珠梅属	*Sorbaria sorbifolia*
	47	紫薇	千屈菜科	紫薇属	*Lagerstroemia indica*
	48	荚蒾	五福花科	荚蒾属	*Viburnum dilatatum*
	49	大叶黄杨	黄杨科	黄杨属	*Buxus megistophylla*
	50	沙地柏	柏科	圆柏属	*Sabina vulgaris*
	51	铺地柏	柏科	圆柏属	*Sabina procumbens*
草花	52	变叶木	大戟科	变叶木属	*Codiaeum variegatum*
	53	八宝景天	景天科	八宝属	*Sedum spectabile*
	54	白花车轴草	豆科	车轴草属	*Trifolium repens*
	55	草地早熟禾	禾木科	早熟禾属	*Poa pratensis*
	56	荷兰菊	菊科	紫菀属	*Symphyotrichum novi-belgii*
	57	马蔺	鸢尾科	鸢尾属	*Iris lactea var. chinensis*
	58	麦冬	百合科	沿阶草属	*Ophiopogon japonicus*
	59	萱草	百合科	萱草属	*Hemerocallis fulva*
	60	玉簪	百合科	玉簪属	*Hosta plantaginea*
	61	鸢尾	鸢尾科	鸢尾属	*Iris tectorum*
	62	酢浆草	酢浆草科	酢浆草属	*Oxalis corniculata*
	63	紫萼	百合科	玉簪属	*Hosta ventricosa*
	64	金光菊	菊科	金光菊属	*Rudbeckia laciniata*
	65	牛膝菊	菊科	牛膝菊属	*Galinsoga parviflora*
	66	天人菊	菊科	天人菊属	*Gaillardia pulchella*
	67	醉鱼草	马钱科	醉鱼草属	*Buddleja lindleyana*
	68	狼尾草	禾本科	狼尾草属	*Pennisetum alopecuroides*

续附表 1

植物类型	编号	植物种类	科名	属名	拉丁学名
草花	69	长春花	夹竹桃科	长春花属	*Catharanthus roseus*
	70	佛甲草	景天科	景天属	*Sedum lineare*
	71	美人蕉	美人蕉科	美人蕉属	*Canna indica*
	72	四季秋海棠	秋海棠科	秋海棠属	*Begonia cucullata*
	73	龟背竹	天南星科	龟背竹属	*Monstera deliciosa*
	74	吊兰	百合科	吊兰属	*Chlorophytum comosum*
	75	一串红	唇形科	鼠尾草属	*Salvia splendens*
	76	旅人蕉	旅人蕉科	旅人蕉属	*Ravenala madagascariensis*
	77	细柄黍	禾本科	黍属	*Panicum psilopodium*
	78	银叶菊	菊科	千里光属	*Jacobaea maritima*
	79	牛筋草	禾本科	穇属	*Eleusine indica*
	80	非洲菊	菊科	大丁草属	*Gerbera jamesonii*
	81	荩草	禾本科	荩草属	*Arthraxon hispidus*
	82	黄鹌菜	菊科	黄鹌菜属	*Youngia Japonica*
	83	诸葛菜	十字花科	诸葛菜属	*Orychophragmus violaceus*
	84	马唐	禾本科	马唐属	*Digitaria sanguinalis*
	85	野菊	菊科	菊属	*Chrysanthemum indicum*
	86	朝天委陵菜	蔷薇科	委陵菜属	*Potentilla supina*
	87	虞美人	罂粟科	罂粟属	*Papaver rhoeas*
	88	紫花地丁	堇菜科	堇菜属	*Viola philippica*
	89	苜蓿	豆科	苜蓿属	*Medicago Sativa*
	90	车前草	车前科	车前属	*Plantago depressa*
	91	通奶草	大戟科	大戟属	*Euphorbia hypericifolia*
	92	石竹	石竹科	石竹属	*Dianthus chinensis*
	93	狗尾草	禾本科	狗尾草属	*Setaria viridis*
	94	稗	禾本科	稗属	*Echinochloa crusgalli*
	95	鳢肠	菊科	鳢肠属	*Eclipta prostrata*
	96	荠菜	十字花科	荠属	*Capsella bursa-pastoris*
	97	三叶草	豆科	车轴草属	*Oxalis Medicago Trifolium*
	98	苣荬菜	菊科	苦苣菜属	*Sonchus arvensis*
	99	苔草	莎草科	苔草属	*Carex tristachya*
	100	沿阶草	百合科	沿阶草属	*Ophiopogon bodinieri*
	101	藜	藜科	藜属	*Chenopodium album*
	102	蓝猪耳	玄参科	蝴蝶草属	*Torenia fournieri*
	103	马齿苋	马齿苋科	马齿苋属	*Portulaca oleracea*
	104	活血丹	唇形科	活血丹属	*Glechoma longituba*

续附表 1

植物类型	编号	植物种类	科名	属名	拉丁学名
草花	105	蒲公英	菊科	蒲公英属	*Taraxacum mongolicum*
	106	草木樨	豆科	草木樨属	*Melilotus officinalis*
	107	蛇梅	蔷薇科	蛇梅属	*Duchesnea indica*

附表 2 减河公园植物名录

植物类型	编号	植物种类	科名	属名	拉丁学名
乔木	1	垂柳	杨柳科	柳属	*Salix babylonica*
	2	国槐	豆科	槐属	*Sophora japonica*
	3	旱柳	杨柳科	柳属	*hankow willow*
	4	栾树	无患子科	栾树属	*Koelreuteria paniculata*
	5	毛白杨	杨柳科	杨属	*Populus tomentosa*
	6	柿树	柿科	柿属	*Diospyros kaki*
	7	绦柳	杨柳科	柳属	*Salix matsudana f. pendula*
	8	银杏	银杏科	银杏属	*Ginkgo biloba*
	9	榆树	榆科	榆属	*Ulmus pumila*
	10	元宝枫	槭树科	槭树属	*Acer truncatum*
	11	广玉兰	木兰科	木兰属	*Magnolia grandiflora*
	12	山桃	蔷薇科	桃属	*Amygdalus davidiana*
	13	山杏	蔷薇科	杏属	*Armeniaca sibirica*
	14	山楂	蔷薇科	山楂属	*Crataegus pinnatifida*
	15	西府海棠	蔷薇科	苹果属	*Malus micromalus*
	16	玉兰	木兰科	木兰属	*Magnolia denudata*
	17	紫叶李	蔷薇科	李属	*Prunus Cerasifera*
	18	挪威槭	槭树科	槭属	*Acer platanoides*
	19	彩叶豆梨	蔷薇科	梨属	*Pyrus calleryana*
	20	白皮松	松科	松属	*Pinus bungeana*
	21	华山松	松科	松属	*Pinus armandii*
	22	油松	松科	松属	*Pinus tabulaeformis*
灌木	23	碧桃	蔷薇科	李属	*Prunus persica var. duplex*
	24	大叶黄杨	黄杨科	黄杨属	*Buxus megistophylla*
	25	棣棠	蔷薇科	棣棠属	*Kerria japonica*
	26	丁香	木樨科	丁香属	*Syringa oblata*
	27	黄刺玫	蔷薇科	蔷薇属	*Rosa xanthina*
	28	金叶女贞	木樨科	女贞属	*Ligustrum×vicaryi*
	29	金银木	忍冬科	忍冬属	*Lonicera maackii*

续附表 2

植物类型	编号	植物种类	科名	属名	拉丁学名
灌木	30	荆条	马鞭草科	牡荆属	*Vitex negundo var. heterophylla*
	31	连翘	木樨科	连翘属	*Forsythia suspensa*
	32	木槿	锦葵科	木槿属	*Hibiscus syriacus*
	33	迎春	木樨科	素馨属	*Jasminum nudiflorum*
	34	榆叶梅	蔷薇科	桃属	*Amygdalus triloba*
	35	月季	蔷薇科	蔷薇属	*Rosa chinensis*
	36	紫薇	千屈菜科	紫薇属	*Lagerstroemia indica*
	37	樱桃	蔷薇科	李属	*Cerasus pseudocerasus*
	38	海州常山	马鞭草科	大青属	*Clerodendrum trichotomum*
	39	沙地柏	柏科	圆柏属	*Sabina vulgaris*
	40	紫珠	马鞭草科	紫珠属	*Callicarpa bodinieri*
	41	锦带花	忍冬科	锦带花属	*Weigela florida*
	42	溲疏	虎耳草科	溲疏属	*Deutzia scabra*
	43	荚蒾	五福花科	荚蒾属	*Viburnum dilatatum*
	44	铺地柏	柏科	圆柏属	*Sabina procumbens*
草花	45	八宝景天	景天科	八宝属	*Sedum spectabile*
	46	白花车轴草	豆科	车轴草属	*Trifolium repens*
	47	草地早熟禾	禾本科	早熟禾属	*Poa pratensis*
	48	马蔺	鸢尾科	鸢尾属	*Iris lacteal var. chinensis*
	49	麦冬	百合科	沿阶草属	*Ophiopogon japonicus*
	50	玉簪	百合科	玉簪属	*Hosta plantaginea*
	51	鸢尾	鸢尾科	鸢尾属	*Iris tectorum*
	52	早园竹	禾本科	刚竹属	*Phyllostachys propinqua*
	53	车前草	车前科	车前属	*Plantago depressa*
	54	鼠尾草	唇形科	鼠尾草属	*Salvia japonica*
	55	金光菊	菊科	金光菊属	*Rudbeckia laciniata*

附表 3　运河公园植物名录

植物类型	编号	植物种类	科名	属名	拉丁学名
乔木	1	白蜡	木樨科	梣属	*Fraxinus chinensis*
	2	白皮松	松科	松属	*Pinus bungeana*
	3	垂柳	杨柳科	柳属	*Salix babylonica*
	4	法桐	悬铃木科	悬铃木属	*Platanus orientalis*
	5	构树	桑科	构属	*Broussonetia papyrifera*
	6	国槐	豆科	槐属	*Sophora japonica*
	7	旱柳	杨柳科	柳属	*hankow willow*

续附表3

植物类型	编号	植物种类	科名	属名	拉丁学名
乔木	8	栾树	无患子科	栾树属	*Koelreuteria paniculata*
	9	毛白杨	杨柳科	杨属	*Populus tomentosa*
	10	青杆	松科	云杉属	*Picea wilsonii*
	11	桑树	桑科	桑属	*Morus alba*
	12	沙地柏	柏科	圆柏属	*Sabina vulgaris*
	13	绦柳	杨柳科	柳属	*Salix matsudana f. pendula*
	14	银杏	银杏科	银杏属	*Ginkgo biloba*
	15	油松	松科	松属	*Pinus tabulaeformis*
	16	榆树	榆科	榆属	*Ulmus pumila*
	17	圆柏	柏科	圆柏属	*Sabina chinensis*
	18	紫叶李	蔷薇科	李属	*Prunus Cerasifera*
	19	玉兰	木兰科	木兰属	*Magnolia denudata*
	20	白玉兰	木兰科	木兰属	*Michelia alba*
	21	云杉	松科	云杉属	*Picea asperata*
	22	糖槭	槭树科	槭属	*Acer saccharum*
	23	蒙桑	桑科	桑属	*Morus mongolica*
	24	七叶树	七叶树科	七叶树属	*Aesculus chinensis*
	25	山桃	蔷薇科	桃属	*Amygdalus davidiana*
灌木	26	碧桃	蔷薇科	李属	*Prunus persica var. duplex*
	27	大叶黄杨	黄杨科	黄杨属	*Buxus megistophylla*
	28	棣棠	蔷薇科	棣棠属	*Kerria japonica*
	29	金山绣线菊	蔷薇科	绣线菊属	*Spiraea japonica*
	30	金叶女贞	木樨科	女贞属	*Ligustrum×vicaryi*
	31	金银木	忍冬科	忍冬属	*Lonicera maackii*
	32	平枝栒子	蔷薇科	栒子属	*Cotoneaster horizontalis*
	33	石榴	石榴科	石榴属	*Punica granatum*
	34	猬实	忍冬科	猬实属	*Kolkwitzia amabilis*
	35	西府海棠	蔷薇科	苹果属	*Malus micromalus*
	36	迎春	木樨科	素馨属	*Jasminum nudiflorum*
	37	榆叶梅	蔷薇科	桃属	*Amygdalus triloba*
	38	紫荆	豆科	紫荆属	*Cercis chinensis*
	39	紫薇	千屈菜科	紫薇属	*Lagerstroemia indica*
	40	榆叶梅	蔷薇科	桃属	*Amygdalus triloba*
	41	西府海棠	蔷薇科	苹果属	*Malus micromalus*
草花	42	八宝景天	景天科	八宝属	*Sedum spectabile*
	43	草地早熟禾	禾本科	早熟禾属	*Iris lactea var. chinensis*

续附表 3

植物类型	编号	植物种类	科名	属名	拉丁学名
草花	44	麦冬	百合科	沿阶草属	*Ophiopogon japonicus*
	45	萱草	百合科	萱草属	*Hemerocallis fulva*
	46	玉簪	百合科	玉簪属	*Hosta plantaginea*
	47	鸢尾	鸢尾科	鸢尾属	*Iris tectorum*
	48	酢浆草	酢浆草科	酢浆草属	*Oxalis corniculata*
	49	鼠尾草	唇形科	鼠尾草属	*Salvia japonica*
	50	绣球花	虎耳草科	八仙花属	*Hydrangea macrophylla*
	51	万寿菊	菊科	万寿菊属	*Tagetes erecta*

参考文献

[1] Abutaleb K, Ngie A, Darwish A, et al, 2015. Assessment of urban heat island using remotely sensed imagery over greater Cairo, Egypt [J]. Advances in Remote Sensing, 4 (1): 35~47.

[2] Arakawa A, Jung J H, Wu C M, 2011. Toward unification of the multiscale modeling of the atmosphere [J]. Atmospheric Chemistry and Physics, 11: 3731~3742.

[3] Arnold CL Jr, Gibbons C J, 1996. Impervious surface coverage: the emergence of a key environmental indicator [J]. Journal of the American Planning Association, 62 (2): 243~258.

[4] Avissar R, Pielke R A, 1991. The impact of plant stomatal control on mesoscale atmospheric circulations [J]. Agricultural and Forest Meteorology, 54 (2~4): 353~372.

[5] Baldauf M, Seifert, A, Förstner, J, 2011. Operational convective-scale numerical weather prediction with thc COSMO model: Description and sensitivities [J]. Monthly Weather Review, 139 (12): 3887~3905.

[6] Benjamin S G, Weygandt S S, Brown D, et al, 2016. A North American hourly assimilation and model forecast cycle: The rapid refresh [J]. Monthly Weather Review, 144 (4): 1669~1694.

[7] Betts A K, Miller M J, 1986. A new convective adjustment scheme. Part 11: Single column tests using GATE wave, BOMEX, ATEX and arctic air-mass data sets [J]. Quarterly Journal of the Royal Meteorological Society, 112: 693~709.

[8] Burian S J, Augustus N, Jeyachandran I, et al, 2007. Development and assessment of the second generation National Building Statistics database. Preprints, Seventh Symp. on the Urban Environment, San Diego, CA, Amer [J]. Meteor. Soc. , 54: 121~124.

[9] Charles M E, Colle B A, 2009. Verification of extratropical cyclones within the NCEP operational models. Part I: Analysis errors and short-term NAM and GFS forecasts [J]. Weather and Forecasting, 24 (5): 1173~1190.

[10] Chen D, Hua Z R, Qi M Q, et al, 2015. A practical split-window algorithm for estimating land surface temperature from Landsat8 data [J]. Remote Sensing, 7: 647~665.

[11] Chen L, Ng E, 2011. Quantitative urban climate mapping based on a geographical database: A simulation approach using Hong Kong as a case study [J]. International Journal of Applied Earth Observation and Geoinformation. 13: 586~594.

[12] Chen X L, Zhao H M, Li P X, et al, 2006. Remote sensing image-based analysis of the relationship between urban heat island and land use/cover changes [J]. Remote Sensing of Environment, 104 (2): 133~146.

[13] Chen H, Ooka R, Huang H, 2009. Study on mitigation measures for outdoor thermal environment on present urban blocks in Tokyo using coupled simulation [J]. Building & Environment, 44 (11): 2290~2299.

[14] Chen L, Ng E, 2013. Simulation of the effect of downtown greenery on thermal comfort in subtropical climate using PET index: a case study in Hong Kong [J]. Architectural Science Review, 56 (4): 297~305.

[15] Chen L, Yu B, Yang, F, et al, 2016. Intra-urban differences of mean radiant temperature in different urban settings in Shanghai and implications for heat stress under heat waves: A GIS-based approach [J]. Energy and Buildings, 130: 829~842.

[16] Ching J , Brown M , Mcpherson T , et al, 2009. National urban database and access portal tool [J]. Bulletin of the American Meteorological Society, 90 (8): 1157~1168.

[17] Ching J R, Rotunno M, Le M, et al, 2014. Convectively Induced Secondary Circulations in Fine-Grid Mesoscale Numerical Weather Prediction Models [J]. Monthly Weather Review, 142 (9): 3284~3302.

[18] Clarke R H, Dyer A J, Brook R R, et al, 1971. The wangara experement: boundary layer data [J]. Csiro Division of Meteorological Physics Tech, 19, 340.

[19] Cui Y, Yan D, Hong T Z, et al, 2017. Temporal and spatial characteristics of the urban heat island in Beijing and the impact on building design and energy performance [J]. Elsevier Ltd., (130): 286~297.

[20] Dousset B, Gourmelon F, 2003. Satellitemulti-sensor data analysis of urban surface temperatures and landcover [J]. ISPRS Journal of Photogrammetry and Remote Sensing, 58 (1/2): 43~54.

[21] Eliasson I, 1996. Urban nocturnal temperatures, street geometry and land use [J]. Atmospheric Environment, 30 (3): 379~392.

[22] Fukuoka Y, 1983. Physical climatologically discussion on causal factors of urban temperature [J]. Memories of the Faculty of Integrated Arts and Science Hiroshima University, 157~178.

[23] Gallo K P, Mcnab A L, Karl T R, et al, 1993. The use of a vegetation index for assessment of the urban heat island effect [J]. International Journal of Remote Sensing, 14 (11): 2223~2230.

[24] Gillespie A, Rokugawa S, Matsunaga T, et al, 1998. A temperature and emissivity separation algorithm for advanced spaceborne thermal emission and reflection radiometer (ASTER) images [J]. IEEE Transactions on Geoscience and Remote Sensing, 36 (4): 1113~1126.

[25] Goya N, 2004. Green Roof Policies: Tools for encouraging sustainable design [J]. Canada: Landscape Architecture Canada Foundation.

[26] Honnert R V, Masson F, Couvreux, 2011. A diagnostic for evaluating the representation of turbulence in atmospheric models at the kilometric scale [J]. J. Atmos. Sci., 68: 3112~3131.

[27] Hua Z R, Chen D, Liu R Y, et al, 2015. Atmospheric water vapor retrieval from Landsat8 thermal infrared images [J]. Journal of Geophysical Research: Atmospheres, 120: 1723~1738.

[28] Ito J S, Hiroshi N H, et al, 2015. An extension of the Mellor-Yamadamodel to the terra incognita zone for dry convective mixed layers in the free convection regime [J]. Boundary-Layer Meteorology, 157: 23~43.

[29] Jiménez-Muñoz J C, Cristóbal J, Sobrino J A, et al, 2009. Revision of the single-channel algorithm for land surface temperature retrieval from Landsat thermal-infrared data [J]. IEEE Transactions on Geoscience and remote Sensing, 47 (1): 339~349.

[30] Jung J H, Arakawa A, 2014. Modeling the moist-convective atmosphere with a quasi-3-D multiscale modeling framework (Q3D MMF) [J]. Journal of Advances in Modeling Earth Systems, 6 (1): 185~205.

[31] Kusler J A, 1994. Wetlands [J]. Scientific American, 30 (1): 50~56.

[32] Lazzarini M, Marpu P R, Ghedira H, 2013. Temperature~land cover interactions: the inversion of urban heat island phenomenon in desert city areas [J]. Remote Sensing of Environment, 130: 136~152.

[33] Lee H, Mayer H, Chen L, 2016. Contribution of trees and grasslands to the mitigation of human heat stress in a residential district of Freiburg, Southwest Germany [J]. Landscape and Urban Planning, 148: 37~50.

[34] Lock A P, Brown A R, Ush M R, et al, 2000. A new boundary layer mixing scheme. Part Ⅰ: Scheme Description and Single-Column Model Tests [J]. Monthly Weather Review, 128: 3187~3199.

[35] Martilli A, Clappier A, Rotach M W, 2002. An urban surface exchange parameterisation for mesoscale models [J]. Boundary-Layer Meteorology, 104 (2): 261~304.

[36] Mcelroy J L, 1973. A numerical study of the nocturnal heat island over a medium-sized mid-latitude city (Columbus, Ohio) [J]. Boundary-Layer Meteorology, 3 (4): 442~453.

[37] Michael P W, John H B, John M T, et al, 1997. Success criteria and adaptive management for a large-scale wetland restoretion project [J]. Wetlands Ecology and management, 4 (2): 111~127.

[38] Mitchell B C, Chakraborty J, 2014. Urban heat and climate justice: a landscape of thermal inequity in Pinellas County, Florida [J]. Geographical Review, 104 (4): 459~480.

[39] Mohan M, Kikegawa Y, Gurjar B R, et al, 2013. Assessment of urban heat island effect for different land use-land cover from micrometeorological measurements and remote sensing data form egacity Delhi

[J]. Theoretical and Applied Climatology, 112 (3): 647~658.

[40] Oke T R, 1987. Boundary Layer Climate [J]. Psychology Press, London, 40, 31~33.

[41] Onishi A, Cao X, Ito T, et al, 2010. Evaluating the potential for urban heat-island mitigation by greening parking lots [J]. Urban Forestry & Urban Greening, 9 (4): 323~332.

[42] Paul E, 2012. Annual green roof industry survey for 2012 [R/OL]. Green Roofs for Healthy Cities-North America Inc.

[43] Pielou E C, 1977. Mathematical Ecology [J]. New York: John Wiley & Sons. Interscience, 9: 34~36.

[44] Raynolds M K, Comiso J C, Walke D A, et al, 2008. Relationship between satellite-derived land surface temperatures, arctic vegetation types, and NDVI [J]. Remote Sensing of Environment, 112 (4): 1884~1894.

[45] Rozenstein O, Qin Z H, Derimian Y, et al, 2014. Derivation of land surface temperature for Landsat-8 TIRS using a split window algorithm [J]. Sensors, 14 (4): 5768~5780.

[46] Shin H H, Dudhia J, 2016. Evaluation of PBL parameterizations in WRF at subkilometer grid spacings: Turbulence statistics in the dry convective boundary layer [J]. Monthly Weather Review, 144 (3): 1161~1177.

[47] Shin H H, Hong S Y, 2013. Analysis of resolved and parameterized vertical transports in convective boundary layers at gray-zone resolutions [J]. American Meteorological Society, 70 (2): 3248~3261.

[48] Shin H H, Hong S Y, 2014. Representation of the subgrid-scale turbulent transport in convective boundary layers at gray-zone resolutions [J]. Monthly Weather Review, 143 (1): 250~271.

[49] Skamarock W C, 2004. Evaluating mesoscale NWP models using kinetic energy spectra [J]. Monthly Weather Review, 132: 3019~3032.

[50] Smagorinsky J, 1963. General circulation experiments with the primitive equations Ⅰ, The basic experiment [J]. Monthly Weather Review, 91 (3): 99~164.

[51] Sobrino J A, Jiménez-Muñoz J C, Paolini L, 2004. Land surface temperature retrieval from LANDSAT TM 5 [J]. Remote Sensing of Environment, 90 (4): 434~440.

[52] Sobrino J A, Oltra-Carri Ó R, Sòria G, et al, 2012. Impact of spatial resolution and satellite overpass time on evaluation of the surface urban heat island effects [J]. Remote Sensing of Environment, 117 (1): 50~56.

[53] Wan Z M, Li Z L, 1997. A physics-based algorithm for retrieving land-surface emissivity and temperature from EOS/MODIS data [J]. IEEE Transactions on Geoscience and Remote Sensing, 35 (4): 980~996.

[54] Weng Q H, Hu X F, Liu H, 2009. Estimating impervious surface susing linear spectral mixture analysis with multitemporal ASTER images [J]. International Journal of Remote Sensing, 30 (18): 4807~4830.

[55] Wyngaard J C, 2004. Toward numerical modeling in the terra incognita [J]. Journal Atmospheric Sciences, 61: 1816~1826.

[56] Xiao R B, Ouyang Z Y, Zheng H, 2007. Spatial pattern of impervious surfaces and their impacts on land surface temperature in Beijing, China [J]. Journal of Environmental Sciences, 19 (2): 250~256.

[57] Xue M, Droegemeier K, Wong V, 2000. The advanced regional prediction system (ARPS)—A multi-scale nonhydrostatic atmospheric simulation and prediction model, Part Ⅰ: Model dynamics and verification, Meteor [J]. Atmospheric Physics, 75: 161~193.

[58] Yang J, Gong P, Zhou J X, et al, 2010. Detection of the urban heat island in Beijing using HJ-1B satellite imagery [J]. Science China Earth Sciences, 53 (S1): 67~73.

[59] Yang X J, Liu Z, 2005. Use of satellite-derived landscape imperviousness index to characterize urban spatial growth [J]. Computers, Environment and Urban Systems, 29 (5): 524~540.

[60] Yoshie R, 2006. Experimental and numerical study on velocity ratios in a built-up area with closely-packed high-rise buildings [J]. Journal of Environmental Engineering, 73 (627): 661~667.

[61] Young P, 1996. The "newscience" of wetland restoration [J]. Environmental Science & Technology, 7: 292~296.

[62] Yuan F, Bauer M E, 2006. Comparison of impervious surface area and normalized difference vegetation index as indicators of surface urban heat island effects in Landsat imagery [J]. Remote Sensing of Environment, 106 (3): 375~386.

[63] Zhou J, Chen Y H, Zhang X, 2013. Modelling the diurnal variations of urban heat islands with multi-source satellite data [J]. International Journal of Remote Sensing, 34 (21): 7568~7588.

[64] Zhou X L, Wang Y C, 2011. Spatial-temporal dynamics of urban green space in response to rapid urbanization and greening policies [J]. Landscape and Urban Planning, 100 (3): 268~277.

[65] Zhou B, Simon J S, Chow F K, 2014. The convective boundary layer in the terra incognita J [J]. Atmospheric Sciences, 71 (7): 2545~2563.

[66] 鲍方，2009. 成都市绿色道路廊道植物群落现状分析与生态功能研究 [D]. 四川：四川农业大学.

[67] 鲍风宇，秦永胜，李荣桓，等，2013. 北京市5种典型城市绿化植物的生态保健功能分析 [J]. 中国农学通报，29 (22)：26~35.

[68] 鲍风宇，2013. 北京市典型城市绿地及绿道的生态保健功能初探 [D]. 北京：北京林业大学.

[69] 柴一新，祝宁，韩焕金，2002. 城市绿化树种的滞尘效应——以哈尔滨市为例 [J]. 应用生态学报，13 (9)：1121~1126.

[70] 陈葆德，王晓峰，李泓，等，2013. 快速更新同化预报的关键技术综述 [J]. 气象科技进展，3 (2)：29~35.

[71] 陈芳，周志翔，肖荣波，2006. 城市工业区绿地生态服务功能的计量评价——以武汉钢铁公司厂区绿地为例 [J]. 生态学报，26 (7)：2229~2236.

[72] 陈辉，2015. 淮安市公园绿地园林植物多样性分析 [J]. 中国城市林业，13 (2)：13~15.

[73] 陈敏捷，任艺琳，尹依，2016. 谈植被覆盖率对城市热岛效应的影响 [J]. 山西建筑，42 (5)：9~10.

[74] 陈曦，2014. 辽河三角洲滨海湿地生态系统功能提升研究 [D]. 吉林：延边大学.

[75] 陈阳，赵俊三，陈应跃，2015. 基于ENVI的高分辨率遥感影像城市绿地信息提取研究 [J]. 测绘工程，24 (4)：33~36.

[76] 程好好，曾辉，汪自书，等，2009. 城市绿地类型及格局特征与地表温度的关系——以深圳特区为例 [J]. 北京大学学报（自然科学版），45 (3)：495~501.

[77] 程志刚，李炬，周明煜，等，2018. 北京中央商务区（CBD）城市热岛效应的研究 [J]. 气候与环境研究，23 (6)：633~644.

[78] 崔耀平，刘纪远，秦耀辰，等，2015. 北京城市扩展对热岛效应的影响 [J]. 生态学杂志，34 (12)：3485~3493.

[79] 刁节娜，2016. 含山县城区绿化树种选配及其生态功能提升对策 [J]. 安徽农学通报，22 (7)：108.

[80] 董仲奎，温俊丽，2016. 高分遥感数据在城市园林绿化规划实施监测中的应用 [J]. 测绘与空间地理信息，39 (8)：75~76，83.

[81] 段敏杰，王月容，刘晶，2017. 北京紫竹院公园绿地生态保健功能综合评价 [J]. 生态学杂志，36 (7)：1973~1983.

[82] 冯悦怡，胡潭高，张力小，2014. 城市公园景观空间结构对其热环境效应的影响 [J]. 生态学报，34 (12)：3179~3187.

[83] 甘甫平，陈伟涛，张绪教，等，2006. 热红外遥感反演陆地表面温度研究进展 [J]. 国土资源遥感，(1)：6~11.
[84] 葛荣凤，王京丽，张力小，等，2016. 北京市城市化进程中热环境响应 [J]. 生态学报，(19)：6040~6049.
[85] 龚珍，胡友健，黎华，2015. 城市水体空间分布与地表温度之间的关系研究 [J]. 测绘通报，(12)：34~36.
[86] 郭昱，蔡旭晖，刘辉志，等，2002. 北京地区大气中尺度扩散模态和时间特征分析 [J]. 北京大学学报（自然科学版），38 (5)：705~712.
[87] 海正芳，2018. 彭阳县城区绿化树种选配及其生态功能提升对策 [J]. 现代物业（中旬刊），(9)：250~251.
[88] 韩丽莉，苏艺，杜伟宁，等，2019. 学校屋顶海绵景观设计实践 [J]. 城市住宅，26 (8)：27~30.
[89] 韩林飞，柳振勇，2015. 城市屋顶绿化规范研究——以北京市为例 [J]. 239 (11)：28~32.
[90] 韩玲玲，费鲜芸，田牧歌，2012. 基于高分辨率遥感影像的泰安市城市绿化现状分析 [J]. 安徽农业科学，40 (23)：11753~11756.
[91] 胡德勇，乔琨，王兴玲，等，2015. 单窗算法结合 Landsat 8 热红外数据反演地表温度 [J]. 遥感学报，19 (6)：964~976.
[92] 贾宝全，仇宽彪，2017. 北京市平原百万亩大造林工程降温效应及其价值的遥感分析 [J]. 生态学报，37 (3)：726~735.
[93] 蒋维楣，苗世光，张宁等，2010. 城市气象与边界层数值模拟研究 [J]. 地球科学进展，25 (5)：463~473.
[94] 赖昌炜，2013. 浅议提高园林绿化工程的生态效益的方法 [J]. 园林工程，5 (128)：250~253.
[95] 李华，2015. 城市生态游憩空间服务功能评价与优化对策 [J]. 城市规划，39 (8)：63~69.
[96] 李仁伟，王子凡，戴思兰，2010. 京杭大运河通州段地被植物应用调查及分析 [J]. 北京林业大学学报，32 (S1)：125~129.
[97] 李书严，轩春怡，李伟，等，2008. 城市中水体的微气候效应研究 [J]. 大气科学，32 (3)：552~560.
[98] 李新芝，王萍，陈庆运，2010. MODIS 数据北京城区热岛监测分析 [J]. 测绘科学，(4)：100~102.
[99] 李延明，2002. 城市绿化对北京城市热岛效应的缓解作用 [A]. 北京奥运和城市园林绿化建设论文集 [C]. 北京园林学会.
[100] 李延明，徐佳，张济，2002. 城市绿化对北京城市热岛效应的缓解作用 [J]. 北京园林，(4)：12~16.
[101] 李延明，张济和，古润泽，2004. 北京城市绿化与热岛效应的关系研究 [J]. 中国园林，(1)：77~80.
[102] 李召良，段四波，唐伯惠，等，2016. 热红外地表温度遥感反演方法研究进展 [J]. 遥感学报，20 (5)：899~920.
[103] 梁晶，方海兰，2010. 城市有机废弃物对城市绿地土壤生态功能的维护作用 [J]. 浙江林学院学报，27 (2)：292~298.
[104] 蔺银鼎，韩学孟，武小刚，等，2006. 城市绿地空间结构对绿地生态场的影响 [J]. 生态学报，(10)：3339~3346.
[105] 刘辉，2016. 关于北京城市副中心园林绿化规划定位的几点看法 [J]. 北京园林，32 (3)：3~5.
[106] 刘娇妹，李树华，杨志峰，2008. 北京公园绿地夏季温湿效应 [J]. 生态学杂志，(11)：1972~1978.
[107] 刘洁，高敏，苏杨，2015. 城市副中心的概念、选址和发展模式——以北京为例 [J]. 人口与经济，3：1~12.

[108] 刘梦娟，张旭，陈葆德，2018. 边界层参数化方案在“灰色区域”尺度下的适用性评估 [J]. 大气科学，42 (1)：52~69.

[109] 刘瑞雪，2016. 武汉市城市公园绿地典型植物群落类型及物种多样性研究 [J]. 中国城市林业，14 (1)：18~24.

[110] 刘术艳，2006. CWRF 在中国东部季风区的应用 [D]. 南京：南京信息工程大学.

[111] 刘帅，李琦，朱亚杰，2014. 基于 HJ-1B 的城市热岛季节变化研究——以北京市为例 [J]. 地理科学，34 (1)：84~88.

[112] 刘学全，唐万鹏，周志翔，等，2003. 宜昌市城区主要绿地类型大气环境质量评价 [J]. 南京林业大学学报 (自然科学版)，27 (4)：81~83.

[113] 刘勇洪，徐永明，马京津，等，2014. 北京城市热岛的定量监测及规划模拟研究 [J]. 生态环境学报，23 (7)：1156~1163.

[114] 卢冰，孙继松，仲跻芹，等，2017. 区域数值预报系统在北京地区的降水日变化预报偏差特征及成因分析 [J]. 气象学报，75 (2)：248~259.

[115] 栾庆祖，叶彩华，刘勇洪，等，2014. 城市绿地对周边热环境影响遥感研究——以北京为例 [J]. 生态环境学报，23 (2)：252~261.

[116] 吕鹏雁，戴思兰，何燕，2010. 通州区 4 大滨河绿地的植物配置及其景观分析 [J]. 北京林业大学学报，32 (S1)：130~136.

[117] 马克平，黄建辉，于顺利，等，1995. 北京东灵山地区植物群落多样性的研究Ⅱ. 丰富度、均匀度和物种多样性指数 [J]. 生态学报，15 (3)：268~277.

[118] 马克平，2014. 生物多样性科学研究进展 [J]. 科学通报，59 (6)：429.

[119] 马勇刚，塔西甫拉提·特依拜，等，2006. 城市景观格局变化对城市热岛效应的影响——以乌鲁木齐市为例 [J]. 干旱区研究，(1)：172~176.

[120] 毛克彪，唐华俊，陈仲新，等，2006. 一个从 ASTER 数据中反演地表温度的劈窗算法 [J]. 遥感信息，(5)：7~11.

[121] 孟宪磊，2010. 不透水面、植被、水体与城市热岛关系的多尺度研究 [D]. 上海：华东师范大学.

[122] 苗世光，Chen F，李青春，等，2010. 北京城市化对夏季大气边界层结构及降水的月平均影响 [J]. 地球物理学报，53 (7)：1580~1593.

[123] 牟雪洁，赵昕奕，2012. 珠三角地区地表温度与土地利用类型关系 [J]. 地理研究，31 (9)：1589~1597.

[124] 潘雨婷，2013. 基于生态宜居理念的中方县城绿地系统规划研究 [D]. 南京：中南林业科技大学.

[125] 庞光辉，蒋明卓，洪再生，2016. 沈阳市植被覆盖变化及其降温效应研究 [J]. 干旱区资源与环境，30 (1)：191~196.

[126] 彭静，刘伟东，龙步菊，等，2007. 北京城市热岛的时空变化分析 [J]. 地球物理学进展，22 (6)：1942~1947.

[127] 彭文甫，周介铭，罗怀良，等，2011. 城市土地利用与地面热效应时空变化特征的关系-以成都市为例 [J]. 自然资源学报，26 (10)：1738~1749.

[128] 彭珍，胡非，2006. 北京城市化进程对边界层风场结构影响的研究 [J]. 地球物理学，49 (6)：1608~1615.

[129] 平野勇二郎，一ノ瀬俊明，2006. 屋上セダム緑化面の熱収支特性に関する実測評価 [C]. 環境工学研究論文集，43：661~672.

[130] 乔治，田光进，2015. 基于 MODIS 的 2001~2012 年北京热岛足迹及容量动态监测 [J]. 遥感学报，19 (3)：476~484.

[131] 任广阔，高鹏，任朋城，2016. 提升公益林生态保护功能——完善地区生态环境建设 [J]. 园林生

态，(22)：108.
[132] 任阵海，苏福庆，高庆先，等，2005. 边界层内大气排放物形成重污染背景解析 [J]. 大气科学，29 (1)：57~63.
[133] 施炜婷，王燕，陈聃，2018. 基于i-Tree Eco模型的城市绿地生态功能与价值评估——以常州市民广场为例 [J]. 常州工学院学报，31 (5)：16~21.
[134] 史红文，秦泉，廖建雄，等，2011. 武汉市10种优势园林植物固碳释氧能力研究 [J]. 中南林业科技大学学报，31 (9)：87~90.
[135] 寿亦萱，张大林，2012. 城市热岛效应的研究进展与展望 [J]. 气象学报，70 (3)：338~353.
[136] 舒天竹，2017. 贵阳市城市绿地水土保持生态效益评价 [D]. 贵州：贵州大学.
[137] 帅晓艳，夏禹，2008. 九江市绿地系统生态服务功能分析 [J]. 科技资讯，(36)：233.
[138] 宋挺，段峥，刘军志，等，2015. Landsat 8 数据地表温度反演算法对比 [J]. 遥感学报，19 (3)：451~464.
[139] 宋晓梅，2016. 园林绿化对降低城市热岛效应的作用 [J]. 现代园艺，(20)：152~153.
[140] 苏福庆，高庆先，张志刚，等，2004. 北京边界层外来污染物输送通道 [J]. 环境科学研究，17 (1)：27~40.
[141] 苏泳娴，黄光庆，陈修治，等，2010. 广州市城区公园对周边环境的降温效应 [J]. 生态学报，30 (18)：4905~4918.
[142] 孙继松，王华，王令，等，2006. 城市边界层过程在北京2004年7月10日局地暴雨过程中的作用 [J]. 大气科学，30 (2)：221~234.
[143] 孙振钧，周东兴，2010. 生态学研究方法 [M]. 北京：科学出版社.
[144] 覃志豪，Zhang M H，Karnieli A，2001. 用NOAA AVHRR热通道数据演算地表温度的劈窗算法 [J]. 国土资源遥感，(2)：33~42.
[145] 覃志豪，Zhang M H，Karnieli，Berliner P，2001. 用陆地卫星TM6数据演算地表温度的单窗算法 [J]. 地理学报，56 (2)：456~466.
[146] 田国良，2006. 热红外遥感 [M]. 北京：电子工业出版社.
[147] 佟华，桑建国，2002. 北京海淀地区大气边界层的数值模拟研究 [J]. 应用气象学报，13 (s1)：51~60.
[148] 佟华，刘辉志，李延明，等，2005. 北京夏季城市热岛现状及楔形绿地规划对缓解城市热岛的作用 [J]. 应用气象学报，(3)：357~366.
[149] 王建凯，王开存，王普才，2007. 基于MODIS地表温度产品的北京城市热岛（冷岛）强度分析 [J]. 遥感学报，11 (3)：330~339.
[150] 王洁，顾燕飞，侍昊，2015. 红运玉兰绿地土壤增效保肥与生态功能恢复研究 [J]. 湖北农业科学，54 (14)：3364~3368.
[151] 王鹏，2007. 城市景观格局与城市热岛效应的多尺度分析 [D]. 四川：四川农业大学.
[152] 王淑娟，俞益武，王芳，等，2008. 临安市不同功能区空气负离子日变化特征及其与生态保健因子的关联分析 [J]. 浙江林业科技，(4)：33~38.
[153] 王卫国，蒋维楣，1996. 复杂下垫面地域边界层结构的三维细网格数值模拟 [J]. 热带气象学报，(3)：212~217.
[154] 王喜全，王自发，郭虎，2006. 北京"城市热岛"效应现状及特征 [J]. 气候与环境研究，11 (5)：627~636.
[155] 王雪，2006. 城市绿地空间分布及其热环境效应遥感分析 [D]. 北京：北京林业大学.
[156] 王延飞，魏安世，李伟，等，2014. 广州市主城区绿地信息提取及其动态变化分析 [J]. 中国城市林业，12 (2)：28~30.

[157] 王耀庭，李威，张小玲，等，2012. 北京城区夏季静稳天气下大气边界层与大气污染的关系［J］. 环境科学研究，25（10）：1092~1098.

[158] 王颖，张镭，胡菊，等，2010. WRF 模式对山谷城市边界层模拟能力的检验及地面气象特征分析［J］. 高原气象，29（6）：1397~1407.

[159] 王跃，王莉莉，赵广娜，等，2014. 北京冬季 $PM_{2.5}$ 重污染时段不同尺度环流形势及边界层结构分析［J］. 气候与环境研究，19（2）：173~184.

[160] 王正德，庞发虎，2008. 南阳城市不同类型绿地的生态调节功能评价［J］. 安徽农业科学，36（30）：13138~13141.

[161] 卫笑，张明娟，魏家星，等，2018. 春夏秋三季不同类型植物群落的温湿度调节效应研究——以南京滨江公园为例［J］. 中国城市林业，16（3）：21~25.

[162] 巫涛. 长沙城市绿地景观格局及其生态服务功能价值研究［D］. 南京：中南林业科技大学.

[163] 吴菲，2008. 园林绿地的功能［J］. 园林与景观生态，(2)：33~37.

[164] 吴志刚，江滔，樊艳磊，等，2016. 基于 Landsat8 数据的地表温度反演及分析研究——以武汉市为例［J］. 工程地球物理学报，13（1）：135~142.

[165] 席宏正，焦胜，鲁利宇，2010. 夏热冬冷地区城市自然通风廊道营造模式研究——以长沙为例［J］. 城乡规划·园林景观，6：106~107.

[166] 徐高福，洪利兴，王丽英，等，2016. 森林、湿地生态系统主导功能提升技术研究现状及展望［J］. 防护林科技.（1）：50~52.

[167] 徐涵秋，唐菲，2013. 新一代 Landsat 系列卫星：Landsat 8 遥感影像新增特征及其生态环境意义［J］. 生态学报，33（11）：3249~3257.

[168] 徐涵秋，2016. Landsat 8 热红外数据定标参数的变化及其对地表温度反演的影响［J］. 遥感学报，20（2）：229~235.

[169] 徐涵秋，2011. 基于城市地表参数变化的城市热岛效应分析［J］. 生态学报，31（14）：3890~3901.

[170] 徐涵秋，2015. 新型 Landsat8 卫星影像的反射率和地表温度反演［J］. 地球物理学报，58（3）：741~747.

[171] 杨可明，周玉洁，齐建伟，等，2014. 城市不透水面及地表温度的遥感估算［J］. 国土资源遥感，26（2）：134~139.

[172] 杨培峰，李璠，陈惠斐，2011. 城市生态功能区规划方法研究——基于生态服务价值提升视角［C］//城市发展与规划大会论文集，2993~3006.

[173] 杨瑞卿，2006. 徐州市城市绿地景观格局与生态功能及其优化研究［D］. 南京：南京林业大学.

[174] 杨学军，林源祥，胡文辉，等，2000. 上海城市园林植物群落的物种丰富度调查［J］. 中国园林，16（30）：67~69.

[175] 余兆武，郭青海，孙然好，2015. 基于景观尺度的城市冷岛效应研究综述［J］. 应用生态学报，26（2）：636~642.

[176] 袁振，吴相利，臧淑英，等，2017. 基于 TM 影像的哈尔滨市主城区绿地降温作用研究［J］. 地理科学，(10)：1600~1608.

[177] 张碧辉，刘树华，Liu H，2012. P. MYJ 和 YSU 方案对 WRF 边界层气象要素模拟的影响［J］. 地球物理学报，55（7）：2239~2248.

[178] 张朝林，陈敏，Kuo Y H，等，2005. "00.7"北京特大暴雨模拟中气象资料同化作用的评估［J］. 气象学报，63（6）：922~932.

[179] 张朝林，季崇萍，Kuo Y H，等，2005. 地形对"00.7"北京特大暴雨过程影响的数值研究［J］. 自然科学进展，15（5）：572~578.

[180] 张道真，2014. 建筑防水 [M]. 北京：中国城市出版社.
[181] 张富文，2016. 城市中心城区连片住区绿地结构生态优化研究 [D]. 重庆：西南交通大学.
[182] 张光智，徐祥德，王继志，等，2002. 北京及周边地区城市尺度热岛特征及其演变 [J]. 应用气象学报，13（特刊）：43~50.
[183] 张金屯，2004. 数量生态学 [M]. 北京：科学出版社.
[184] 张强，1998. 简评陆面过程模式 [J]. 气象科学，3（18）：295~303.
[185] 张庆费，郑思俊，夏檑，等，2007. 上海城市绿地植物群落降噪功能及其影响因子 [J]. 应用生态学报，18（10）：2295~2300.
[186] 张瑞琪，2011. 提升公益林生态保护功能质量的技术措施 [J]. 安徽农学通报，17（15）：179~181.
[187] 张亦洲，2013. 北京城市典型天气的模拟研究 [D]. 北京：北京师范大学.
[188] 张瑜，黄曦涛，韩玲，等，2015. 西安市城市热岛效应影响因子分析研究 [J]. 测绘通报，（10）：47~51.
[189] 张宇，陈龙乾，王雨辰，等，2015. 基于 TM 影像的城市地表湿度对城市热岛效应的调控机理研究 [J]. 自然资源学报，30（4）：629~640.
[190] 张兆明，何国金，肖荣波，等，2005. 北京市热岛演变遥感研究 [J]. 遥感信息，（6）：46~48，70.
[191] 章皖秋，袁华，岳彩荣，等，2016. 昆明中心城区地表温度反演及与土地覆盖关系分析 [J]. 西南林业大学学报，36（5）：130~137.
[192] 赵飞，2016. 绿道的使用者行为与体验特征及其生态旅游服务功能提升研究——以广州市绿道系统为例 [D]. 广州：华南农业大学.
[193] 郑西平，张启翔，2011. 北京城市园林绿化植物应用现状与展望 [J]. 中国园林，5：81~85.
[194] 郑晓莹，王向荣，罗朕，等，2017. 基于 RS 和 GIS 的北京市通州区地表温度与植被覆盖度时空演变及相关性研究 [C] //中国风景园林学会 2017 年会论文集，347~351.
[195] 郑玉兰，苗世光，张崎，等，2015. 建筑物能量模式的改进及制冷系统人为热排放研究 [J]. 高原气象，34（3）：786~796.
[196] 周东倩，2010. 北京市城区绿地植被生态功能遥感评价方法 [D]. 北京：中国地质大学.
[197] 朱贞榕，程朋根，桂新，等，2016. 地表温度反演的算法综述 [J]. 测绘与空间地理信息，39（5）：70~75.
[198] 祝新明，王旭红，周永芳，等，2017. 建成区扩张下的西安市热环境空间分异性 [J]. 生态学杂志，36（12）：3574~3583.
[199] Dunnett N P, Kingsbury N, 2004. Planting green roofs and living walls [M]. Portland (OR): Timber Press, Inc.
[200] Gundula P, Heide J, Arnulf S, 2011. Overview of best practices for limiting soil sealing or mitigating its effects in EU-27 [R/OL]. The European Commission, DG Environment.
[201] Skelhorn C, Lindley S, Levermore G, 2014. The impact of vegetation types on air and surface temperatures in a temperate city: A fine scale assessment in manchester, UK [J]. Landscape and Urban Planning, 121: 129~140.
[202] Bruse M, Fleer H, 1998. Simulating surface-plant-air interactions inside urban environments with a three dimensional numerical model [J]. Environmental Modelling & Software, 13 (3~4): 373~384.
[203] 邬尚霖，孙一民. 2016. 广州地区街道微气候模拟及改善策略研究 [J]. 城市规划学刊，1（56~62）.
[204] 秦文翠，胡聃，李元征，等，2015. 基于 ENVI-met 的上海典型住宅区微气候数值模拟分析 [J]. 气象与环境学报，（3）：56~62.

[205] Marialena N, Spyros L, 2006. Thermal comfort in outdoor urban spaces: analysis across different european countries [J]. Building and Environment, 41 (11): 1455~1470.

[206] Marialena N, Spyros L, 2007. Use of outdoor spaces and microclimate in a mediterranean urban area [J]. Building and Environment, 42: 3691~3707.

[207] Thermal Environmental Conditions for Human Occupancy, 2013. ANSI/ASHRAE Addendum b to ANSI/ASHRAE Standard 55-2013 [J]. ASHRAE, 1041~2336.

[208] Taleghani M, Taleghani L Kleerekoper M, et al, 2015. Van den dobbelsteen outdoor thermal comfort within five different urban forms in the Netherlands [J]. Building Environment, 83: 65~78.

[209] Shashua B L, Tsiros I X, Hoffman M, 2012. Passive cooling design options to ameliorate thermal comfort in urban streets of a Mediterranean climate (Athens) under hot summer conditions [J]. Building Environment, 57: 110~119.

[210] Watanabe K, Tanaka E, Watanabe T, et al, 2016. Association between the older adults' social relationships and functional status in Japan. Anme T [J]. Geriatr Gerontol Int. 17 (10): 1522~1526.

[211] Pearlmutter M D, Dwyer K H, Burke L G, et al, 2017. Analysis of Emergency Department Length of Stay for Mental Health Patients at Ten Massachusetts Emergency Departments [J]. Annals of Emergency medicine, 70 (2): 193~202.

[212] Yaglou C P, Minard D, 1957. Control of heat casualties at military training centers [J]. AMA Arch. Ind. Health, 16, 302~306.

[213] Thom E C, 1959, The Discomfort Index [J]. Weatherwise, 1959, 2, 57-61.

[214] Steadman R G, 1979. The assessment of sultriness. Part Ⅰ: A temperature~humidity index based on human physiology and clothing science [J]. Appl. Meteor., 18, 861~873.

[215] Villadiego K, Velay-Dabat M A, 2014. Outdoor thermal comfort in a hot and humid climate of Colombia: A field study in Barranquilla [J]. Building and Environment, 75: 42~152.

[216] Hwang Y T, Frierson D. M. W., Soden B. J., et al. 2010. The corrigendum for Held and Soden (2006) [J]. J. Clim, 20~23.

[217] Gagge A P, Fobelets A P, Berglund L G, 1986. A standard predictive index of human response to the thermal environment [J]. ASHRAE Transactions, 92: 709~731.

[218] Johansson K S, 2006. in Contact Angle, Wettability and Adhesion [J]. Advances in Chemistry, 43 (1): 888~892.

[219] 王海英，胡松涛，2009. PMV热舒适模型适用性的分析 [J]. 建筑科学，(6): 108~114.

[220] 赖达祎，周超斌，姜漪，等，2012. 基于ASV的室外开放空间热舒适度模型及模拟程序开发研究 [J]. 动感（生态城市与绿色建筑），(1): 30~33.

[221] 朱颖心，2010. 建筑环境学 [M]. 北京：中国建筑工业出版社.